AKADEMIE DER WISSENSCHAFTEN DER DDR

ACTA HYDROPHYSICA

Begründet von HANS ERTEL

Im Auftrage des Forschungsbereichs Geo- und Kosmoswissenschaften
herausgegeben von
S. DYCK, P. MAUERSBERGER, K. VOIGT

Band XXVIII, Heft 1/2

mit 42 Abbildungen und 9 Tabellen

AKADEMIE-VERLAG · BERLIN
1983

Anschriften der Herausgeber:

Prof. Dr. S. Dyck
Technische Universität Dresden, Sektion Wasserwesen,
Bereich Hydrologie und Meteorologie
DDR-8027 Dresden, Würzburger Straße 46

Prof. Dr. P. Mauersberger
Akademie der Wissenschaften der DDR,
Institut für Geographie und Geoökologie, Bereich Hydrologie
DDR-1162 Berlin, Müggelseedamm 260

Prof. Dr. K. Voigt
Akademie der Wissenschaften der DDR,
Institut für Meereskunde
DDR-2530 Rostock-Warnemünde, Seestr. 15

Redaktion:

Dipl.-Phil. K. Hasert
Akademie der Wissenschaften der DDR
DDR-1086 Berlin, Leipziger Straße 3–4

Manuskriptsendungen werden an einen der Herausgeber erbeten. Es können Originalarbeiten in deutscher, russischer und englischer Sprache eingereicht werden. Die Autoren werden gebeten, an den Anfang jeder Arbeit Zusammenfassungen in deutscher und englischer (Summary) sowie ggf. in russischer Sprache (Резюме) zu stellen. Von jedem Beitrag werden 50 Sonderdrucke kostenfrei geliefert. Die ACTA HYDROPHYSICA erscheinen mit 4 Heften pro Band im Format A 5.

Erschienen im Akademie-Verlag, DDR-1086 Berlin, Leipziger Straße 3–4

Lizenznummer: 202 · 100/441/83
Gesamtherstellung: VEB Druckerei „Thomas Müntzer“, 5820 Bad Langensalza
Bestellnummer: 763 173 1 (2050/XXVIII/1–2) · LSV 1465
Printed in GDR
DDR 44,– M

Inhaltsverzeichnis

Seite

Acta Hydrophysica, Berlin	Bd. XXVIII	H. 1/2	(1983)	S. 5–36

Betrachtungen zur Jahresdynamik des Phytoplanktons im Müggelsee (1976–1979)

Von S. HOEG[1])

Zusammenfassung: Die Arbeit basiert auf Ergebnissen regelmäßiger Messungen des Phytoplanktons im Müggelsee 1976–1979. Nach Erläuterung der Untersuchungsmethodik werden die zeitlichen Gänge und die Zusammensetzung des Phytoplanktons im Untersuchungszeitraum diskutiert. Die Algenentwicklung beginnt im allgemeinen mit den Bacillariophyceen (Kieselalgen) im Frühjahr (meistens *Melosira*), die im Mai durch die Cyanophyceen (Blaualgen) abgelöst werden, wobei zunächst die Oscillatorien dominieren. Die Vorherrschaft der Blaualgen kann bis September anhalten. Die Vegetationsperiode wurde in den Jahren 1977–1979 durch eine nochmalige Kieselalgenentwicklung von *Stephanodiscus* abgeschlossen. Nach dem Vergleich der Jahresgänge des Phytoplanktons mit weiteren Beobachtungsgrößen, wie Lichtextinktion/Seston, Globalstrahlung, Wassertemperatur, *p*H-Wert, werden abschließend Besonderheiten der Algenentwicklung (μ-Algen, heterozystenführende Algen) behandelt.

Summary: The present paper is based upon results of regular measurements of the phytoplankton in lake Müggelsee made in 1976–1979. The explanation of the investigation methodology is followed by a discussion of the temporal variability and composition of the phytoplankton within the above period of time. The algal development is usually started by Bacillariophyceae (diatoms) in spring and is continued in May by Cyanophyceae (blue-green algae) with *Oscillatoria* dominating in the beginning. The predominance of the blue-green algae may last until September. In the years 1976–1979 the vegetation period was concluded by a repeated diatom development of *Stephanodiscus*. The annual variations of the phytoplankton are compared with other observation parameters such as light extinction/seston, total radiation, water temperature and *p*H-value, and finally certain peculiarities of the algal development (μ-algae, heterocystic algae) are dealt with.

Резюме: Работа основана на результатах регулярных измерений фитопланктона в озере Мюггельзе с 1976 по 1979 г. Дано описание методики

[1]) Techn. Biol. SIGRID HOEG, Akademie der Wissenschaften der DDR, Institut für Geographie und Geoökologie, Bereich Hydrologie, DDR-1162 Berlin, Müggelseedamm 260.

исследований и изложены временная характеристика и состав фитопланктона. Весной сперва появляются диатомовые водоросли (чаще всего *Melosira granulata*). В мае следуют синезеленые. Сначала доминирует *Oscillatoria redekei* а позже часто *Oscillatoria agardhii*. Летом водятся и другие виды синезеленых, например *Aphanizomenon flos-aquae, Microcystis* spp. Преобладание синезеленых продолжается по сентябрь месяц. К концу вегетационных периодов 1977—1979 гг. появились опять диатомовые (чаще всего *Stephanodiscus astraea*). Годичные ходы фитопланктона сравнились с другими параметрами, как экстингция света/сестон, глобальное излучение, водная температура, фактор *p*H. На конце работы рассуждаются особенности при развитии водорослей (нанопланктон, водоросли с гетероцистами).

1. Einleitung

Zur Bereitstellung der notwendigen Primärdaten für die Kalibrierung und Testung eines mathematischen Modells des Ökosystems Müggelsee nahmen wir im Jahre 1975 Beobachtungen des Phytoplanktons auf. Die Algenuntersuchungen wurden im Sommer 1975 durch F. Cramer begonnen, um zunächst einen groben Überblick über den qualitativen und quantitativen Phytoplankton-Jahresgang zu bekommen (s. [4]). Die Untersuchungsmethodik wurde schrittweise verbessert. Zwei wesentliche Abschnitte waren:

- Bestimmung der einzelnen Taxa mindestens bis zu den Gattungen, teilweise bis zu den Arten ab Beginn des Jahres 1976,
- Bestimmung der Algenvolumina und damit Ermittlung der Algenbiomasse ab Anfang 1977.

Im Hinblick auf den Verwendungszweck des Datenmaterials wurde den im Müggelsee hauptsächlich vorkommenden Arten besondere Beachtung geschenkt. Da chemische Beobachtungen seit Beginn des Jahres 1976 vorliegen, wurden — um zum Vergleich und zur Testung des aufgestellten ökologischen Modells auch biologische Meßdaten ab 1976 zur Verfügung zu haben — die für 1976 erhaltenen Abundanzen mit den 1977 ermittelten Zellvolumina umgerechnet.

2. Untersuchungsmethoden

Die Probenentnahmestelle befindet sich auf der Nordwestseite des Müggelsees am Ende des Institutssteges. Eine Darstellung des Profils der Uferbank zeigt, daß ihre seeseitige Begrenzung mit dem Stegende zusammenfällt (s. [9]). Seit der Errichtung eines Meßfeldes an der tiefsten Stelle des Müggelsees im Sommer 1978 haben wir zusätzlich auch von dort Proben untersucht und zu einem Vergleich zwischen zwei verschiedenen Meßstellen des Sees für das Jahr 1979 herangezogen.

Die erforderlichen Wasserproben wurden mit einem Wasserschöpfer (Volumen: 1 l) mindestens einmal wöchentlich, in den Monaten April bis Oktober auch in kürzeren Abständen früh zur gleichen Tageszeit bei einer Tiefe von 0,5 m entnommen und etwa 100 ml davon mit 3—4 Tropfen Lugolscher Lösung bis zur Gelbfärbung fixiert. Die Probenentnahmestelle und -tiefe am Institutssteg haben wir so gewählt, daß die Meßstelle weitgehend außerhalb der Hauptstauzone des Phytoplanktons bei auflandigem Wind lag und eine Überhöhung der Meßergebnisse infolge hydrometeorologisch bedingter Blaualgenansammlungen dadurch weitgehend ausgeschaltet war. Für die Ermittlung der Abundanzen verwendeten wir Planktonkammern (Höhe: 0,5 cm; Weite: 2,6 cm) mit einem Volumen von ca. 2,5 ml. Vor dem Einfüllen empfiehlt es sich, die fixierte Probe gut zu schütteln, um eine gleichmäßige Verteilung der Phytoplankter zu erzielen.

Da die Planktondichte in den Proben je nach Jahreszeit unterschiedlich war, kamen wir mit einer Kammergröße nicht aus. So benutzten wir in den Wintermonaten zur Anreicherung der Algen in Verbindung mit der Planktonkammer einen 10-cm^3-Röhrenaufsatz. Dieser wird ohne Boden auf die Planktonkammer aufgesetzt und, nachdem das Plankton der eingefüllten Probe in die Flachkammer sedimentiert ist, wieder abgenommen. Die Sedimentationszeit richtet sich nach der Kammerhöhe (s. [17], [27]). Die von uns nur in Flachkammern angesetzten Proben ließen wir 12 Std. sedimentieren, die mit dem 10-cm^3-Röhrenaufsatz dagegen 24 Std.

Zum Auszählen der Proben verwendeten wir ein Umkehr-Mikroskop nach Utermöhl mit einer 250fachen Vergrößerung und ermittelten die Planktonzahlen durch Diametralzählung von 10—20 Sichtfeldern, um mit einer solchen Teilzählung planktonärmere und -reichere Zonen möglichst gleichmäßig zu erfassen. Da es bei unseren Untersuchungen darauf ankam, vorwiegend die Abundanzen der dominierenden Arten zu ermitteln, und weniger auf die präzise Erfassung der weniger häufigen Arten, wurde die Zahl der ausgezählten Sichtfelder auch für seltenere Arten nicht erhöht. Ein Sichtfeld besteht aus einem großen Quadrat mit einer Seitenlänge von 750 μm, das in 10 × 10 kleinere Quadrate unterteilt ist.

Für die Ermittlung der Algentaxa haben wir weitgehend unfixierte Netzproben (Planktonnetz P 36 ≙ einer Maschenweite von 32 μm) bzw. angereicherte fixierte Schöpfproben verwendet. Die mikroskopische Bestimmung erfolgte bei stärkerer Vergrößerung, ebenso die Ausmessung der Zellen für die Biomasseberechnung.

Alle fädigen Algen der Gattungen *Aphanizomenon*, *Oscillatoria* und *Melosira* wurden für die Biomasseberechnung in Zählstücken von 75 μm Länge erfaßt (entsprechend der Seitenlänge eines kleinen Quadrates im Sichtfeld). Gleichzeitig bestimmten wir die Anzahl der Fäden pro Sichtfeld, so daß auch die mittlere Fadenlänge der einzelnen Arten festgehalten wurde. Die Zählung von fädigen Algen erwies sich als unproblematisch, da in der Beobachtungstiefe 0,5 m vorwiegend nur Einzelfäden und keine Aggregationsverbände auftraten.

Schwierigkeiten bereitete uns allerdings die zahlenmäßige Erfassung der *Microcystis*-Arten, die in unterschiedlich großen Kolonien auftraten, wobei vor allem eine mehrfache Überlagerung der Zellen keine genaue Biomassebestimmung zuließ. Im Hinblick auf die Größe der *Microcystis*-Kolonien und ihre anteiligen Biomassen war das ausgezählte Volumen für eine repräsentative Angabe der *Microcystis*-Biomasse zu gering, und die angegebenen Biomassen besitzen nicht die gleiche Zuverlässigkeit wie bei den Fadenalgen.

Bei allen anderen von uns erfaßten Arten wurde eine Zelle oder ein Coenobium für die Biomasseberechnung zugrunde gelegt, wobei für nur ganz vereinzelt vorkommende Arten mit komplizierten Formen (z. B. *Staurastrum*) in der Literatur angegebene Werte zur Umrechnung benutzt wurden (s. [17], [27]).

Wir bestimmten das Biovolumen, wie das auch von SPODNIEWSKA [22], WILLÉN [27], JAVORNICKÝ [10], EDLER [5] und TÄUSCHER [25] beschrieben wurde, indem wir den verschiedenen Phytoplanktern einen in der Form ähnlichen geometrischen Körper bzw. die Kombination zweier geometrischer Körper (z. B. *Rhodomonas* Halbkugel + Kegel) zuordneten und danach die Berechnung vornahmen. Bei den im Müggelsee hauptsächlich vorkommenden fädigen Algen nahmen wir an, daß die Zellen im Querschnitt kreisrund sind und sich nahezu lückenlos aneinanderreihen. Dies traf für die Gattungen *Aphanizomenon*, *Oscillatoria* und *Melosira* zu. Aus der durchschnittlichen Trichombreite und der Länge eines Zählstückes (bei uns 75 μm) wurde nach der Formel für die Errechnung des Zylindervolumens das Volumen eines Zählstückes berechnet. Für die zentrischen Diatomeen der Gattung *Stephanodiscus* benutzten wir ebenfalls diese Formel. In der Regel wurde ein aus 50 bis 100 Einzelausmessungen gebildeter Mittelwert für die Umrechnung angesetzt. Durch Kontrollmessungen konnten jahreszeitliche Änderungen der Zellgrößen berücksichtigt werden. Eine für die mathematische Modellierung wünschenswerte Angabe der Biomassen in Energieäquivalenten konnte nicht vorgenommen werden, da die entsprechenden Umrechnungsfaktoren zu unsicher und Angaben darüber noch zu spärlich sind. Zur Ausgleichung lokaler und zeitlicher Schwankungen (sowie zur Platzersparnis) faßten wir die in einer Dekade anfallenden Einzelmessungen in Mittelwerten der Algenbiovolumina zusammen (s. Tab. 1). Zusätzlich benutzten wir einen Teil der Schöpfprobe für die Bestimmung von Lichtextinktionskoeffizienten mit dem

PULFRICH-Photometer, da nach unseren Vergleichen ein recht guter Zusammenhang zwischen Wassertrübung und Sestonkonzentration besteht. Auch mit der Algenkonzentration ist eine zufriedenstellende Korrelation vorhanden, wobei der Anstieg der Regressionsgeraden nach der dominierenden Algengruppe variiert.

Zu Tabelle 1 (S. 10 – 17)

Dekadenmittelwerte [mm³/l] der beobachteten Phytoplanktonarten im Müggelsee 1976 – 1979

1. Cyanophyceen

1.1 *Aphanizomenon flos-aquae*
1.2 *Oscillatoria redekei*
1.3 *Oscillatoria agardhii*
1.4 *Microcystis aeruginosa*
1.5 Sonstige Cyanophyceen
1.6 Cyanophyceen gesamt

2. Bacillariophyceen

2.1 *Melosira granulata*
2.2 *Stephanodiscus astraea*
2.3 *Asterionella formosa*
2.4 *Diatoma elongatum*
2.5 *Synedra acus*
2.6 Sonstige Bacillariophyceen
2.7 Bacillariophyceen gesamt

3. Cryptophyceen

4. Chlorophyceen

5. Sonstige (Vertreter von Dinophyceen, Conjugatophyceen und Euglenophyceen)

6. Nannoplankton

7. Phytoplankton gesamt

Für die mit × gekennzeichneten Mittelwerte liegen keine Meßwerte vor. Mittelwerte kleiner als 0,01 mm³/l werden durch – gekennzeichnet.

TABELLE 1 (Erläuterungen siehe S. 9)

1976	Januar			Februar			März		
	1.	2.	3.	1.	2.	3.	1.	2.	3.
1. 1.1	—	0,09	0,22	0,19	0,02	—	—	—	—
1.2	0,24	0,30	0,38	0,86	0,37	0,66	—	0,34	—
1.3	—	—	—	—	—	—	—	—	—
1.4	—	—	—	—	—	—	—	0,34	—
1.5	—	—	—	—	—	—	—	—	—
1.6	0,24	0,39	0,60	1,05	0,39	0,66	—	0,68	—
2. 2.1	0,77	0,82	0,41	0,20	0,16	0,51	2,04	3,47	5,10
2.2	—	—	—	—	—	—	—	—	—
2.3	0,14	0,07	0,14	0,03	0,03	0,10	0,31	0,18	0,26
2.4	—	—	—	—	—	—	—	—	0,40
2.5	0,06	0,09	0,12	0,18	0,07	0,19	0,23	0,34	0,42
2.6	—	—	—	—	—	—	—	—	—
2.7	0,97	0,98	0,67	0,41	0,26	0,80	2,58	3,99	6,18
3.	—	—	—	—	—	—	—	—	—
4.	0,03	0,02	0,08	0,02	0,01	—	0,02	0,07	0,11
5.	0,11	0,41	1,00	1,51	1,76	0,07	0,32	0,24	0,20
6.	—	—	—	—	—	—	—	—	—
7.	1,35	1,80	2,35	2,99	2,42	1,53	2,92	4,98	6,49

	April			Mai			Juni		
1. 1.1	—	—	1,79	7,11	30,66	20,76	30,59	12,80	10,89
1.2	0,50	1,37	1,49	1,32	—	—	—	—	—
1.3	—	—	—	—	—	—	—	—	—
1.4	—	0,34	0,34	1,08	1,63	2,43	7,84	2,69	0,69
1.5	—	—	—	—	—	—	—	—	2,25
1.6	0,50	1,71	3,62	9,51	32,29	23,19	38,43	15,49	13,83
2. 2.1	7,45	1,07	0,46	0,04	—	0,01	—	—	—
2.2	—	—	—	—	—	—	—	—	—
2.3	—	0,03	0,17	0,08	0,03	—	—	—	—
2.4	0,58	1,18	1,45	1,28	0,64	0,17	0,07	—	—
2.5	0,39	0,97	0,97	0,42	0,26	0,11	0,07	0,04	0,15
2.6	—	—	—	0,01	—	—	0,01	0,01	—
2.7	8,42	3,25	3,05	1,83	0,93	0,29	0,15	0,05	0,15
3.	—	—	—	—	—	—	—	—	—
4.	—	0,02	0,04	0,11	0,34	0,20	0,39	0,65	0,08
5.	0,08	0,39	0,14	0,08	0,24	0,09	0,05	0,20	0,35
6.	—	—	—	—	—	—	—	—	—
7.	9,00	5,37	6,85	11,53	33,80	23,77	39,02	16,39	14,41

Tabelle 1 (Fortsetzung)

1976	Juli			August			September		
	1.	2.	3.	1.	2.	3.	1.	2.	3.
1. 1.1	7,51	10,33	10,80	16,66	10,75	×	×	8,84	6,51
1.2	—	—	—	—	—	×	×	—	—
1.3	—	—	—	—	—	×	×	—	—
1.4	8,99	13,02	12,13	3,59	2,69	×	×	2,69	12,67
1.5	4,62	3,75	0,50	0,17	—	×	×	—	—
1.6	21,12	27,10	23,43	20,42	13,44	×	×	11,53	19,18
2. 2.1	—	—	—	0,12	—	×	×	0,13	0,48
2.2	—	—	—	—	—	×	×	—	—
2.3	—	—	—	—	—	×	×	—	—
2.4	—	0,06	0,02	0,02	—	×	×	—	0,01
2.5	0,05	0,02	0,02	0,03	0,01	×	×	—	0,01
2.6	—	—	—	—	—	×	×	—	—
2.7	0,05	0,08	0,04	0,17	0,01	×	×	0,13	0,50
3.	—	—	—	—	—	×	×	—	—
4.	0,27	0,61	0,57	0,26	0,39	×	×	0,05	0,13
5.	0,38	0,21	0,67	0,53	0,05	×	×	0,46	0,51
6.	—	—	—	—	—	×	×	—	—
7.	21,82	28,00	24,71	21,38	13,89	×	×	12,17	20,32

	Oktober			November			Dezember		
1. 1.1	13,15	4,95	5,28	3,03	1,61	1,37	0,05	0,54	0,88
1.2	—	—	0,12	0,26	0,17	0,23	0,55	0,30	0,43
1.3	—	—	—	—	—	—	—	—	—
1.4	15,63	9,20	2,72	0,67	1,13	1,13	—	—	—
1.5	—	—	—	—	—	—	—	—	0,06
1.6	28,78	14,15	8,12	3,96	2,91	2,73	0,60	0,84	1,37
2. 2.1	0,06	0,57	0,19	0,10	0,06	0,02	0,25	0,34	0,31
2.2	—	—	—	—	—	—	—	—	—
2.3	—	—	—	0,03	0,02	—	0,03	0,06	—
2.4	—	—	0,02	—	—	—	0,09	—	—
2.5	0,02	0,01	0,03	0,02	0,01	0,03	0,02	0,08	0,07
2.6	—	—	—	—	—	—	—	—	—
2.7	0,08	0,58	0,24	0,15	0,09	0,05	0,39	0,48	0,38
3.	—	—	—	—	—	—	—	—	—
4.	0,23	0,50	0,43	0,15	0,15	0,07	0,12	0,02	0,12
5.	0,59	0,24	0,28	0,39	0,47	0,24	0,53	0,20	0,42
6.	—	—	—	—	—	—	—	—	—
7.	29,68	15,47	9,07	4,65	3,62	3,09	1,64	1,54	2,29

Tabelle 1 (Fortsetzung)

1977	Januar			Februar			März		
	1.	2.	3.	1.	2.	3.	1.	2.	3.
1. 1.1	0,24	0,16	—	—	—	—	—	—	—
1.2	0,85	0,92	1,05	0,71	0,62	0,76	0,54	0,49	1,36
1.3	—	—	—	—	—	—	—	—	0,03
1.4	—	—	—	—	—	—	—	—	—
1.5	—	—	—	—	—	—	—	—	—
1.6	1,09	1,08	1,05	0,71	0,62	0,76	0,54	0,49	1,39
2. 2.1	0,40	0,29	0,17	0,28	1,28	3,80	2,41	3,97	7,84
2.2	—	—	—	—	—	—	—	0,06	0,13
2.3	0,06	0,18	0,03	0,16	0,27	0,56	0,16	0,10	0,15
2.4	0,04	0,02	—	0,06	—	—	—	—	—
2.5	0,03	0,04	0,09	0,10	0,47	0,70	0,14	0,26	0,44
2.6	—	—	—	—	—	—	0,12	—	—
2.7	0,53	0,53	0,29	0,60	2,02	5,06	2,83	4,39	8,56
3.	0,33	0,31	0,14	0,26	0,19	0,21	0,25	0,20	0,31
4.	0,15	0,10	—	0,05	—	0,05	0,11	0,10	0,12
5.	—	—	—	—	—	—	—	—	—
6.	—	—	—	—	—	—	—	—	—
7.	2,10	2,02	1,48	1,62	2,83	6,08	3,73	5,18	10,38

	April			Mai			Juni		
1. 1.1	0,01	0,23	0,52	1,33	2,38	5,86	2,34	1,92	1,14
1.2	1,25	2,57	2,94	5,91	8,58	9,54	6,58	2,06	0,52
1.3	0,03	0,40	0,50	1,47	2,11	3,41	4,32	5,64	9,21
1.4	—	0,10	0,28	—	0,01	0,39	0,37	0,21	—
1.5	—	—	0,01	—	—	—	0,27	0,79	—
1.6	1,29	3,30	4,25	8,71	13,08	19,20	13,88	10,62	10,87
2. 2.1	11,73	11,44	8,70	1,11	0,56	0,30	1,02	0,19	0,07
2.2	0,10	0,10	0,06	—	0,19	0,04	0,37	—	—
2.3	0,17	0,20	0,49	0,43	0,40	0,13	0,28	0,04	—
2.4	0,06	0,63	0,53	0,51	0,98	0,29	0,16	—	—
2.5	0,61	0,63	1,06	0,94	0,92	0,55	0,35	0,02	0,01
2.6	—	—	—	—	—	0,15	0,09	—	—
2.7	12,67	13,00	10,84	2,99	3,05	1,46	2,27	0,25	0,08
3.	0,40	0,56	0,39	0,34	0,26	0,15	0,07	0,18	0,16
4.	0,22	0,31	0,25	0,20	0,22	0,24	0,18	0,09	0,11
5.	—	—	—	0,14	—	—	—	—	—
6.	—	—	—	—	—	—	—	—	—
7.	14,58	17,17	15,73	12,38	16,61	21,05	16,40	11,14	11,22

Tabelle 1 (Fortsetzung)

1977	Juli			August			September		
	1.	2.	3.	1.	2.	3.	1.	2.	3.
1. 1.1	0,82	1,88	3,18	2,93	1,40	3,19	0,53	0,12	0,10
1.2	0,34	0,19	0,28	0,99	0,52	0,35	0,28	0,20	0,06
1.3	12,37	9,91	5,49	2,95	0,50	1,58	1,36	0,44	0,29
1.4	0,08	0,25	1,43	—	0,51	1,08	1,04	1,52	1,45
1.5	—	—	0,02	0,04	0,01	0,04	0,14	—	—
1.6	13,61	12,23	10,40	6,91	2,94	6,24	3,35	2,28	1,90
2. 2.1	0,51	1,25	2,55	2,44	4,04	8,11	6,03	5,22	2,83
2.2	0,14	0,19	0,25	—	2,06	0,58	0,92	0,42	0,67
2.3	0,02	—	—	0,02	0,05	0,07	0,07	—	0,06
2.4	—	—	0,05	2,22	0,05	0,20	0,41	0,09	0,04
2.5	0,04	0,02	0,01	0,03	0,04	0,03	0,05	—	—
2.6	—	0,05	—	—	—	—	—	0,06	—
2.7	0,71	1,51	2,86	4,71	6,24	8,99	7,48	5,79	3,60
3.	0,23	0,14	0,23	0,20	0,53	0,60	0,12	0,44	0,23
4.	0,22	0,30	1,19	1,38	0,42	0,71	0,65	0,31	0,24
5.	—	—	1,11	0,74	0,14	0,56	0,19	0,03	0,14
6.	—	—	—	—	—	—	—	—	—
7.	14,77	14,18	15,79	13,94	10,27	17,10	11,79	8,85	6,11

	Oktober			November			Dezember		
1. 1.1	0,07	0,48	0,44	0,36	0,40	0,44	0,31	0,44	0,30
1.2	0,02	0,07	0,14	0,22	0,23	0,43	0,24	0,43	0,33
1.3	0,20	0,20	0,68	0,48	0,49	0,06	0,21	0,22	0,42
1.4	1,21	0,15	0,07	0,02	—	—	—	—	—
1.5	0,07	0,48	0,44	—	—	—	—	0,01	—
1.6	1,50	0,90	1,33	1,08	1,12	0,93	0,76	1,10	1,05
2. 2.1	2,60	0,56	0,19	0,26	0,37	0,27	—	0,11	0,35
2.2	2,34	6,70	9,27	8,82	6,44	1,68	0,54	0,67	0,44
2.3	0,04	0,16	0,05	0,01	0,01	0,01	0,01	0,02	0,02
2.4	—	—	0,04	—	—	—	—	—	—
2.5	0,01	0,01	0,01	—	0,01	—	—	—	—
2.6	0,18	0,18	0,16	0,07	0,07	—	—	0,06	0,07
2.7	5,17	7,61	9,72	9,16	6,90	1,96	0,55	0,86	0,88
3.	0,36	0,36	0,55	0,24	0,13	0,10	0,10	0,31	0,27
4.	0,07	0,16	0,26	0,09	0,06	0,13	0,04	0,04	0,08
5.	—	0,10	0,24	0,18	0,10	—	—	—	—
6.	—	—	—	—	—	—	—	—	—
7.	7,10	9,13	12,10	10,75	8,31	3,12	1,45	2,31	2,28

Tabelle 1 (Fortsetzung)

1978	Januar			Februar			März		
	1.	2.	3.	1.	2.	3.	1.	2.	3.
1. 1.1	0,38	0,08	0,14	0,04	0,03	0,04	—	0,02	0,05
1.2	0,35	0,61	0,64	0,70	0,86	0,99	0,53	1,42	1,40
1.3	0,50	0,45	0,27	0,43	0,43	0,45	0,19	0,67	0,25
1.4	—	—	—	—	—	—	—	—	—
1.5	—	—	—	—	—	—	—	—	0,03
1.6	1,23	1,14	1,05	1,17	1,32	1,48	0,72	2,11	1,73
2. 2.1	0,09	0,13	0,24	0,44	0,32	0,21	0,77	6,56	24,70
2.2	0,25	0,18	0,07	0,17	0,34	0,18	0,24	1,16	1,08
2.3	0,05	0,02	0,02	0,05	0,07	0,06	0,06	0,28	0,20
2.4	—	—	—	—	0,01	—	—	—	0,04
2.5	0,01	0,03	0,02	0,04	0,07	0,10	0,10	0,38	0,63
2.6	0,03	0,01	0,01	0,01	—	0,01	—	0,05	0,01
2.7	0,43	0,37	0,36	0,71	0,81	0,56	1,17	8,43	26,66
3.	0,19	0,13	0,18	0,07	0,18	0,05	0,03	0,12	0,14
4.	0,06	0,03	0,05	0,03	0,08	0,07	0,04	0,47	0,08
5.	0,07	0,10	—	—	—	0,27	—	0,18	0,11
6.	—	—	—	—	—	—	0,83	1,45	0,65
7.	1,98	1,77	1,64	1,98	2,39	2,43	2,79	12,76	29,37

	April			Mai			Juni		
1. 1.1	0,04	0,42	1,23	2,31	18,71	13,29	18,69	20,50	10,46
1.2	2,02	1,85	2,39	7,25	20,54	22,86	31,06	15,90	7,65
1.3	0,46	0,16	0,21	0,04	—	—	—	—	—
1.4	—	0,11	—	—	0,07	—	—	1,68	2,27
1.5	—	—	—	—	—	—	—	—	—
1.6	2,52	2,54	3,83	9,59	29,32	36,15	49,75	38,08	20,38
2. 2.1	6,29	2,03	0,57	0,89	1,27	1,07	—	0,64	1,39
2.2	1,32	3,92	3,86	8,79	13,69	8,83	2,27	0,50	—
2.3	0,49	0,38	0,17	0,41	0,03	0,35	—	—	—
2.4	0,09	0,15	0,41	1,65	3,39	0,92	—	—	—
2.5	0,94	0,82	0,99	1,71	2,18	1,29	0,18	0,05	—
2.6	—	0,19	0,04	0,05	—	2,45	—	—	—
2.7	9,13	7,49	6,04	13,50	20,56	14,91	2,45	1,19	1,39
3.	0,14	0,08	0,50	0,43	1,09	0,85	0,37	1,84	1,38
4.	0,03	0,16	0,18	0,53	0,40	2,28	0,02	0,53	—
5.	0,15	0,15	0,18	0,74	1,77	2,39	—	0,44	—
6.	0,72	0,45	0,57	0,98	1,95	0,64	1,06	1,97	1,30
7.	12,69	10,87	11,30	25,77	55,09	57,22	53,65	44,05	24,45

Tabelle 1 (Fortsetzung)

1978	Juli			August			September		
	1.	2.	3.	1.	2.	3.	1.	2.	3.
1. 1.1	9,20	7,03	5,56	2,73	6,54	4,45	8,75	4,65	5,66
1.2	2,65	1,15	2,48	0,77	0,89	0,97	0,88	0,39	0,34
1.3	0,30	14,29	16,82	11,86	10,67	5,88	2,15	3,57	0,87
1.4	2,07	2,57	1,87	0,33	0,28	—	0,04	0,20	—
1.5	—	—	—	0,09	—	0,11	0,02	—	—
1.6	14,22	25,04	26,73	15,78	18,38	11,41	11,84	8,81	6,87
2. 2.1	1,22	2,10	0,34	0,40	0,09	1,41	1,56	1,34	0,14
2.2	1,13	3,09	6,64	0,86	1,68	3,15	5,53	5,67	4,44
2.3	—	0,08	—	—	—	—	—	—	0,04
2.4	—	—	—	—	—	0,08	—	—	—
2.5	0,24	—	—	0,04	0,03	0,06	0,09	0,02	0,11
2.6	—	—	—	—	—	0,02	—	0,32	—
2.7	2,59	5,27	6,98	1,30	1,80	4,72	7,18	7,35	4,73
3.	0,69	0,95	1,74	0,23	0,36	0,13	0,24	0,05	0,15
4.	0,15	0,36	0,47	0,22	0,18	0,41	0,83	0,53	0,15
5.	—	0,36	—	—	0,63	0,24	—	—	—
6.	1,26	0,38	0,30	0,20	1,88	1,16	1,91	1,96	0,43
7.	18,91	32,36	36,22	17,73	23,23	18,07	22,00	18,70	12,33

	Oktober			November			Dezember		
1. 1.1	3,70	6,23	3,04	3,10	1,43	1,25	0,99	×	×
1.2	0,75	0,49	0,50	0,48	0,59	0,45	0,40	×	×
1.3	1,77	0,67	0,31	—	—	—	0,01	×	×
1.4	—	—	—	0,04	—	0,01	—	×	×
1.5	—	0,07	—	—	—	—	—	×	×
1.6	6,22	7,46	3,85	3,62	2,02	1,71	1,40	×	×
2. 2.1	0,43	0,15	0,07	—	0,86	0,03	0,02	×	×
2.2	7,03	2,60	3,13	1,89	0,89	0,57	0,03	×	×
2.3	0,09	0,01	0,06	—	—	0,02	0,04	×	×
2.4	—	0,05	—	—	—	—	—	×	×
2.5	0,02	0,02	0,05	0,10	—	0,01	0,02	×	×
2.6	—	0,15	—	—	—	—	0,07	×	×
2.7	7,57	2,98	3,31	1,99	1,75	0,63	0,18	×	×
3.	0,16	0,17	0,03	0,07	0,03	0,01	0,08	×	×
4.	0,13	0,03	0,13	0,10	0,52	0,11	0,01	×	×
5.	0,77	0,08	—	—	—	0,24	—	×	×
6.	0,65	0,81	0,88	0,71	0,47	0,39	0,56	×	×
7.	15,50	11,53	8,20	6,49	4,79	3,09	2,23	×	×

Tabelle 1 (Fortsetzung)

1979	Januar			Februar			März		
	1.	2.	3.	1.	2.	3.	1.	2.	3.
1. 1.1	0,04	–	0,02	×	0,09	0,01	0,04	0,06	0,02
1.2	0,45	0,34	0,20	×	0,20	0,04	0,02	0,03	0,02
1.3	0,22	0,24	0,15	×	0,03	–	–	–	0,01
1.4	–	–	–	×	–	–	–	–	–
1.5	–	–	–	×	–	–	–	–	–
1.6	0,71	0,58	0,37	×	0,32	0,05	0,06	0,09	0,05
2. 2.1	0,02	–	–	×	–	–	–	0,04	0,05
2.2	0,21	0,06	0,46	×	–	–	0,01	0,04	0,25
2.3	0,11	0,05	–	×	–	0,02	–	–	0,01
2.4	–	0,03	–	×	–	–	–	0,01	0,01
2.5	0,03	–	–	×	–	–	–	0,01	–
2.6	0,01	–	–	×	–	–	–	–	0,01
2.7	0,38	0,14	0,46	×	–	0,02	0,01	0,10	0,33
3.	0,13	0,07	0,06	×	0,01	0,04	–	0,15	0,14
4.	–	–	–	×	–	–	–	–	0,01
5.	–	–	–	×	–	–	–	0,05	–
6.	0,01	–	0,01	×	0,08	0,02	0,08	0,08	0,08
7.	1,23	0,79	0,90	×	0,41	0,13	0,15	0,47	0,61

	April			Mai			Juni		
1. 1.1	0,02	0,07	0,06	0,15	0,15	0,71	–	–	0,43
1.2	0,03	0,05	0,13	0,10	0,37	0,94	0,01	–	–
1.3	–	–	–	0,02	–	0,16	–	–	–
1.4	–	–	–	–	–	–	0,04	0,52	0,58
1.5	–	–	–	–	0,08	–	–	–	–
1.6	0,05	0,12	0,19	0,27	0,60	1,81	0,05	0,52	1,01
2. 2.1	0,04	0,13	–	0,30	0,39	0,07	0,01	0,04	–
2.2	1,61	6,16	7,21	5,05	8,01	3,87	0,35	0,81	0,05
2.3	0,06	0,18	1,13	0,60	0,66	0,42	–	–	0,10
2.4	0,08	0,07	0,81	3,97	10,41	2,28	–	–	–
2.5	0,03	0,13	0,76	0,69	0,62	0,25	–	0,03	–
2.6	–	–	–	–	0,09	–	–	–	–
2.7	1,82	6,67	9,91	10,61	20,18	6,89	0,36	0,88	0,15
3.	0,56	0,42	0,29	0,24	1,14	0,73.	0,46	0,63	0,89
4.	0,05	0,05	0,19	0,16	0,15	0,34	0,54	0,11	0,08
5.	0,22	0,16	0,50	–	0,08	0,13	–	0,01	0,02
6.	0,36	0,26	0,10	0,11	0,28	0,07	0,02	0,03	0,04
7.	3,06	7,68	11,18	11,39	22,43	9,97	1,43	2,18	2,19

Tabelle 1 (Fortsetzung)

1979	Juli			August			September		
	1.	2.	3.	1.	2.	3.	1.	2.	3.
1. 1.1	1,59	3,26	5,58	4,17	2,76	7,91	1,38	4,40	4,14
1.2	—	—	0,01	—	—	—	0,01	—	—
1.3	—	—	—	—	—	—	—	—	—
1.4	0,84	2,32	1,85	2,13	0,40	0,66	0,02	0,06	0,02
1.5	0,01	0,10	0,03	—	—	0,02	—	—	—
1.6	2,44	5,68	7,47	6,30	3,16	8,59	1,41	4,46	4,16
2. 2.1	0,09	0,04	3,64	7,11	11,07	7,14	1,11	0,15	0,22
2.2	0,34	0,53	1,64	2,62	0,59	0,16	0,11	1,04	2,41
2.3	2,74	2,74	0,12	0,08	—	—	—	—	—
2.4	—	—	0,05	—	—	—	—	—	—
2.5	—	—	0,01	—	—	—	—	—	—
2.6	—	—	0,02	0,02	—	—	—	—	0,02
2.7	3,17	3,31	5,48	9,83	11,66	7,30	1,22	1,19	2,65
3.	0,23	0,34	0,16	0,16	0,11	0,09	0,18	0,35	0,26
4.	0,09	0,05	0,09	0,08	0,06	0,01	0,01	0,06	0,05
5.	0,08	0,01	—	—	0,05	—	—	—	0,07
6.	—	—	0,01	0,03	—	0,01	—	0,12	0,06
7.	6,01	9,39	13,21	16,40	15,04	16,00	2,82	6,18	7,25

	Oktober			November			Dezember		
1. 1.1	1,19	0,68	0,17	0,24	0,10	0,01	0,02	0,02	0,05
1.2	0,01	0,01	0,01	0,01	0,01	0,01	0,05	0,05	0,14
1.3	—	—	—	—	—	0,04	—	—	—
1.4	—	—	—	0,04	—	—	—	—	—
1.5	—	—	—	—	—	—	—	—	—
1.6	1,20	0,69	0,18	0,29	0,11	0,06	0,07	0,07	0,19
2. 2.1	0,10	0,01	—	—	—	—	—	—	0,01
2.2	14,22	19,80	25,85	3,17	0,65	0,66	2,44	1,12	0,07
2.3	0,01	0,01	—	—	0,01	0,08	0,16	0,05	0,02
2.4	—	—	—	—	0,01	—	—	—	—
2.5	0,01	0,02	—	—	—	—	—	—	—
2.6	0,08	0,05	0,02	—	0,01	0,02	—	—	—
2.7	14,34	19,84	25,85	3,17	0,67	0,72	2,60	1,17	0,10
3.	0,38	0,43	0,13	0,07	0,08	0,07	0,12	0,11	0,11
4.	0,05	0,08	0,03	0,01	—	0,01	0,02	0,03	0,02
5.	—	0,01	—	0,01	0,01	—	0,04	—	0,06
6.	0,05	0,03	0,01	0,01	0,01	—	0,01	0,02	0,01
7.	16,02	21,08	26,20	3,56	0,88	0,86	2,86	1,40	0,49

3. Jahresgänge und Zusammensetzung des Phytoplanktons 1976—1979

Die ständig zunehmende Nutzung der Gewässer durch Besiedlung, Erholungswesen, Industrie und Landwirtschaft hat in den meisten von ihnen zu einer verstärkten nährstoffbedingten Algenentwicklung geführt. Auch der Müggelsee ist ein Vertreter der eutrophen Gewässer. Die Kontrolle und Steuerung der Wasserbeschaffenheit des Müggelsees, der in der letzten Zeit für die Trinkwasserversorgung Berlins besondere Bedeutung erlangt hat, ist zu einem volkswirtschaftlich wichtigen Anliegen geworden (s. a. Bauer u. Warnke [1]). Für den Müggelsee wurde ein mathematisches Modell erarbeitet und auch der Einfluß der Nährstoffe auf das Algenwachstum in Abhängigkeit von verschiedenen anderen Faktoren getestet (vgl. [2], [14], [21]). Als Vergleich für die Modellrechnungen haben wir — wie schon eingangs erwähnt — bereits 1975 mit der zahlenmäßigen Erfassung der produktionsbiologisch wichtigsten Arten begonnen. Vom Jahre 1977 ab wurden von uns auch die Biomassen für die einzelnen Arten ermittelt, wobei wir die für 1977 erhaltenen Biovolumina zur Umrechnung der Zählergebnisse von 1976 in Biomassen verwendeten.

In Abb. 1 ist der zeitliche Gang der Dekadenmittel für die Gruppen Cyanophyceen (Blaualgen), Bacillariophyceen (Kieselalgen) und Chlorophyceen (Grünalgen) und sonstige für die Jahre 1976—1979 aufgetragen. Da wir die Beobachtungswerte für die einzelnen Arten in Tab. 1 aufführen, verzichten wir hier auf die gesonderte graphische Darstellung des Jahresganges von einzelnen Arten. Weiterhin wurde in Abb. 1 nicht aufgenommen die gesamte Algenbiomasse, die bei den Vergleichen mit weiteren Parametern in Abb. 5 bis 7 dargestellt wird.

1976

Betrachten wir die Algenentwicklung des Jahres 1976, so fällt auf, daß außer der für alle Jahre typischen Frühjahrs-Kieselalgenentwicklung von Mai bis Oktober die Cyanophyceen dominierten. Von den einzelnen Blaualgenarten fanden wir in den Monaten bis Mai hauptsächlich *Oscillatoria redekei*, während von Mai bis August *Aphanizomenon flos-aquae* mit Maximalkonzentrationen über den gesamten Zeitraum hinweg vertreten war. Auch von Vorkastner [26] und Bursche [3] wurde beschrieben, daß *Aphanizomenon* über mehrere Monate im Müggelsee als dominierende Blaualge im Vordergrund stand.

Ab Mai setzte auch die Entwicklung von *Microcystis* ein. Es handelte sich dabei um die Arten *M. aeruginosa* und *M. wesenbergii*, die bei der Auswertung zusammengefaßt wurden. Nur in den Monaten Juni und Juli wurde von uns das Auftreten von *Anabaena* spp. beobachtet.

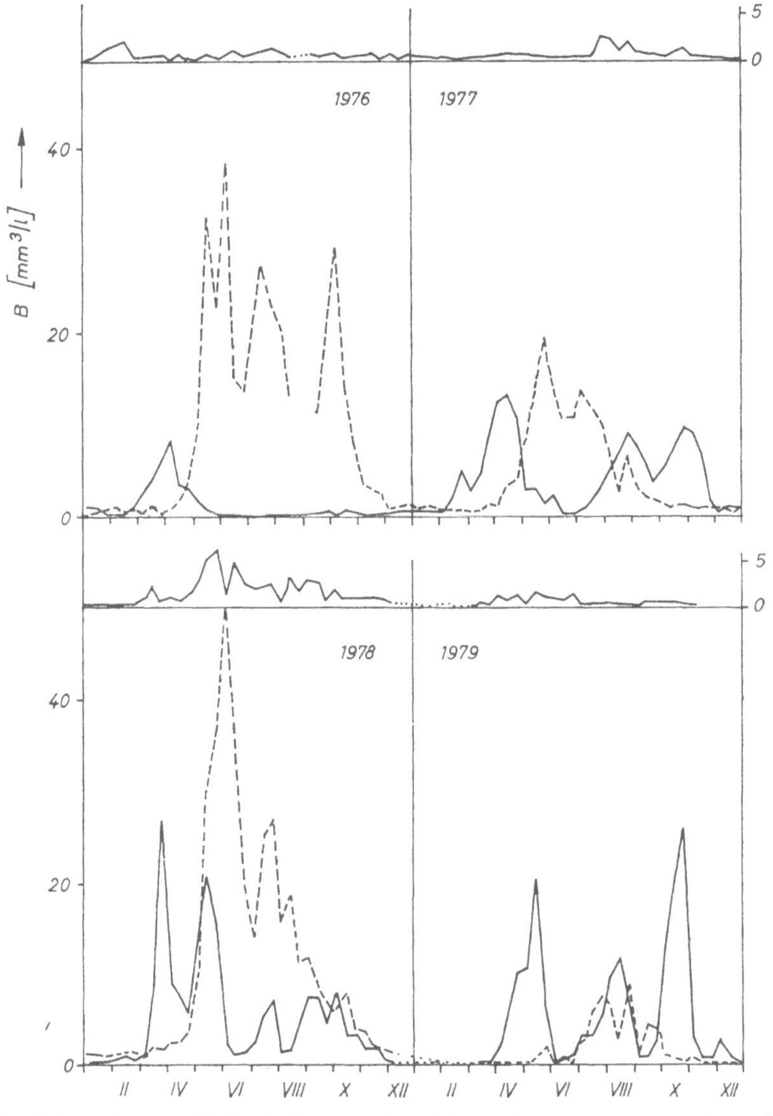

Abb. 1. Jahresgänge 1976—1979 der im Müggelsee vorkommenden Phytoplanktongruppen: Cyanophyceen (gestrichelt), Bacillariophyceen (ausgezogen), Chlorophyceen und sonstige (jeweils oben ausgezogen)

Der hohe Anteil von Blaualgen im Sommer 1976, besonders das starke Vorkommen des potentiellen N_2-Fixierers *Aphanizomenon flos-aquae*, kann nicht überraschen, wenn man die Stickstoff- und Phosphor-Importe in den Müggelsee miteinander vergleicht. So beträgt das TN/TP-Verhältnis im Zufluß für das Jahr 1976 nur 8,5, während für die Jahre 1977, 1978 bzw. 1979 Quotienten von 11,4, 11,6 bzw. 14,7 gefunden wurden. (In kanadischen Seen tritt nach Flett et al. [6] Stickstoffixierung auf, wenn im Zufluß das Verhältnis von Gesamtstickstoff zu Gesamtphosphor TN/TP < 10 ist.) Nennenswerte Kieselalgenvolumina wurden nur von Anfang März bis Ende Mai gefunden, wobei die Maximalkonzentration im Monat April auftrat. An der Kieselalgen-Gesamtproduktion waren im wesentlichen *Melosira granulata*, *Synedra acus* und ihre Varietät *S. acus* var. *angustissima*, *Diatoma elongatum* und *Asterionella formosa* beteiligt. *Synedra acus* trat dabei zahlenmäßig am häufigsten auf, ist aber im Vergleich zu *Melosira granulata* quantitativ unbedeutend. Ein Herbstmaximum wie in den übrigen Jahren war bei den Kieselalgen 1976 nicht vorhanden. Wegen ihres geringen Anteils an der Gesamtalgenbiomasse haben wir Algen, die hier nicht extra aufgeführten Gruppen angehören, mit den Chlorophyceen zusammengefaßt.

Hauptvertreter der Chlorophyceen waren die Gattungen *Scenedesmus* (vertreten durch *Sc. quadricauda*, *Sc. acuminatus* und *Sc. acutus*) und *Pediastrum* (vertreten durch *P. duplex* und *P. boryanum*). Außerdem wurden von uns noch die Gattungen *Oocystis*, *Ankistrodesmus*, *Actinastrum*, *Micractinium* sowie *Staurastrum* (Vertreter der Desmidiaceen) festgestellt, jedoch stets mit unbedeutenden Abundanzen.

1977

Betrachten wir nun die Phytoplanktonentwicklung des Jahres 1977, so fällt auf, daß das Hauptmaximum der Biomasse Ende Mai mit 21,05 mm^3/l geringer als 1976 war, wobei zu diesem Zeitpunkt der Anteil der Cyanophyceen an der Gesamtbiomasse 90% betrug. Die höchsten Biomassen der Bacillariophyceen fanden wir in den Monaten März und April. Im Juni ist durch einen Rückgang der Blaualgen und das Fehlen von Kieselalgen ein Minimum der gesamten Algenbiomasse vorhanden. Ein drittes Maximum erreichten die Biomassewerte in den Monaten Juli und August. Im September sanken die Werte ab, ehe es zu einem vierten Maximum Ende Oktober/Anfang November kam, das hauptsächlich durch eine hohe Anzahl von *Stephanodiscus astraea* hervorgerufen wurde, eine Art, die in solcher Menge in den Jahren 1975 und 1976 nicht beobachtet worden war.

Im Gegensatz zu den beiden genannten Algengruppen bauten die Chlorophyceen nur geringe Populationen auf. Zu den 1977 am häufigsten im Müggelsee vorkommenden Vertretern der Grünalgen gehören *Pandorina morum*,

Actinastrum hantzschii, Scenedesmus quadricauda, Sc. acuminatus, Pediastrum duplex sowie *P. boryanum.*

Zu den biomassebestimmenden Arten gehörte bei den Cyanophyceen besonders *Oscillatoria redekei* mit einer Massenentwicklung, deren Höhepunkt Ende Mai erreicht wurde, und *Oscillatoria agardhii* mit einer starken Entwicklung Anfang Juli. In der ersten Julidekade wurde von uns ein *O.-agardhii*-Anteil von 85% an der Phytoplankton-Gesamtbiomasse gemessen. PÖTTER, BEHNKE u. MÜLLER [19] fanden am 5. 7. 77 eine Algenkonzentration, die zu 97% aus *O. agardhii* bestand.

Die *Aphanizomenon*-Entwicklung dagegen, die keine solchen hohen Biomassewerte wie die der Oscillatorien aufweist, erreichte ihren Höhepunkt Ende Mai. Danach sanken ihre Werte rasch ab bis zu einem Minimum Anfang Juli. Eine zweite, aber wesentlich schwächere Entwicklungsphase von *Aphanizomenon flos-aquae* wurde von uns im August festgestellt.

Zu den Arten, die einen bedeutenden Anteil an der Bacillariophyceen-Biomasse hatten, gehörten besonders *Melosira granulata* und *Stephanodiscus astraea.* Daneben traten die Arten *Asterionella formosa* und *Synedra acus* relativ häufig auf; sie waren aber im Vergleich zu *Melosira* und *Stephanodiscus* quantitativ unbedeutend. Die Entwicklung von *Melosira granulata* erreichte Anfang April ihren Höhepunkt und zeigte außerdem ein zweites, schwächer ausgebildetes Maximum Ende August. Zwischen beiden Maxima wurde die Art nur vereinzelt gefunden. Das gilt auch für *Stephanodiscus astraea.* Ende Oktober/Anfang November — quasi als Abschluß der Phytoplanktonentwicklung — trat als Massenform *Stephanodiscus astraea* in zwei Varietäten auf, die sich abwechselten. Beide sind u. a. durch ihre Größen unterschieden. Im allgemeinen fanden wir Einzelzellen, bei der Varietät mit dem kleineren Zelldurchmesser ganz vereinzelt auch mehrzellige Ketten. Die zunächst für die zwei Varianten getrennt errechneten Biomasseanteile wurden von uns zusammengefaßt.

1978

Ein Vergleich des Jahres 1978 mit den anderen in dieser Arbeit betrachteten Jahren zeigt, daß 1978 die höchsten Biomassewerte gefunden wurden. Dies folgt auch aus der Bestimmung des Sestongehaltes auf optischem Wege (s. Abb. 5) bzw. aus den Sestonmessungen. Vergleichen wir das Jahr 1976, das auch hohe Biomassewerte brachte, mit 1978, so fällt auf, daß der Anteil der Blaualgen am Gesamtphytoplankton 1978 geringer war. Der Jahresgang der Cyanophyceen zeigt zwei Maxima; das erste, stark ausgeprägte mit seinem Höhepunkt Anfang Juni wurde vorwiegend von *Oscillatoria redekei* gebildet.

Dem relativ raschen Zusammenbruch dieser Population Ende Juni folgte dann die Entwicklung von *Oscillatoria agardhii*, die ihren Höhepunkt Ende Juli hatte und damit den Hauptteil des zweiten Maximums stellt. *Aphanizo-*

menon flos-aquae fanden wir von Mai bis September, wobei die höchsten Biovolumina im Juni gemessen wurden, zu einem Zeitpunkt, als ein starker Rückgang der *Oscillatoria-redekei*-Entwicklung zu verzeichnen war.

Die von uns im Müggelsee gefundenen *Aphanizomenon*-Fäden liegen mit einer durchschnittlichen Trichombreite von 4,3 µm (Mittelwert 1977—1979) im Übergangsbereich der nach Komárek [12] für *A. gracile* und *A. flos-aquae* angegebenen Werte. Wir haben die ursprüngliche Einstufung der Art als *A. flos-aquae* beibehalten, da nach der Zellbreite eine genaue Festlegung der Artenzugehörigkeit nicht möglich war.

Nach der für das Frühjahr typischen Bacillariophyceen-Massenentwicklung (hauptsächlich *Melosira granulata*) fanden wir zusätzlich im Mai ein relativ starkes Aufkommen von *Stephanodiscus astraea*, außerdem im Sommer noch einmal *Melosira granulata* und Anfang Oktober — wie schon im Vorjahr — *Stephanodiscus astraea.* Auffällig für 1978 gegenüber den anderen Jahren ist der relativ hohe Anteil an Chlorophyceen und einzelnen Arten anderer Gruppen, die wir nach der Errechnung der Biomassen zu der Gruppe „Chlorophyceen und sonstige" zusammenfaßten. Hauptvertreter waren 1978 bei den Chlorophyceen: *Scenedesmus quadricauda, Sc. acuminatus, Pediastrum duplex, P. boryanum* und *Actinastrum hantzschii*; bei den Cryptophyceen: *Cryptomonas* spp. und *Rhodomonas* spp.; bei den Dinophyceen: *Peridinium aciculiferum*; bei den Desmidiaceen: *Staurastrum gracile.*

Zahlenmäßig am stärksten vertreten waren besonders im Sommerhalbjahr kleine runde Nannoplankter mit einem mittleren Durchmesser von 3—5 µm, deren genaue Zuordnung bisher nicht möglich war, die aber auf Grund ihrer kleinen Abmessungen im Verhältnis zu den größeren Formen nicht biomassebestimmend waren. Trotz ihres geringen Anteils an dem Gesamtalgenbiovolumen können sie auf Grund der relativ großen Oberfläche produktionsbiologisch bedeutsam sein.

Infolge der höheren Wasserführung, besonders nach dem Sommerhochwasser im August, war vor allem die Stickstoffversorgung des Sees 1978 wesentlich günstiger als 1976.

1979

Als letztes der vier in Abb. 1 dargestellten Jahre wird das hinsichtlich der meterologischen Bedingungen und bezüglich der Algenentwicklung abweichende Jahr 1979 betrachtet. Im Vergleich zu den vorangegangenen Jahren waren im Jahresdurchschnitt 1979 zu wenig Blaualgen vorhanden, während die Bacillariophyceen-Entwicklung als normal angesehen werden kann (Jahresmittel der Kieselalgen 1976—1979: 1,1, 4,3, 5,4, 5,2 mm^3/l). Im strengen Winter 1978/79 war der See an etwa 100 Tagen, d. h. am längsten in den 4 Jahren, eisbedeckt (1975/76 etwa 47 Tage; 1976/77 etwa 63 Tage; 1977/78 etwa 28 Tage). Durch die 1979 zusätzlich vorhandene Schneebedeckung wurden die Lichtverhältnisse im Wasser erheblich verschlechtert. Daß dadurch die Frühjahrsalgenentwicklung gebremst wurde und damit die Startbiomasse niedriger als in den anderen Jahren lag, zeigt eine Gegenüberstellung der Gesamtalgenkonzentration im Februar/März (1976: 2,31/4,80 mm^3/l; 1977: 3,51/6,43 mm^3/l; 1978: 2,25/14,95 mm^3/l; 1979: 0,39/0,41 mm^3/l). Nach Abschluß der Eisperiode Ende März setzte ein kräftiges Wachstum der Kieselalgen ein mit einem im Gegensatz zu den Jahren 1976—1978 verspäteten Maximum Anfang Mai. An Stelle von *Melosira granulata*, die bisher bei der Frühjahrsalgenentwicklung biomassebestimmend war, fanden wir hauptsächlich die Arten *Stephanodiscus astraea* und *Diatoma elongatum*. Bei den Blaualgen führte der „Winterschock" vermutlich zum Ausbleiben der typischen *Oscillatoria-redekei*-Entwicklung im Mai.

Bemerkenswert ist, daß auch im Spree-Zufluß 1979 die Blaualgen im Spätwinter und Frühjahr extrem wenig vertreten waren und nach der zu geringen *Oscillatoria-redekei*-Entwicklung ein starkes Auftreten von Cladoceren zu beobachten war (s. [16]), das letztlich zu einem Klarwasserstadium mit minimaler Sestonkonzentration und minimalen Algenkonzentrationen führte.

Während des Auftretens von *Microcystis* konnte beobachtet werden, daß in und auf ihren Gallerthüllen andere Algen leben. Nach TÄUSCHER [24] handelt es sich um andere Blaualgen (*Phormidium mucicola* und *Aphanotece stagnina*), die Kieselalge *Nitzschia fonticula* und einige farblose Flagellaten.

Praktisch gleichzeitig mit den oben genannten Blaualgen trat in den Sommermonaten *Melosira granulata* auf. Wie in den Jahren 1977 und 1978 war eine Herbstentwicklung von *Stephanodiscus astraea* zu verzeichnen.

4. Mittlerer Jahresgang der Algengruppen*)

Wie schon im letzten Abschnitt erwähnt, herrschen im Frühjahr und Herbst Kieselalgen (vor allem *Melosira* und *Stephanodiscus*) und im Sommer Blaualgen (vor allem *Oscillatoria*, *Aphanizomenon* und *Microcystis*) vor, während sonstige Algen, einschließlich der Grünalgen, eine untergeordnete Rolle spielen. Dies wird auch aus Abb. 2 ersichtlich, in der die relativen Anteile von Blaualgen am Gesamtphytoplankton für jede Dekade über die Jahre 1976 bis 1979 gemittelt wurden. Der mittlere Jahresgang der prozentualen Verteilung in Blaualgen und Kieselalgen (einschließlich der sonstigen) zeigt deutlich harmonische Jahreswellen (s. a. [20]).

*) Der in diesem Kapitel beschriebene mittlere Jahresgang der Algengruppen bezieht sich auf die Untersuchungsjahre 1976 — 1979. Die hier festgestellte sommerliche Dominanz der Blaualgen trat—wie sich schon 1979 andeutete — in den Jahren 1980—1982 nicht mehr auf: Blau- und Kieselalgen waren im Sommer etwa gleich häufig (s. a. S. HOEG, Ein Vergleich der Algenzönosen in Berliner Seen 1980. Acta hydrophys. [im Druck]).

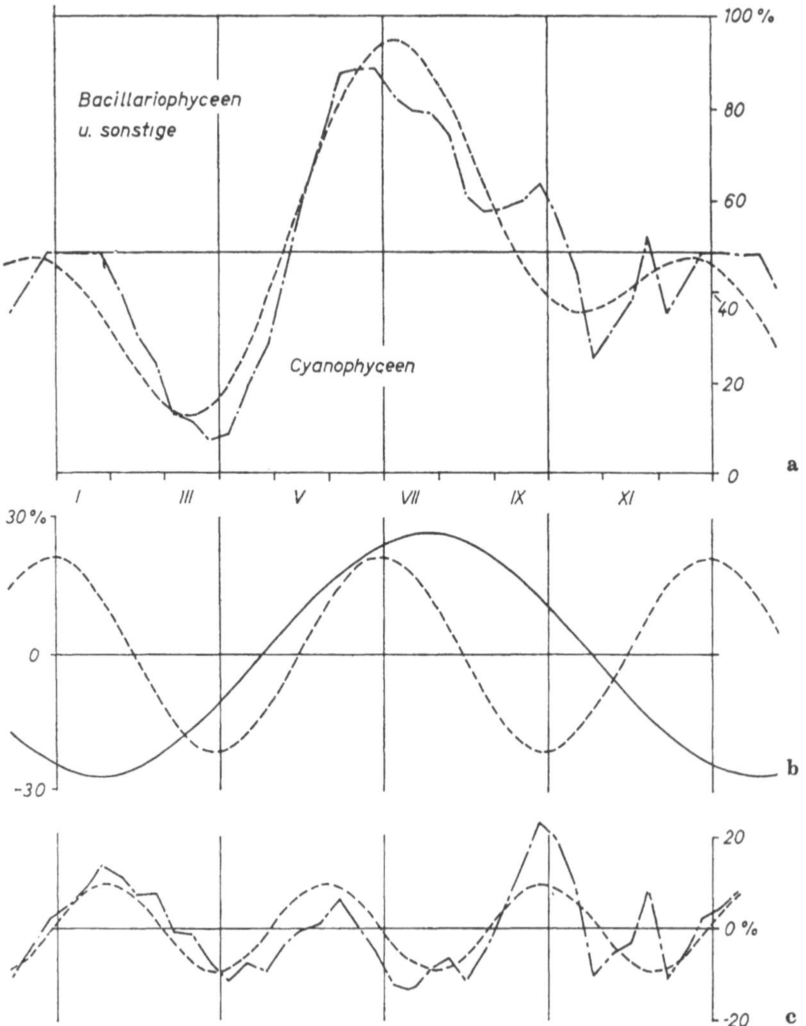

Abb. 2. Prozentuale Aufteilung der Algen im Müggelsee in Cyanophyceen und Bacillariophyceen (und sonstige) 1976—1979 mit harmonischer Analyse; **a** Näherung durch die ersten beiden harmonischen Wellen (Jahreshaupt- und -halbwelle, in **b** einzeln dargestellt), **c** Rest mit Näherung durch eine Jahresdrittelwelle

Bei einer Analyse, die neben der Jahreshauptwelle auch noch die Jahreshalbwelle erfaßt (Abb. 2a), wird bereits eine recht gute Näherung des beobachteten mittleren Jahresganges erreicht. Folgende Beziehungen ergaben sich für die Blau- bzw. Kieselalgen:

$$\frac{\text{Blau}}{\text{Blau} + \text{Kiesel}} = 0{,}487 + 0{,}266 \cos\,[2\pi(\text{Tag} - 204)/360] + \\ + 0{,}213 \cos\,[2\pi(\text{Tag} - 178)/180]\ ;$$

$$\frac{\text{Kiesel}}{\text{Blau} + \text{Kiesel}} = 0{,}513 + 0{,}266 \cos\,[2\pi\,(\text{Tag} - 24)/360] + \\ + 0{,}213 \cos\,[2\pi(\text{Tag} - 88)/180].$$

Für die Analyse haben wir ein Jahr von 360 Tagen angenommen.

Während in Abb. 2a die Summe von Jahreshaupt- und Jahreshalbwelle dargestellt ist, zeigt Abb. 2b diese beiden Jahreswellen getrennt. In Abb. 2c wurde die Differenz zwischen Beobachtungs- und Näherungskurve aufgetragen, die auch noch eine Jahresdrittelwelle erkennen läßt, so daß prinzipiell die Annäherung an den beobachteten Gang noch verbessert werden kann.

Die Lage der Extremwerte der gefundenen harmonischen Wellen läßt anscheinend eine meteorologische/physikalische Interpretation zu. Die Jahreshauptwelle hat ihr relatives Maximum bei den Blaualgen bei Tag = 204, was etwa dem 24. Juli entspricht (in der letzten Julidekade sind im Mittel die höchsten Wassertemperaturen anzutreffen), und ihr Minimum bei Tag = = 24 (etwa 24. Januar mit minimalen Wassertemperaturen). Die Jahreshalbwelle zeigt bei den Blaualgen relative Maxima bei Tag = 178 (etwa 28. Juni) und bei Tag = 358 (etwa 28. Dezember) sowie relative Minima bei Tag = 88 (etwa 28. März) und 268 (etwa 28. September). Die Minima treten also in den Tagundnachtgleichen bei mittleren Strahlungsbedingungen, die Maxima bei extremen Lichtverhältnissen auf. Bei den Kieselalgen sind im Verhältnis zu den Blaualgen Maxima und Minima vertauscht, und ihr Verhalten kann durch folgende Aussagen umrissen werden:

- Bevorzugung (im Vergleich und in Konkurrenz mit den Blaualgen) kalter Temperaturen (relatives Maximum etwa am 24. Januar),
- Bevorzugung mittlerer Strahlungsverhältnisse (relative Maxima am 28. März und 28. September).

5. Zeitliche und räumliche Änderung der Biomasse

Um eine Vorstellung über Phasen des Algenwachstums und des -rückganges zu bekommen, wurden die Biomasseänderungen jeder Art zwischen jeweils zwei Meßterminen bestimmt und die positiven bzw. negativen Ände-

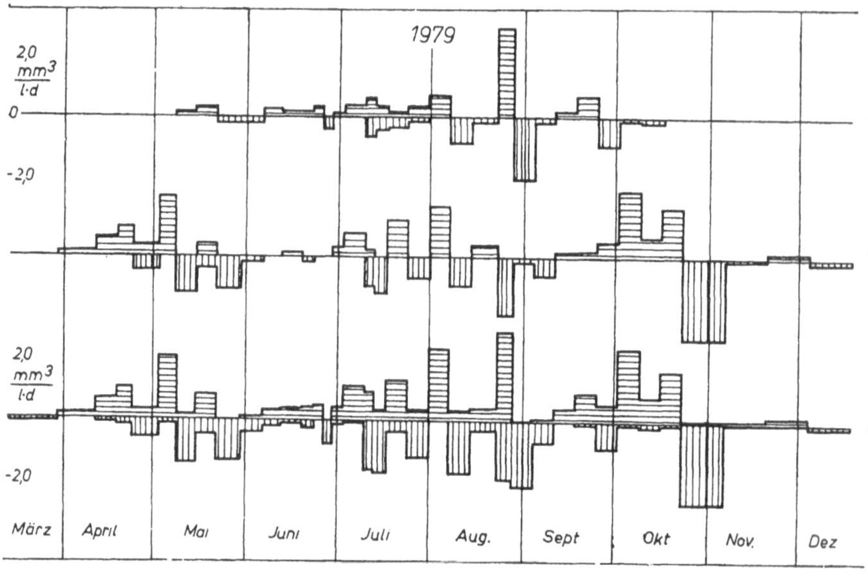

Abb. 3. Zu- und Abnahme des Phytoplanktonwachstums im Müggelsee 1979; **a** Cyanophyceen, **b** Bacillariophyceen, **c** Gesamtphytoplankton

rungen für jede Algengruppe getrennt aufsummiert. In Abb. 3 haben wir diese Änderungen für die Blaualgen (a), die Kieselalgen (b) und das gesamte Phytoplankton (c) für das Jahr 1979 graphisch dargestellt, wobei die Zunahme nach oben und die Abnahme nach unten aufgetragen wurden.

Findet ein Sukzessionswechsel nur innerhalb einer Algengruppe statt — so wurde z. B. im Mai *Stephanodiscus astraea* durch *Diatoma elongatum* abgelöst —, wird diese Änderung durch das gleichzeitige Vorhandensein von positiven und negativen Werten ausgedrückt. Findet dagegen ein umfassender Sukzessionswechsel zwischen den oben genannten Algengruppen statt, so sind die Änderungen bei einer Gruppe positiv und bei der anderen negativ. Ein Beispiel dafür ist die in der 3. Augustdekade einsetzende Blaualgenentwicklung bei gleichzeitigem Zusammenbruch der Kieselalgenpopulation.

Wie bereits erwähnt, weicht das Jahr 1979 von den übrigen Beobachtungsjahren ab. Die in den anderen Jahren ausgeprägte Frühjahrsentwicklung der Blaualgen ist weitgehend ausgeblieben; nur die 3. Augustdekade zeigt kurzfristig eine etwas stärkere Blaualgenentwicklung. Aus Abb. 3b geht hervor, daß das Jahr 1979 grob durch drei Wachstumsphasen der Kieselalgen geprägt wird. Bemerkenwert ist die besonders starke Kieselalgenentwicklung im Herbst, die im Oktober nahezu allein von einer Art (*Stephanodiscus astraea*) gestellt wurde.

Die Algenproben haben wir routinemäßig nur an *einer* Stelle und in *einer* Tiefe dem Müggelsee entnommen, so daß die Übertragbarkeit der Zählergebnisse auf den gesamten See nicht ohne weiteres gegeben ist. Eine vertikale Gleichverteilung – zumindest in der euphotischen Schicht – ist am ehesten früh am Morgen vorhanden, also zu der Zeit unserer Probenentnahme. Windbedingte horizontale Inhomogenitäten versuchten wir durch Dekadenmittel auszugleichen, da eine räumliche Erfassung der Algenverteilung nicht möglich war. Die prinzipielle Richtigkeit dieser Überlegungen wurde durch optische Messungen erhärtet, die wir seit 1978 an einigen Meßstellen vornehmen und die auf eine mittlere horizontale Gleichverteilung des Sestons hinweisen.

Da der Algenanteil des Sestons unterschiedlich sein kann, haben wir einen Vergleich der Algenbiomasse am Institutssteg und an der tiefsten Stelle des

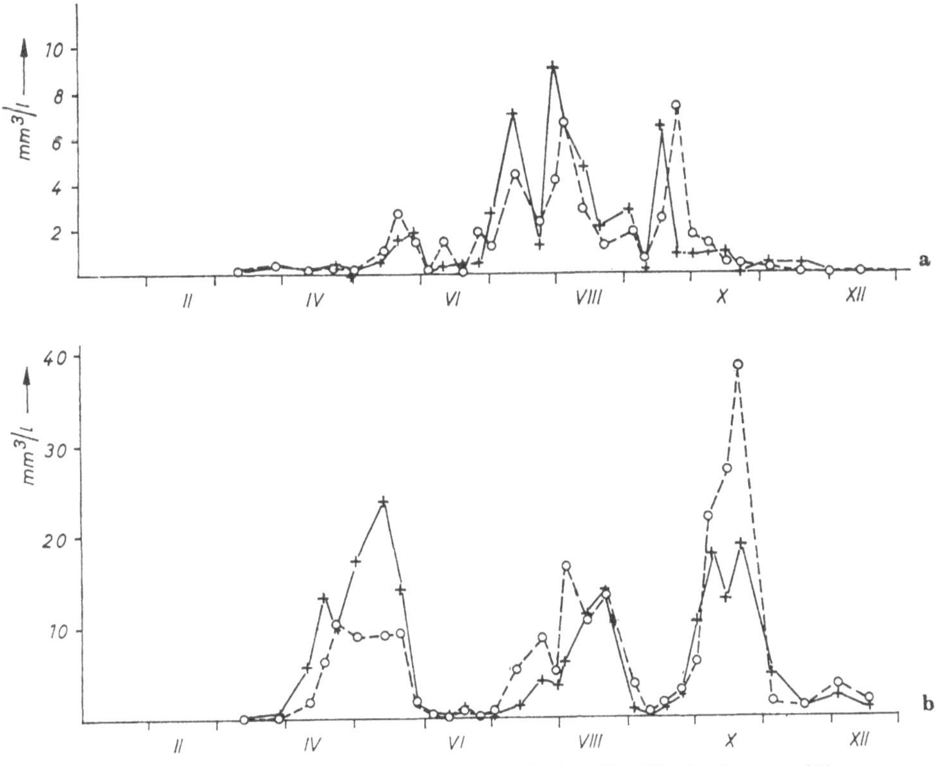

Abb. 4. Vergleich der Cyanophyceen- (**a**) und der Bacillariophyceen-Biomasse (**b**) an zwei verschiedenen Stellen im Müggelsee 1979: Steg (ausgezogen), tiefste Stelle (gestrichelt)

Müggelsees für die Tage des Jahres 1979 vorgenommen, an denen gleichzeitige Beobachtungen vorlagen. Die Abweichungen bei den Blaualgen kann man nach Abb. 4 als unbedeutend einschätzen, während sie bei den Kieselalgen, die ein etwas höheres spezifisches Gewicht besitzen, größer sind. Der Jahresgang der Bacillariophyceen ist durch drei voneinander unabhängige Maxima gekennzeichnet, deren zeitliche Lagen am Institutssteg und an der tiefsten Stelle praktisch übereinstimmen. Das Frühjahrspeak (vor allem *Diatoma elongatum*) fällt am Institutssteg höher aus, die Sommermaxima (vor allem *Melosira granulata*) sind nahezu gleich, und das Herbstpeak (vor allem *Stephanodiscus astraea*) ist an der tiefsten Stelle ausgeprägter.

6. Vergleich des Jahresganges des Phytoplanktons mit weiteren Beobachtungsgrößen (Lichtextinktion/Seston, Globalstrahlung, Wassertemperatur/*p*H)

Abb. 5 zeigt den Vergleich zwischen dem zeitlichen Verlauf der Algenbiomasse und dem Extinktionskoeffizienten c_{588}^{P} für das partikuläre Material, der aus der Differenz der Extinktionsmessungen der Rohprobe und des Filtrats bei 588 nm ermittelt wird. Wie sich aus mehreren Überprüfungen ergab, kann dieser Extinktionskoeffizient auch als Maß des Sestongehaltes angesehen werden, wobei im Mittel eine Extinktionseinheit 7 mg Trockenmasse/l entspricht (s. a. Hoeg u. Schellenberger [9] und Hoeg [8]). Die Überprüfung zeigte auch, daß je nach der gerade dominierenden Algengruppe gewisse charakteristische Abweichungen von diesem Mittelwert auftreten. Wegen der unterschiedlichen Aschegehalte von Blau- und Kieselalgen ist zu erwarten, daß bei einem Vergleich mit dem ökologisch relevanteren aschefreien Trokkengewicht (für das keine Messungen vorliegen) diese Abweichungen geringer werden. Bei unserer Darstellung gaben wir Extinktionsmessungen gegenüber direkten Sestonbestimmungen den Vorzug, da für diesen Parameter ein lückenloses (tägliches) Beobachtungsmaterial vorliegt.

Wie aus Abb. 5 ersichtlich ist, wird der Gang des Sestongehaltes durch den der Algenbiomasse geprägt. Aus dem Vergleich der Algen- und der Sestonskala ergibt sich, daß 1 mg Trockenmasse (TM) Seston ungefähr 1,3 mg Feuchtmasse (FM) Algen entspricht. Nimmt man an, daß 1 mg FM 0,2 mg TM enthält, so erhalten wir einen mittleren Algenanteil von 26% am Gesamtseston. Bei der Annahme, daß 1 mg FM nur 0,1 mg TM entspricht, sinkt der Algenanteil auf etwa 13%.

Ähnliche Werte wurden auch in anderen Seen gefunden, u. a. in den belorussischen Seen Naroč (6,8% Algen bzw. 84,6% Detritus), Mjastro (15,3% bzw. 77,6%), Batorin (11,7% bzw. 82,7%), im Lake 224 im kanadischen Seenuntersuchungsgebiet (ELA) 11% Algen und im Stausee von Kiev 61—77%

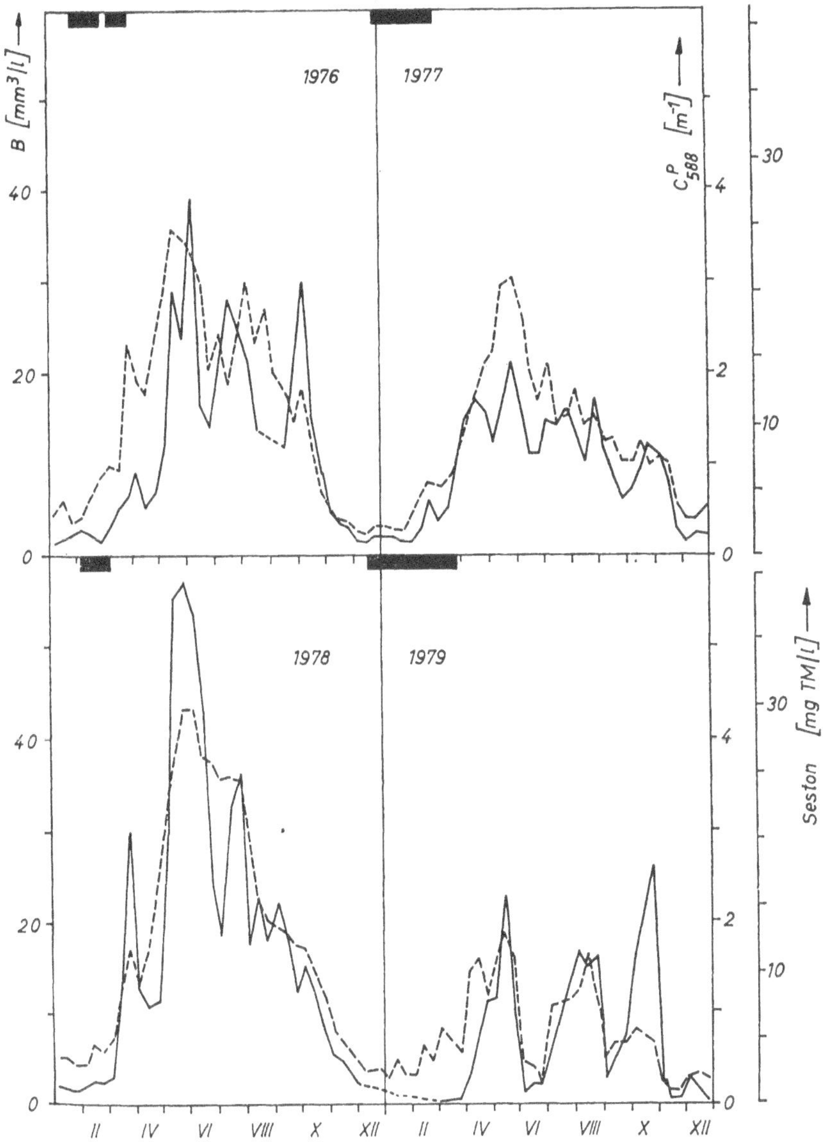

Abb. 5. Zeitlicher Gang des gesamten Algenbiovolumens (ausgezogen) und des Extinktionskoeffizienten c^P_{588} (gestrichelt) 1976–1979 im Müggelsee; schwarze Balken: Dauer der Eisbedeckung

Detritus (s. [7], [18]). Wie in diesen Seen wird auch im Müggelsee der Hauptanteil des Sestons durch den Detritus gestellt.

Abweichungen von der im Mittel guten Übereinstimmung zwischen Sestongehalt und Algenbiomasse ergeben sich aus dem bereits erwähnten Einfluß der unterschiedlichen Algenzusammensetzung auf den Extinktionskoeffizienten. So werden Diatomeenentwicklungen optisch schlecht erfaßt (siehe z. B. Frühjahr 1978 und Herbst 1979). Diese Feststellung scheint allerdings für das Frühjahr 1976 nicht zuzutreffen; in diesem Falle kann aber die rückwirkende Biomasseberechnung zu geringe Werte ergeben haben.

Außergewöhnlich niedrige winterliche Algenkonzentrationen wurden im Winter 1978/79 infolge langer Eisbedeckung mit Schnee festgestellt, während der Sestongang durch den Import allochthonen Materials diesem Trend nicht folgte. Die Länge der Eisbedeckung wurde durch schwarze Balken im oberen Teil des jeweiligen Jahres dargestellt.

In Abb. 6a, b wurde von uns ein Vergleich der Jahresgänge 1976–1979 der Algenbiomasse mit dem *p*H-Wert, der Wassertemperatur und der Globalstrahlung vorgenommen. Die Messung der Wassertemperatur erfolgte täglich früh zur gleichen Zeit an der schon eingangs beschriebenen Probenentnahmestelle im Uferbereich in einer Tiefe von 0,5 m. Die Globalstrahlungswerte sind Meßwerte vom Hauptobservatorium Potsdam. Aus den für die Sommerhalbjahre (Monate April–September) 1976–1979 gebildeten Mittelwerten ergibt sich, daß das Jahr 1976 mit 16,3 °C die höchste Durchschnittswassertemperatur hatte, während für das Sommerhalbjahr 1978 mit 15,2 °C die niedrigste gefunden wurde.

Die biologische Entwicklung in den Seen wird im wesentlichen durch die Globalstrahlung gesteuert, wie aus dem häufigen Zusammentreffen von Strahlungs- und Algenpeaks in Abb. 6a, b zu ersehen ist. Ebenso ist die Wassertemperatur von der zugeführten Sonnenenergie abhängig, wobei die beiden Jahresgänge infolge der Wärmeträgheit der Gewässer phasenverschoben sind. Trägt man die Monatsmittelwerte der Wassertemperatur in Abhängigkeit von der Globalstrahlung auf, so erhält man eine ellipsenähnliche Hysteresiskurve (s. Hoeg [8]).

Ein Indikator für biologische Veränderungen in Binnengewässern ist auch der *p*H-Wert. Bekannt ist, daß sich *p*H-Wert und Bioproduktion – bedingt durch Aufnahme und Abgabe von CO_2 – wechselseitig beeinflussen, wobei in manchen Fällen auch der *p*H-Wert selbst einen Einfluß auf das Algenwachstum ausüben kann. Um den Zusammenhang zwischen *p*H-Regime und Algenwachstum im Müggelsee aufzuzeigen, wurde 1977 mit regelmäßigen Bestimmungen des *p*H-Wertes begonnen (Kostka [13]). So zeigt ein Vergleich der *p*H-Jahresgänge mit denen der Algenbiomasse für die Jahre 1977-1979, daß die Maxima der Hauptalgenentwicklung mit denen

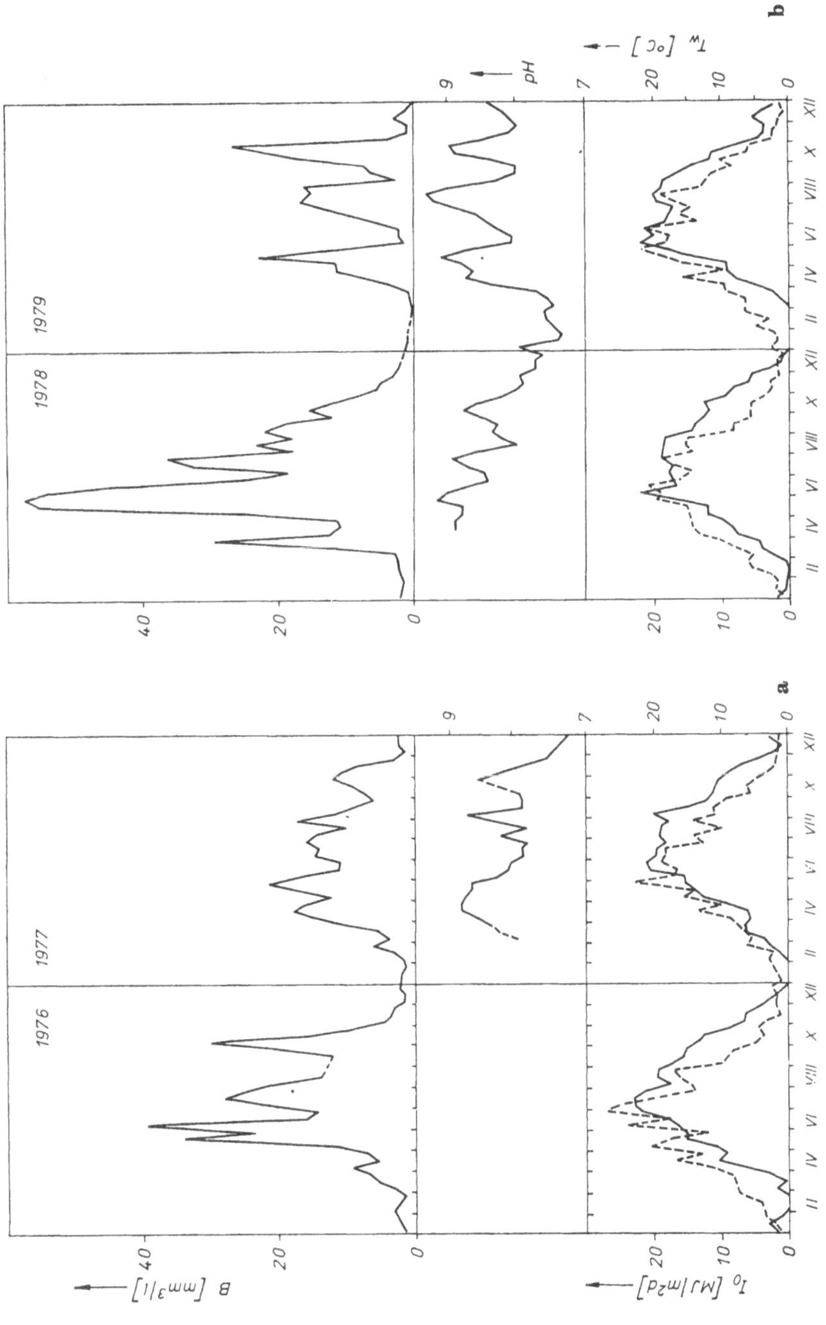

Abb. 6. Zeitlicher Gang des Gesamtalgenbiovolumens (oben), des pH-Wertes (Mitte) sowie der Globalstrahlung I_0 und der Wassertemperatur T_w (unten) 1976/77 (**a**) und 1978/79 (**b**) im Müggelsee

des pH-Wertes zusammenfallen. Diese Abhängigkeit ist besonders 1979 ausgeprägt, wo wir drei deutlich voneinander getrennte Phytoplanktonmaxima haben.

7. Besondere Algenentwicklungen

In den vorangegangenen Abschnitten haben wir versucht, sowohl den mittleren jährlichen Verlauf der Algensukzessionen, wie er zur Zeit im Müggelsee besteht, als auch die Besonderheiten der einzelnen Beobachtungsjahre aufzuzeigen. Neben den dominierenden Arten können bei bestimmten Bedingungen auch Spezies auftreten, die dann das Erscheinungsbild der Algenzönose prägen können. Als Beispiel dafür wird die Entwicklung einer von uns nicht genauer bestimmten Alge im Winter 1978/79 herausgegriffen, der — wie schon erwähnt — kälter als in den übrigen Jahren war. Der Beginn dieser Algenentwicklung fiel anscheinend mit dem vorübergehenden Abschmelzen der Schneedecke auf dem Eis zusammen, wobei sich die Lichtverhältnisse im Wasser erheblich verbesserten. (Dazu kommt nach Abb. 7b eine Erhöhung der Globalstrahlung in der Atmosphäre.) Das Wachstum dieser μ-Alge verfolgten wir anhand des Lichtextinktionskoeffizienten, der täglich gemessen wurde (s. Abb. 7c). Daß diese Trübungsänderungen tatsächlich durch die kleinen μ-Algen hervorgerufen wurden, stellten wir an den durchgeführten Algenzählungen und durch die Erhöhung der Lichtextinktion des Filtrats fest, da das verwendete Papierfilter wegen seiner Porengröße die μ-Algen zum größten Teil passieren läßt. (Auf eine Darstellung der Lichtextinktion des Filtrats wurde in Abb. 7 verzichtet.)

Da eine Vielzahl von kleinen Algen keine besonders große Biomasse haben muß und auch die Bioproduktion in Grenzen bleiben kann, zeigt der in Abb. 7d dargestellte pH-Gang keine nennenswerten Änderungen. Hinzuzufügen ist auch, daß wir keine Informationen über die räumliche Ausdehnung dieser Algenentwicklung besitzen.

8. Vorkommen von heterozystenführenden Blaualgen

Bei der stufenweisen Erweiterung unseres Meßprogramms haben wir ab 1977 die Heterozysten mit erfaßt, da nach STEWART [23] deren Anzahl als grobes Maß für die Stickstoffixierung benutzt werden kann. Diese Tatsache wurde erst in letzter Zeit auch von LINDAHL et al. [15] unterstrichen. Ein genauer Vergleich mit den von BAIEROVÁ et al. (s. [11]) seit Juni 1977 mit der Azetylenmethode durchgeführten Messungen der Stickstoffixation wurde

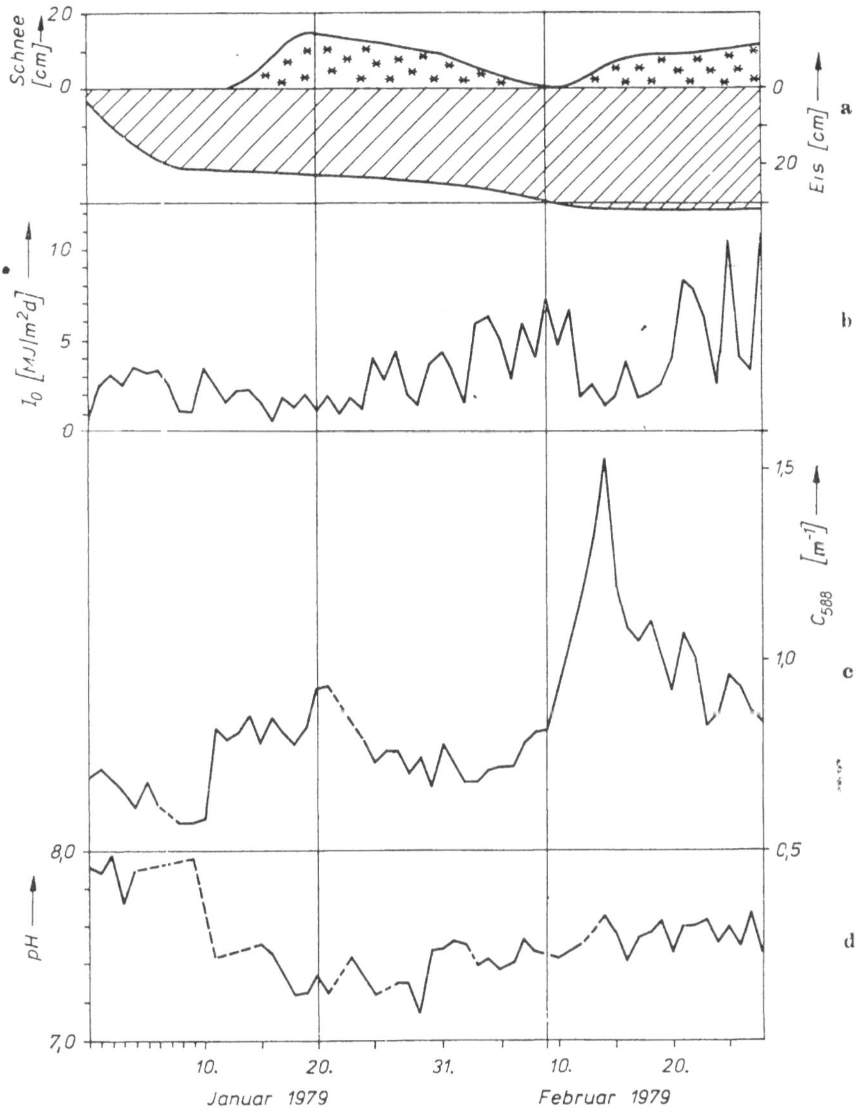

Abb. 7. Entwicklung von μ-Algen unter der Eisdecke des Müggelsees im Winter 1978/79, dargestellt durch die von ihnen verursachte Wassertrübung (**c**); **a** Schnee- und Eisverhältnisse, **b** Globalstrahlung, **d** *p*H-Wert

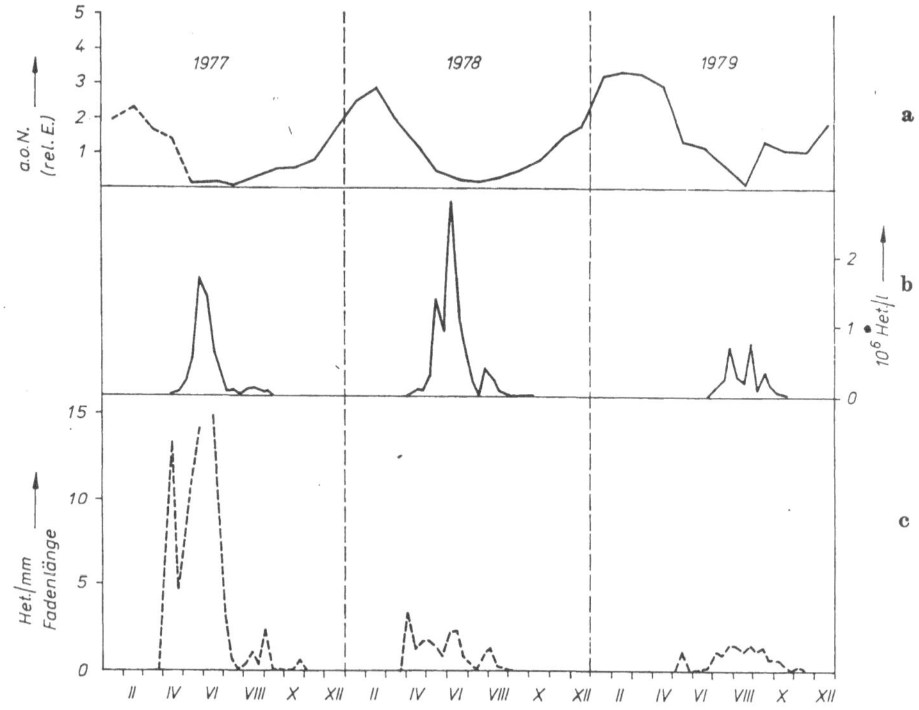

Abb. 8. Jahresgänge 1977–1979 im Müggelsee: **a** anorganischer Stickstoff, **b** Anzahl der Heterozysten/l, **c** Anzahl der Heterozysten/mm Fadenlänge von *Aphanizomenon flos-aquae*

noch nicht vorgenommen. Aus den in Abb. 8 dargestellten Untersuchungsergebnissen ist ersichtlich, daß heterozystentragende Trichome im Sommer bei minimalen Stickstoffkonzentrationen auftreten. In Abb. 8a wurde nur der relative Gang des gesamten gelösten anorganischen Stickstoffes aufgetragen und auf eine Aufteilung in Nitrat und Ammonium, deren Wirksamkeit auf die Stickstoffixierung unterschiedlich sein kann, verzichtet. Heterozysten fanden wir, von ganz wenigen Ausnahmen abgesehen, nur bei *Aphanizomenon flos-aquae*. In den drei von uns betrachteten Jahren waren die meisten Heterozysten im Juni 1978 vorhanden. Für 1976, als die Stickstoffversorgung des Müggelsees im Vergleich zu den anderen Jahren am ungünstigsten war (s. a. Kap. 3) und damit die Wahrscheinlichkeit für noch höhere Heterozystenzahlen bestand, liegen bei uns leider keine Beobachtungen vor. In Einklang mit der relativ guten Stickstoffversorgung 1979 wurden von uns gegenüber 1977 und 1978 auch die geringsten Heterozystenzahlen ermittelt.

Die Heterozystenfrequenz (bezogen auf 1 mm Trichomlänge) ist nach Abb. 8c im allgemeinen recht klein und übersteigt in den Jahren 1978 und 1979 nicht 3 Heterozysten/mm (das entspricht ca. 2% der vegetativen Zellen). Die hohen Heterozystenfrequenzen 1977 konnten noch nicht gedeutet werden.

Für Hinweise und für die bei der Abfassung dieser Arbeit erwiesene Unterstützung bin ich Herrn Dr. G. Schellenberger zu Dank verpflichtet.

Literatur

[1] Bauer, K., u. P. Warnke, Zur Bedeutung des Phytoplanktons und des im Minimum befindlichen Algennährstoffes für die Gewässernutzung. Mitt. Inst. Wasserwirtsch. 1977, 2. Sonderh., 138–149.

[2] Behrendt, H., Mathematische Modellierung der Entwicklung von Phytoplanktonarten unter besonderer Berücksichtigung der Wechselbeziehungen von Strahlung und Temperatur. Diss. AdW d. DDR, Berlin 1981, 195 S.

[3] Bursche, E.-M., Beitrag zum Phytoplanktonhaushalt des Müggelsees mit einer Betrachtung über die Verschiedenartigkeit von Netz-, Sieb- und Schöpfplankton. Z. Fischerei (ZNF) 1953, 209–226.

[4] Cramer, E., Beobachtungen des Phytoplanktons im Müggelsee 1975/76. F/E-Bericht FUG, Berlin 1976 (unveröff.).

[5] Edler, L. (ed.), Recommendations on Methods for Marine Biological Studies in the Baltic Sea. Phytoplankton and Chlorophyll. Dept. mar. Botany, Univ. of Lund, 1979, 38 S.

[6] Flett, R. J., et al., Nitrogen Fixation in Canadian Precambrean Shield Lakes. Canad. J. Fish. and aqu. Sci. **37** (1980), 494–505.

[7] Hesslein, R. H., Broecker, W. S., Quay, P. D., u. D. W. Schindler, Whole-Lake Radiocarbon Experiment in an Oligotrophic Lake at the ELA, NW Ontario. Canad. J. Fish. and aqu. Sci. **37** (1980), 454–463.

[8] Hoeg, S., Zusammenhang zwischen Lichtextinktion, Seston und Phytoplankton im Müggelsee unter besonderer Berücksichtigung der Beobachtungen von 1977. F/E-Bericht IGG, Berlin 1978 (unveröff.).

[9] Hoeg, S., u. G. Schellenberger, Über Änderungen der Lichtextinktion in einem eutrophen See und ihre Ursachen. Acta hydrophys. **13** (1968/69), 11–60.

[10] Javornický, P., u. J. Komárková, The Changes in Several Parameters of Plankton Primary Productivity in Slapy Reservoir 1960–1967, Their Mutual Correlations and Correlations with the Main Ecological Factors. Hydrobiol. Studies (Praha) **2** (1973), 155–211.

[11] Kohl, J.-G., Baierová, J., u. G. Dudel, Die Bedeutung der N_2-fixierenden Blaualgen für den Stoffhaushalt stehender und gestauter Binnengewässer. Acta hydrochim. et hydrobiol. (in Vorbereitung).

[12] KOMÁREK, I., Einführung in die Cyanophyta (slow.). In: Sladkovodné riasy, ed. F. HINDÁK, Slov. ped. Naklad, Bratislava 1978, 238–283.

[13] KOSTKA, S., Studie des Karbonathaushaltes und des *p*H-Regimes von Binnenseen und ihre Kopplung mit dem Algenwachstum. Ermittlung des *p*H-Jahresganges für den Müggelsee. F/E-Bericht IGG, Berlin 1978 (unveröff.).

[14] KOZERSKI, H.-P., BEHRENDT, H., MOHAUPT, V., u. G. SCHELLENBERGER, Erfahrungen mit der mathematischen Modellierung des Müggelsee-Ökosystems. Acta hydrophys. **26** (1981), 303–315.

[15] LINDAHL, G., WALLSTRÖM, K., u. G. BRATTBERG, Short-term Variations in Nitrogen Fixation in a Coastal Area of the Northern Baltic. Arch. Hydrobiol. **89** (1980), 88–100.

[16] MOTHES, G., u. M. KROCKER, Zooplanktonstudien im Müggelsee 1978/79. Acta hydrophys. **26** (1981), 277–302.

[17] NAUWERCK, A., Die Beziehungen zwischen Zooplankton und Phytoplankton im See Erken. Symb. bot. upsal. **17** (1963) 5, 163 S.

[18] OSTAPENJA, A. P., Detritus und seine Rolle in aquatischen Ökosystemen (russ.). In: Obščie osnovy izučenija vodnych ėkosistem (Red. G. G. VINBERG), Leningrad 1979, 257–271.

[19] PÖTTER, U., BEHNKE, R., u. B. MÜLLER, Untersuchungen zum Phytoplanktonhaushalt des Großen Müggelsees. Nachr. Mensch und Umwelt 1978, 1/2, 45–53.

[20] SCHELLENBERGER, G., Ergebnisse der biokybernetischen Modellierung des Stoffkreislaufes und des Energieflusses in aquatischen Ökosystemen. Wiss. Mitt. IGG d. AdW, Leipzig (im Druck).

[21] SCHELLENBERGER, G., BEHRENDT, H., KOZERSKI, H.-P., u. V. MOHAUPT, Ein mathematisches Ökosystemmodell für eutrophe Flachgewässer. Acta hydrophys. **28** (1983), 109–172 (in diesem Heft).

[22] SPODNIEWSKA, I., Dynamics of the Abundance and Biomass of Phytoplankton in Lakes Mikołjskie and Tałtowisko. Ekol. Polska A **15** (1967) 7, 139 bis 153.

[23] STEWART, W. D. P., Biological and Ecological Aspects of Nitrogen Fixation by Free-living Micro-Organisms. Proc. roy. Soc. London B **172** (1969), 367–388.

[24] TÄUSCHER, L., Bemerkungen zu endo- und epiphytischen Algen von *Microcystis* KÜTZ. im Großen Müggelsee. Limnologica **12** (1980), 313–314.

[25] TÄUSCHER, L., Untersuchungen zur Art und Biozönosestruktur des Phytoplanktons des Großen Müggelsees (Berlin) unter Berücksichtigung produktions- und saprobiologischer Aspekte. Diss. Humboldt-Univ. Berlin 1980.

[26] VORKASTNER, E., Der Netzplanktonhaushalt des Müggelsees auf Grund mehrjähriger Terminuntersuchungen. Z. Fischerei **36** (1938), 737–814.

[27] WILLÉN, E., A Simplified Method of Phytoplankton Counting. Brit. phycol. J. **11** (1976), 265–278.

Acta Hydrophysica, Berlin	Bd. XXVIII	H. 1/2	(1983)	S. 37–107

Eine Galerkin-finite-element-Methode zur Simulation instationärer zweidimensionaler ungesättigter und gesättigter Wasserströmungen im Boden[1])

Von G. Nützmann[2])

Zusammenfassung: Zur digitalen Simulation instationärer zweidimensionaler Wasserströmungen in ungesättigten und teilweise gesättigten porösen Medien wird ein Galerkin-finite-element-Modell vorgestellt. Die herrschenden Differentialgleichungen (Strömungsgleichungen) und die entsprechenden quasilinearen Anfangswert-Randwert-Aufgaben werden formuliert. Es werden je nach Modellwahl die Potentialfunktionen Saugspannung, Standrohrspiegelhöhe bzw. volumetrischer Wassergehalt berechnet, die Geschwindigkeiten lassen sich daraus ermitteln. Die vorgestellte semidiskrete Galerkin-Methode benutzt Dreieckelemente vom Standardtyp (3-Knoten- bzw. 6-Knoten-Elemente). Diese werden in Verbindung mit der „static condensation"-Technik zu Viereck-Subelementen verkoppelt. Dabei wird von einem topologisch regelmäßigen Finite-element-Netz ausgegangen. Die Zeitdiskretisierung erfolgt mit einer A_0-stabilen Mehrschrittmethode, wobei hauptsächlich das implizite und das Crank-Nicholson-Schema untersucht und angewendet werden. Da die Strömungsgleichung quasilinear ist, muß die Lösung in jedem Zeitschritt iteriert werden; zur Linearisierung wird ein Prädiktor-Korrektor-Verfahren angewendet. Für die Verifizierung des vorgestellten Finite-element-Modells werden folgende Aufgaben untersucht:

a) lineare Wärmeströmung in einem Körper,
b) horizontale Infiltration in einen homogenen Boden,
c) zweidimensionale Strömung in homogenen Böden am Beispiel von Infiltrationsproblemen,
d) Grabenentwässerung als Beispiel für eine ungesättigte bzw. gesättigte Strömung.

Bei den linearen Problemen werden Genauigkeit und Stabilität der Näherungsmethode anhand analytischer Lösungen untersucht. Die Lösungen der quasilinearen Aufgaben werden im Vergleich mit experimentellen bzw. anderen numeri-

---

[1]) Der Beitrag enthält Methoden und Ergebnisse, die vom Verfasser im Rahmen einer Dissertation an der Akademie der Landwirtschaftswissenschaften der DDR erarbeitet wurden.

[2]) Dr. rer. nat. Gunnar Nützmann, Akademie der Wissenschaften der DDR, Institut für Mechanik, DDR-1199 Berlin, Rudower Chaussee 5.

schen Ergebnissen dargestellt. Flexibilität und Anwendbarkeit der vorgeschlagenen Finite-element-Methode zur Simulation ungesättigter bzw. gesättigter Wasserströmungen werden insbesondere am Beispiel der Grabenentwässerung demonstriert.

Summary: A Galerkin-based finite element model is introduced for digital simulation of transient two-dimensional water flow in unsaturated and partly saturated porous media. The governing differential equations (flow equations) and corresponding nonlinear mixed boundary value problems are formulated. Potential functions such as pressure head, piezometer level or volumetric water content are computed (according to the applied model), enabling to calculate the velocity field. The semi-discrete Galerkin method proposed uses triangular elements of standard type (three-node or six-node triangular elements). These elements are linked to give quadrilateral subelements in connection with the static condensation technique, based on a regular finite element grid. The time discretization is realized by means of an A_0-stable method, the implicit or Crank-Nicholson scheme being mainly investigated and utilized. Because of the nonlinear nature of the flow equation the solution has to be iterated at each time step; a prediction-correction method is applied for linearization. The validity of the proposed finite element model is tested by the following problems:

a) linear heat flux in a solid,
b) horizontal infiltration into a homogeneous soil,
c) two-dimensional water flow in homogeneous soils exemplified by infiltration problems,
d) ditch drainage as an example for unsaturated/saturated streaming.

Computing linear problems the accuracy and stability of the approximation method are tested by comparison with analytical solutions. The solutions of nonlinear problems are compared with experimental measurements or results of other numerical techniques. The variability and applicability of the presented finite element method for simulation of unsaturated/saturated water flow are demonstrated especially on the example of ditch drainage.

Резюме: Указывается метод конечных элементов типа Галеркина для симуляции нестационарных двумерных течений воды в ненасыщенных и насыщенных пористых средах. Сформулируются существующие дифференциальные уравнения (уравнения течения) и соответственные квазилинейные начальные и краевые задачи. Вычисляют по выбору модели потенциальные функции всасывающие давление, уровень грунтовых вод, влажность почвы (в обчемных процентах), на основе которых можно определить скорости. Представленный метод конечных элементов типа Галеркина использовает треугольные элементы стандартного типа (3-узловые и 6-узловые элементы). С помощью метода ,,статической конденсации“ (static condensation) эти элементы связываются к четырехугольным элементам. При этом исходится из того, что сеть конечных элементов топологико-регулярная. Временное дискретизирование реализуеться с помощью A_0-устойчивого многошагового метода. При этом особенно исследуются и используются неявный метод и метод Кранка и Никольсона. Потому что уравнение течения является квазилинейным, в каждом временном шаге для решения надо использовать метод итерации. Для линеаризации используют „predictor - corrector" - метод. Для проверки представленного метода конечных элементов исследовались следующие задачи:

a) линейное тепловое течение в теле,
b) горизонтальная инфильтрация в однородную почву,
c) двумерное течение в однородных почвах на примере инфильтрации,
d) осущение открытыми каналами как пример ненасыщенного/насыщенного течения.

Для линейных проблем исследуют точность и устойчивость нетогда приближенного вычисления на основе аналитических решений. Решения квазилинейных задач сравниваются с экспериментальными и другими численными результатами. Изменчимость и применимость данного метода конечных элементов для симуляции ненасыщенных/насыщенных течений воды демонстрируются на примере осущения открытыми каналами.

1. Einleitung

Für viele landwirtschaftliche Probleme sind die Bewegung des Wassers im Boden, d. h. sowohl die Strömung des Grundwassers in der gesättigten als auch die der Bodenfeuchte in der ungesättigten Zone, und ihre zielgerichtete Steuerung von großer Bedeutung. In Ergänzung zu experimentellen Untersuchungen stellen die mathematische Modellierung dieser Prozesse und die anschließende Modellberechnung (Simulation) ein notwendiges und wirkungsvolles Hilfsmittel zur Erkenntnisgewinnung und zur besseren Beherrschung des unterirdischen Fließgeschehens dar. So erlauben es derartige Modelle beispielsweise, Abschätzungen über das Infiltrationsverhalten trockener Böden oder über die Wirkung schwer- bzw. undurchlässiger Schichten zu gewinnen, und sie sind zur qualitativen und quantitativen Analyse der Wirksamkeit meliorativer Verfahren bzw. einzelner hydrotechnischer Elemente anwendbar.

Im vorliegenden Beitrag wird ein mathematisches Modell zur Simulation der vertikal-ebenen, instationären Bodenwasserströmung in der ungesättigten und gesättigten Zone aufgestellt, welches auf ein quasilineares Anfangswert-Randwert-Problem mit einer parabolischen partiellen Differentialgleichung führt. Da das Auffinden einer allgemeinen analytischen Lösung, die der Gleichung nebst Anfangs- und Randbedingungen genügt, nur in wenigen Spezialfällen möglich ist, bleibt die näherungsweise Berechnung des Problems unvermeidbar.

Dazu wurden bis in die siebziger Jahre hinein vorwiegend Differenzenverfahren in ihrer klassischen Form genutzt. Eine ausführliche Übersicht geben Braester u. a. [6]. Für ein- und zweidimensionale Infiltrationsprobleme wurden hauptsächlich die sogenannte Diffusivitätsform der Strömungsgleichung verwendet und reine ungesättigte Strömungen simuliert (Hanks u. Bowers [51]; Whisler u. Klute [130]; Green u. a. [49]; Selim u. Kirkham [119], [120]). Die einheitliche Behandlung von ungesättigter und gesättigter Strömung auf der Basis von Differenzenverfahren wurde u. a. von Rubin [115], Cooley [22], Vauclin u. a. [129], Luckner [70], [71], Luckner u. Schestakow [73], Luthin u. a. [75], Hornung [57], [58], Hantke [52] vorgenommen. Dabei berechnete man sowohl Infiltrationsprobleme (Vauclin u. a. [127]) als auch allgemeinere Feldprobleme mit veränderbarer Lage der Grundwasseroberfläche als Grenze zwischen gesättigter und ungesättigter Zone (z. B. Entwässerung eines Sandmodells, Dränabsenkung; Vauclin u. a. [129]; Vauclin u. Vachaud [128]; Luckner [70]). Narasimhan u. Witherspoon [89] erzielten unter Verwendung einer Variationsdifferenzenmethode ebenfalls bei der Simulation der Entwässerung eines Sandmodells (Vauclin u. a. [129]) gute Übereinstimmung mit den experimentell gewonnenen Ergebnissen.

Die Finite-element-Lösung des quasilinearen Strömungs problems ermöglicht eine — bei gleichbleibendem Modellkonzept zur Behandlung ungesättigter und gesättigter Strömung in einem Gebiet — breite und vielseitige Anwendung, ohne besonderen Einschränkungen hinsichtlich der Geometrie des Gebietes oder der Anfangs- und Randbedingungen unterworfen zu sein. Obwohl vom mathematisch-theoretischen Standpunkt aus Finite-difference-Methoden (FDM) und Finite-element-Methoden (FEM) als gleichwertig einzuschätzen sind (Heinrich [54]), spricht die Flexibilität der FEM, d. h. die Möglichkeit einer sehr variablen Diskretisierung und damit Anpassung an komplizierte geometrische Strukturen, oftmals für ihre Verwendung, insbesondere bei ingenieurtechnischen Aufgaben. Sie haben außerdem den Vorteil, daß auf der Basis eines einmal erarbeiteten numerischen Grundmodells zur Lösung der Gleichung Erweiterungen durch Hinzunahme anderer Elementtypen mit veränderten Interpolationsansätzen zur Verbesserung der Approximationsgenauigkeit bzw. zur besseren Problemlösung allgemein leicht vorzunehmen und zu programmieren sind.

Die Anwendbarkeit der FEM zur Simulation der Wasserbewegung im Boden wurde in den vergangenen Jahren durch eine Reihe von Arbeiten dokumentiert. Zienkiewicz u. a. [141] berechneten eine Sickerströmung und das Problem einer freien Oberfläche mittels einer Galerkin-FEM. Diese

Arbeit stellt den eigentlichen Beginn der Simulation von Bodenwasserströmungen mit Hilfe dieser Techniken dar (s. a. WITHUM [134]; EHLERS [31]). Die umfangreichen Standardwerke von ZIENKIEWICZ [138]–[140] geben über die Anwendung der FEM auf viele weitere Probleme Auskunft. Mathematisch orientierte Arbeiten zu parabolischen Problemen — es werden zumeist lineare oder spezielle quasilineare behandelt — findet man bei STRANG u. FIX [122], DOUGLAS u. DUPONT [28], ZLAMAL [142], [143], FINLAYSON [39], ODEN u. REDDY [99].

Auffällig ist, daß von Anfang an bei der Berechnung von Strömungsaufgaben mittels der FEM mehrdimensionale Betrachtungsweisen verwendet wurden. Der räumlich eindimensionale Fall wird selten gerechnet, da er keine prinzipiellen Vorteile gegenüber den Differenzenmethoden erkennen läßt (PINDER u. GRAY [106]).

Ebenfalls vom Problem einer Dammdurchströmung ausgehend, entwickelte NEUMAN [92], [93] als erster ein Finite-element-Modell zur Berechnung der partiell gesättigten Bodenwasserbewegung (das Strömungsgebiet weist einen gesättigten und einen ungesättigten Bereich auf). Er verwendet dafür lineare Dreieckelemente, die von der Lösung abhängigen Koeffizienten werden als konstant im Element angenommen. Diese Arbeiten wurden für quasilineare Probleme vom Diffusionstyp verallgemeinert (NEUMAN u. NARASIMHAN [96]; NARASIMHAN u. a. [86]), wobei spezielle Iterationsverfahren zum Einsatz gelangten, und sie finden ihren vorläufigen Abschluß mit der Simulation der Bodenfeuchtebewegung unter den Bedingungen der Evapotranspiration (Berücksichtigung des Wasserentzugs durch die Pflanzenwurzeln in einem Quellen-Senken-Term; NEUMAN u. a. [95]; FEDDES u. a. [37]).

Im vorliegenden Beitrag wird eine Weiterentwicklung der von NEUMAN [93] beschriebenen Methode vorgestellt, die auf der Diskretisierung mit 6-Knoten-Dreieckelementen beruht (d. h. quadratischer Interpolationsansatz über dem endlichen Element). Durch Verkopplung von jeweils vier Dreieckelementen zu einem Viereck-Subelement und die Verwendung der „static condensation"-Technik kann die Effektivität der vorgeschlagenen FEM erheblich gesteigert werden. Die bisher erwähnten und auch in dieser Arbeit verwendeten Lösungen beruhen immer auf der unterschiedlichen Behandlung von räumlicher und zeitlicher Dimension. Die Strömungsgebiete werden mit einem Netz finiter Elemente diskretisiert, es entsteht ein quasilineares gewöhnliches Differentialgleichungssystem, und die Zeitdiskretisierung erfolgt mit Differenzenansätzen (vgl. DOUGLAS u. DUPONT [28]; GRAY u. PINDER [47]).

Eine andere Modellvorstellung bezieht die Zeitachse in gleicher Weise wie die räumlichen Koordinatenachsen in die FEM-Diskretisierung und in die entsprechenden Interpolationsansätze mit ein. Die Elemente sind Prismen mit drei- bzw. viereckiger Grundfläche im räumlich zweidimensionalen und Vierecke im räumlich eindimensionalen Fall (Bruch u. Zyvoloski [9], [10]; Bruch [8]; Zyvoloski u. a. [146]–[148]; Cushman u. Kirkham [24]). Bei einfachen Gebieten (im zweidimensionalen Fall) kann diese Methode Vorteile erbringen, zumal in einem einzigen Rechengang die Lösung in zeitlicher und räumlicher Auflösung erhalten wird, jedoch ist dafür eine ausgefeilte Programm-Software vonnöten, denn die durch die dreidimensionale Finitisierung entstehenden Gleichungssysteme können nur segmentweise im Rechner gespeichert und gelöst werden. Aus diesem Grunde blieben derartige Modelle bislang auch nur Einzelfälle. Dagegen kann für die Simulation eindimensionaler vertikaler oder horizontaler instationärer Bodenfeuchteströmungen das oben beschriebene numerische FEM-Modell vorteilhaft genutzt werden (s. Bruch [8]; Cushman u. Kirkham [24]).

Für den vorliegenden Beitrag werden zur Lösung der infolge der FEM-Diskretisierung entstehenden steifen Differentialgleichungssysteme A_0-stabile Verfahren gewählt. Verschiedene Beispielrechnungen zur Validierung des numerischen Modells zeigen die Genauigkeit und Stabilität der vorgestellten Galerkin-FEM, verglichen mit analytischen Lösungen, und demonstrieren die Anwendbarkeit hinsichtlich praktischer Aufgabenstellungen anhand der Simulation von Infiltrationsproblemen sowie der Entwässerung eines Sandmodells durch einen Graben.

2. Hydrodynamische Grundgleichungen

2.1. Modellkonzept

Bei den zu untersuchenden Problemen handelt es sich um Wasserströmungen in der oberen, lufthaltigen Bodenzone (ungesättigte Strömung) und in der unmittelbar daran anschließenden, mit Wasser gesättigten Bodenzone (gesättigte Strömung). Eine solche Strömung läßt sich als eine Bewegung nicht mischbarer Phasen (fest, flüssig, gasförmig) darstellen. Als Phasen werden dabei stofflich differenzierte Bereiche des porösen Mediums aufgefaßt, die sich durch Phasengrenzflächen, an denen sich die Systemeigenschaften diskontinuierlich ändern, abgrenzen lassen. Den Ausgangspunkt für die physikalische Modellierung bilden die Erhaltungssätze auf lokaler Ebene (d. h. in der einzelnen Pore), im mikroskopischen Niveau. Durch formale Integration über jede der Phasen innerhalb eines für das gesamte System repräsentativen Volumens werden die Punktgleichungen in die makroskopische Modellebene übergeführt (Bear [3]; Busch u. Luckner [13]). Auf dieser Ebene bewegt sich die folgende Modellbildung.

Die feste Phase charakterisiert man als Feststoffskelett bzw. Bodenmatrix (Hillel [55]), sie soll keinen zeitlichen Änderungen unterliegen. Deformationen des Korngerüsts im ungesättigten Boden können im allgemeinen unberücksichtigt bleiben, da die wirksamen Spannungen wegen der geringen Tiefe zu gering sind, und ebenso ist die Kompressibilität des Bodens in ungespannten Grundwasserleitern vernachlässigbar (Peschke [101]). Somit wird die feste Phase als stabil und in Ruhe befindlich angenommen. Die Porosität n kennzeichnet den für die Bewegung der fluiden Phasen verfügbaren Porenraum.

Zur Beachtung von Inhomogenitäten des Bodens im Sinne von Schichtungen ist es ausreichend, den Boden als stückweise homogen anzunehmen (Hanks u. Bowers [51]; Luckner u. Schestakow [73]). Die Anisotropie der Strömung ist dabei jedoch in das Modellkonzept einzubeziehen.

Betrachtet man die Sättigung bzw. den Grad der Sättigung des durch die fluiden Phasen einnehmbaren Porenraumes, so ist

$$S_w + S_a = 1 \; ; \tag{1}$$

der Index w steht für die flüssige, a für die gasförmige Phase. (Die in diesem Beitrag verwendeten Bezeichnungen und Abkürzungen sind, sofern sie nicht unmittelbar im Text definiert werden, im Anhang A zusammengestellt.)

Als Maß für den Wassergehalt des Bodens dient die volumetrische Feuchte (bzw. der volumetrische Wassergehalt), die sich aus der Sättigung S_w und der Porosität n ergibt:

$$\Theta = nS_w \, . \tag{2}$$

Zur Beschreibung der Bewegungsvorgänge jeder der fluiden Phasen unter isothermen Bedingungen bedarf es der Formulierung der Erhaltungsprinzipien für Masse und Impuls. Dabei werden Relationen für die Geschwindigkeitsverteilung, den Druck und die Dichte aufgestellt. Zwischen den Phasendrücken p_w und p_a besteht eine Beziehung über den Kapillardruck

$$p_c = p_a - p_w \, . \tag{3}$$

Diese Gleichung stellt die Zustandsgleichung des Systems dar.

Die Luft im Boden steht in Verbindung mit der Atmosphäre, so daß kaum Druckdifferenzen in der Luftphase auftreten und ihre Phasengeschwindigkeit vernachlässigbar ist. Es kann also $p_a = p_{atm}$ bzw. nach einer Transformation zum Bezugsniveau Atmosphärendruck $p_a = 0$ angenommen werden (Bear [3]). Somit wird im Modellkonzept nur noch die flüssige Phase zu berücksichtigen sein. Das ermöglicht eine Vereinfachung der die Bewegung der Phasen beschreibenden Gleichungen und führt auf den Fall einer entkoppelten bzw. reduzierten Zweiphasenströmung, die ungesättigte Strömung.

Physikalisch ist diese Reduktion in vielen Fällen gerechtfertigt, die Übereinstimmung von experimentellen Ergebnissen mit Modellrechnungen (u. a. von Green u. a. [49]; Rubin [115]; Philip [104]; Vachaud u. a. [124]) bestätigt das. Andererseits erweisen sich diese Vereinfachungen als notwendig, da z. Z. nicht genügend quantifizierbare Informationen über die Wirkung von Einflußgrößen der gasförmigen Phase vorliegen.

Der Kapillardruck p_c ergibt sich gemäß den oben getroffenen Annahmen zu

$$p_c = -p_w\,, \tag{4}$$

wobei p_w in der ungesättigten Zone negativ ist, folglich ist $p_c > 0$ (Bear [3]). Als Höhenäquivalent zum Kapillardruck wird das Tensiometerdruckpotential

$$\psi_p = \frac{p_c}{\varrho_w g} \tag{5}$$

bzw. die Saugspannung

$$\psi = -\psi_p = -\frac{p_c}{\varrho_w g} \tag{6}$$

eingeführt (Mitteilungen der Internationalen Bodenkundlichen Gesellschaft (1976), TGL 31222/01 (1976)). Die Wasserströmung sei inkompressibel, so daß $\varrho_w = \text{const}$ gilt.

Zwischen der Saugspannung und dem Wassergehalt des Bodens besteht eine funktionelle Abhängigkeit, die in der sogenannten Sättigungs-Saugspannungs-Kurve (Retentionskurve) $\psi(S_w)$ bzw. Kapillardruckkurve $p_c(S_w)$ ihren Ausdruck findet. Diese Funktion stellt die Zustandsgleichung des Systems dar und wird experimentell bestimmt (Beese u. a. [4]). Eine Hysterese dieser Funktion, d. h. daß bei gleicher Saugspannung der Wert der Sättigung des Bodens bei Bewässerung kleiner als bei Entwässerung ist, soll im folgenden nicht berücksichtigt werden. In vielen Fällen ist die getrennte Behandlung der einzelnen Prozesse möglich (Irmay [63]; Philip [103]). Die Zustandsgleichung wird als eindeutig angenommen.

Bei vollständiger Sättigung des Bodens in einem bestimmten Bereich (d. h. $S_w = 1$) trennt die Grenzfläche dieses Bereiches die gesättigte von der ungesättigten Zone. Die Lage dieser Oberfläche ist durch die Bedingung $p_c = 0$ ($\psi = 0$) bestimmt. Im gesättigten Bereich liegt eine reine Einphasenströmung vor, es wird nur der hydrodynamische Druck $p_w > 0$ betrachtet.

Als Höhenäquivalent dazu wird analog zu (5) das Piezometerdruckpotential

$$\psi_p^* = \frac{p_w}{\varrho_w g} \tag{7}$$

definiert (s. BEAR [3]; PESCHKE [101]), und die Druckhöhe ψ (in Anlehnung an die Bezeichnungsweise für die ungesättigte Strömung) ergibt sich zu

$$\psi = \frac{p_w}{\varrho_w g} = \psi_p^* . \tag{8}$$

Sie nimmt positive Werte an.

Im gesättigten Bereich ändern sich die Druckverhältnisse nicht mehr in Abhängigkeit von der Sättigung, und es bleibt $S_w = 1$ bzw. $\Theta = n$. Mit Hilfe dieser Interpretation (Saugspannung $\psi < 0$ bei ungesättigter, Druckhöhe $\psi > 0$ bei gesättigter Strömung) ist es möglich, das abgeleitete Modellkonzept einer Einphasenströmung im ungesättigten und im gesättigten Boden zur Beschreibung der Dynamik der Bodenwasserbewegung zu verwenden (s. a. CHILDS [18]; NEUMAN [93]; LUCKNER u. SCHESTAKOW [73]; NARASIMHAN [85]).

2.2. Mathematisches Modell

Der Strömungsvorgang im porösen Medium wird mathematisch über die Sätze zur Impulserhaltung und zur Massenerhaltung sowie durch entsprechende Zustandsgleichungen und die Anfangs- und Randbedingungen beschrieben. Als Bewegungsgleichung eines Fluids durch ein poröses Medium wird auf makroskopischer Ebene das DARCY-Gesetz angegeben, das eine lineare Beziehung zwischen Filtergeschwindigkeit und Potentialgradient herstellt (BEAR [3]; SCHEIDEGGER [118]).

Für die Bewegung des Wassers in einem gesättigten, homogenen und isotropen Boden gilt

$$\vec{v} = -\frac{K}{\mu} \nabla (\varrho_w g x_3 + p) . \tag{9}$$

Die Größen K und μ sind räumlich konstant.

Nach HUBBERT [60] läßt sich ein Gesamtkräftepotential

$$\Phi = g x_3 + \frac{p}{\varrho_w} \tag{10}$$

bilden, das den potentiellen Energiezustand des Bodenwassers charakterisiert. Für den Druck p ist im gesättigten Fall der positive Phasendruck p_w zu schreiben, bei ungesättigter Strömung muß $p = -p_c$ substituiert werden. In der Dimension einer Länge geschrieben, ergibt sich aus (10) das sogenannte totale Potential des Bodenwassers (s. Mitteilungen der Internationalen Bodenkundlichen Gesellschaft (1976), TGL 31222/01 (1976)) bzw. der in der

Geohydraulik als Standrohrspiegelhöhe bekannte Ausdruck (Busch u. Luckner [13])

$$h = x_3 + \frac{p}{\varrho_w g} = x_3 + \psi \,. \tag{11}$$

Das Darcy-Gesetz kann nun vereinfacht geschrieben werden:

$$\vec{v} = -k \, \nabla h \tag{12}$$

mit

$$k = \frac{\varrho_w g k}{\mu} \tag{13}$$

als hydraulischer Leitfähigkeit, $h = x_3 + p_w/\varrho_w g$ als hydraulischer oder Tensiometerdruckhöhe, $h = x_3 - p_c/\varrho_w g$ als piezometrischer Druckhöhe bei ungesättigter Strömung (Bear [3]).

Die Ausdehnung des Darcy-Gesetzes auf ungesättigte Strömungen in homogenen isotropen Medien wurde erstmals von Richards [112] vorgeschlagen und u. a. von Childs u. Collis-George [19] experimentell bestätigt, auch theoretische Untersuchungen dazu liegen vor. Die Unterschiede zur gesättigten Strömung bestehen zum ersten darin, daß das Gesamtpotential h über den Kapillardruck im ungesättigten Boden von dessen Sättigungsgrad abhängig ist, und zum zweiten ist die Permeabilität und damit die hydraulische Leitfähigkeit ebenfalls eine Funktion der Sättigung (Bear [3]; Hillel [55]). Das Darcy-Gesetz für eine ungesättigte Strömung läßt sich also folgendermaßen schreiben:

$$\vec{v} = -k(S_w) \, \nabla[x_3 + \psi(S_w)] \,, \tag{14a}$$

bzw., berücksichtigt man die Beziehung (2),

$$\vec{v} = -k(\Theta) \, \nabla[x_3 + \psi(\Theta)] \,. \tag{14b}$$

Zur Ausdehnung des Gesetzes auf anisotrope poröse Medien wird für k ein symmetrischer Tensor $[\boldsymbol{k}]$ mit den Komponenten K_{ij} betrachtet (s. Scheidegger [118]). Im allgemeinen genügt es, den Fall zu behandeln, daß die Hauptachsen der Anisotropie mit den kartesischen Koordinatenrichtungen übereinstimmen; dann hat $[\boldsymbol{k}]$ für vertikal-ebene Strömungen die Gestalt

$$[\boldsymbol{k}] = \begin{bmatrix} K_{11} & 0 \\ 0 & K_{33} \end{bmatrix}. \tag{15}$$

Bei komplexer Anisotropie läßt sich durch entsprechende Koordinatentransformationen der voll besetzte Tensor auf die Form (15) zurückführen (Mlosch u. Zumpe [82]; Neuman u. Narasimhan [96]).

Zweckmäßigerweise wird eine relative hydraulische Leitfähigkeit $K_r(\Theta)$ bzw. $K_r(\psi)$ definiert, wobei $K_r \in [K_0, 1]$ $(K_0 > 0)$ ist. Dann läßt sich der Tensor (15) als Produkt des Tensors der gesättigten hydraulischen Leitfähigkeit und der relativen Leitfähigkeitsfunktion darstellen (vgl. NEUMAN [93]):

$$[k] = K_{ij}^s K_r(\psi) . \tag{16}$$

Nach der Kontinuitätsgleichung ist die Änderung der im betrachteten Elementarvolumen gespeicherten Masse Wassers die Summe aller ein- und ausströmenden Massen unter Berücksichtigung innerer Quellen bzw. Senken als Funktionen von Ort und Zeit, $Q(x_i, t)$, so daß gilt

$$-\operatorname{div} (\varrho_w \vec{v}) = \frac{\partial}{\partial t} (\varrho_w \Theta) - Q \varrho_w \tag{17}$$

(BEAR [3]). Führt man die zeitliche Ableitung unter Beachtung von (2) aus, so folgt

$$-\operatorname{div} (\varrho_w \vec{v}) = \varrho_w S \frac{\partial n}{\partial t} + nS \frac{\partial \varrho_w}{\partial t} + n \varrho_w \frac{\partial S}{\partial t} - Q \varrho_w . \tag{18}$$

Die Kompressibilitätsterme können auf Grund der getroffenen Modellannahmen entfallen. Setzt man (14b) in (18) ein, resultiert daraus die Differentialgleichung für die ungesättigte und gesättigte Bodenwasserbewegung nach dem abgeleiteten Modellkonzept:

$$\frac{\partial}{\partial x_i} \left(K_{ij}^s K_r(\psi) \frac{\partial}{\partial x_i} (x_3 + \psi) \right) + Q = \frac{\partial \Theta}{\partial t} . \tag{19}$$

Die Gleichung enthält zwei voneinander abhängige Variable ψ und Θ. Formt man die Zeitableitung folgendermaßen um:

$$\frac{\partial \Theta}{\partial t} = \frac{d\Theta}{d\psi} \frac{\partial \psi}{\partial t} = c(\psi) \frac{\partial \psi}{\partial t} , \tag{20}$$

wobei $c(\psi)$ die spezifische Feuchtekapazität ist, ein Parameter für das Wasserhaltevermögen des Bodens, dann erhält man die sogenannte RICHARDS-Gleichung mit der Saugspannung als Unbekannte:

$$\frac{\partial}{\partial x_i} \left(K_{ij}^s K_r \frac{\partial \psi}{\partial x_j} + K_{i3}^s K_r \right) + Q = c \frac{\partial \psi}{\partial t} \tag{21}$$

(RICHARDS [112]; HILLEL [55]). Diese Gleichung ist zur Simulation der Wasserbewegung im gleichzeitig ungesättigten und gesättigten Boden zu verwenden, wenn man die Variable ψ wie oben definiert, und sie wird im folgenden als Arbeitsgleichung verwendet. Bei voller Wassersättigung wird die Funktion $c(\psi) = 0$, und (21) stellt die Gleichung für eine ungespannte Grundwasserbewegung dar (BUSCH u. LUCKNER [13]). Ist dagegen nur eine ungesättigte Strömung im gesamten Gebiet zu simulieren, kann (20) auch mit

Θ als Unbekannter geschrieben werden. Dafür wird in (18) der Gradient umgeformt:

$$\frac{\partial \psi}{\partial x_j} = \frac{d\psi}{d\Theta} \frac{\partial \Theta}{\partial x_j}, \tag{22}$$

und man erhält unter Ausnutzung von (16)

$$\vec{v} = - \frac{k(\Theta)}{d\Theta/d\psi} \frac{\partial \Theta}{\partial x_j} - K_{i3}^s K_r(\Theta) . \tag{23}$$

Der Ausdruck

$$\frac{k(\Theta)}{d\Theta/d\psi} = \frac{k(\Theta)}{c(\psi)} = D(\Theta) \tag{24}$$

wird als Diffusivitätsfunktion bezeichnet (Klute [64]). Gl. (23), in die Kontinuitätsgleichung eingesetzt, ergibt die sogenannte Diffusivitäts- oder kurz D-Form der Differentialgleichung für eine ungesättigte Bodenwasserbewegung (s. Bouwer [5]; Childs [18]):

$$\frac{\partial}{\partial x_i}\left(D(\Theta) \frac{\partial \Theta}{\partial x_j} + K_{i3}^s K_r\right) + Q = \frac{\partial \Theta}{\partial t} . \tag{25}$$

Diese Gleichung gilt nur für einen homogenen Boden (Philip [102]) und wird vorwiegend zur Simulation von Infiltrationsprozessen verwendet (Philip [103], [104]; Peschke [101]). Ihre numerische Lösung ist im allgemeinen mit weniger Schwierigkeiten verbunden als die von (21), da erstens die Kapazitätsfunktion vor der zeitlichen Ableitung fehlt und zweitens die Parameterfunktion D günstigere Eigenschaften aufweist (siehe z. B. Selim u. Kirkham [119]; Bruch [8]).

Im folgenden wird bei der Anwendung einer FEM zur näherungsweisen Lösung der Strömungsgleichungen stets auf das Modell (21) zurückgegriffen. Mit geringfügiger Modifikation ist diese Lösungsmethode natürlich ebenso auf (25) übertragbar, was die Beispiele 5.2 und 5.3 zeigen.

3. Methoden zur näherungsweisen Berechnung der Strömungsgleichung

3.1. Anfangswert-Randwert-Problem

Für die weiteren Darlegungen gelten folgende Vereinbarungen: Mit x_i $(i = 1, 3)$ werden die kartesischen Koordinaten in $\Omega \subseteq R^2$ bezeichnet, x_3 sei positiv nach oben gerichtet. Ω sei ein beschränktes zusammenhängendes Gebiet mit dem Rand $\Gamma = \Gamma_1 \cup \Gamma_2$. Es wird die Indexschreibweise angewendet, d. h., einfach indizierte Größen stellen Vektorelemente, doppelt indizierte Größen Elemente eines Tensors bzw. einer Matrix dar, bei algebraischen Ausdrücken gilt die Summenkonvention.

Das Anfangswert-Randwert-Problem in $\Omega x(t_0, T)$ wird durch die Strömungsgleichung (21)

$$\frac{\partial}{\partial x_i}\left(K_{ij}^s K_r \frac{\partial \psi}{\partial x_j} + K_{i3}^s K_r\right) + Q = c\,\frac{\partial \psi}{\partial t}\,, \tag{26a}$$

die DIRICHLET- und NEUMANN-Randbedingungen

$$\psi(x_i, t) = f_1(x_i, t)\,, \qquad x_i \in \Gamma_1\,, \qquad t \in (t_0, T)\,, \tag{26b}$$

$$\frac{\partial \Phi}{\partial \vec{n}} = -f_2(x_i, t)\,, \qquad x_i \in \Gamma_2\,, \qquad t \in (t_0, T) \tag{26c}$$

mit

$$\frac{\partial \Phi}{\partial \vec{n}} = \left(K_{ij}^s K_r \frac{\partial \psi}{\partial x_j} + K_{i3}^s K_r\right) l_i$$

(l_i sei der Richtungskosinus der nach außen gerichteten Normalen auf Γ_2) und durch die Anfangsbedingung

$$\psi(x_i, 0) = \psi_0(x_i)\,, \qquad x_i \in \Omega \tag{26d}$$

formuliert.

Gl. (26a) ist eine partielle Differentialgleichung zweiter Ordnung, deren quasilinearer Charakter durch die von der Lösung abhängenden Koeffizienten K_r und c hervorgerufen wird. Da für $\psi \geqq 0$ $c(\psi) = 0$ wird, wechselt der Typ der Gleichung von parabolisch bei ungesättigter auf elliptisch bei gesättigter Strömung. (26a) besitzt also eine von der Lösung abhängige Ausartung und ist für den allgemeinen Fall bisher nicht exakt lösbar (HORNUNG [57]).

Auf Existenz- und Eindeutigkeitsaussagen bezüglich der Lösung von (26) kann im Rahmen dieses Beitrages nicht eingegangen werden, ebensowenig auf die entsprechenden Aussagen für die Näherungslösung und damit verbundene Konvergenzbetrachtungen im mathematisch exakten Sinne. Die Übertragung von Resultaten, die für lineare Probleme vom Typ (26) gewonnen wurden (z. B. DOUGLAS u. RACHFORD [30]; DOUGLAS u. DUPONT [28]; RIECHE [114]; ZLAMAL [144]; MARSAL [77]; ODEN u. REDDY [99]; MITCHELL u. WAIT [81]), auf die quasilineare Aufgabe ist nichttrivial und bedarf einer gesonderten mathematisch-theoretischen Untersuchung. In diesem Zusammenhang kann eine Reihe von Autoren genannt werden, die sich mit dem Problem (26) für die Fälle konstanter bzw. ortsabhängiger Kapazitätsfunktionen oder aber mit dem damit sehr ähnlichen nichtlinearen Wärmeleitungsproblem befaßt haben (LADYZENSKAJA u. a. [67]; SAMARSKIJ [116], [117]; FAIRWEATHER u. JOHNSON [35]; FAIRWEATHER [34]; GILDING [45]; NETA [91]; FIX u. NETA [40]; FASANO u. PRIMICERIO [36]; ZLAMAL [145]).

Hornung [58] führt das Problem (26) auf eine Anfangs- und Randwertaufgabe für eine Evolutionsgleichung zurück und erhält einen Existenz- und Eindeutigkeitssatz unter Rückgriff auf die Theorie maximal monotoner Operatoren. Neben stetiger Differenzierbarkeit wird dabei für $c(\psi)$ einschränkend gefordert, daß sie eine monotone Funktion im Intervall $[0, 1]$ sei. Existenz- und Eindeutigkeitssätze sowie Konvergenz- und Fehlerabschätzungen eines Finite-element-Verfahrens zur näherungsweisen Lösung werden von Bruch [8] in bezug auf ein Anfangs- und Randwertproblem für eine ungesättigte Strömung nach Gl. (25) angegeben.

Für das hier zu behandelnde Problem in seiner Allgemeinheit treffen diese Aussagen nicht zu, sie können aber bei speziellen Anwendungsfällen von Interesse sein.

3.2. Variationsmethoden und FEM

Wird die Aufgabe (26) als stetiges Feldproblem in Ω aufgefaßt, so liefert eine Näherungslösung im allgemeinen ein diskretes Feld, d. h. die Lösung an bestimmten ausgewählten Punkten. Betrachtet man zum Beispiel ein lineares Randwertproblem $Au = F$ mit elliptischer Differentialgleichung und homogener Randbedingung $(-\Delta u = f$ in Ω, $u = 0$ auf Γ, wobei Ω ein beschränktes, zusammenhängendes Gebiet der Ebene (x_1, x_3) sei und Γ sein Rand$)$, so wird sowohl bei den Differenzenverfahren als auch bei der FEM das Gebiet Ω durch Einführung eines Gitters Ω_h von Punkten $\{P_i\}$ diskretisiert. Der Operator A und die rechte Seite F werden direkt oder über eine zugeordnete funktionale Beziehung durch A_h, F_h approximiert; h symbolisiert die Maschenweite als Maß für die Feinheit des Gitters. Infolge dieser Approximation entsteht ein Differenzen- bzw. FEM-Schema $A_h U_h = F_h$, das zu einem linearen Gleichungssystem mit schwach besetzter Matrix führt.

Während für die Differenzenmethoden die Möglichkeiten der klassischen Formulierung, der Variationsformulierung und der Integralidentitätsformulierung bestehen (Rieche [114]; Richtmyer u. Morton [113]; Moltschanow [83]; Ladyzenskaja [66]; Heinrich [54]; Prochnow [108]), werden die FEM hauptsächlich nach der Technik von Ritz und Galerkin angewendet (Whiteman [131]). Beide Verfahren gehören zur Klasse der Variationsmethoden (s. Oden u. Reddy [99]) und unterscheiden sich dadurch, daß für die Ritz-Methode das Problem in Form eines Variationsfunktionals vorliegen muß, beim Galerkin-Verfahren dagegen wird mit Hilfe einer Residuenmethode eine Integralidentität konstruiert. Für die oben genannte Aufgabe führen beide Methoden zu identischen Gleichungssystemen (Zienkiewicz [139]).

Das zu dem Problem (26) zugehörige Variationsfunktional läßt sich auf natürlichem Wege ableiten, sofern die Gleichung linear und der Differentialoperator selbstadjungiert ist (WITHUM [134]; REID [111]; EHLERS [31]; MEISSNER [78]). Da für den quasilinearen Fall bislang keine entsprechende Variationsformulierung gefunden wurde, ist die Anwendung der allgemeineren GALERKIN-Näherung naheliegend. Dazu wird zunächst ein Anfangswert-Randwert-Problem der Form

$$\frac{\partial u}{\partial t} - \Delta u = f \quad \text{in} \quad \Omega x(t_0, T) \tag{27a}$$

betrachtet, und zwar mit Randbedingungen erster und zweiter Art

$$u(x_i, t) = f_1(x_i, t) \quad \text{auf} \quad \Gamma_1 x(t_{,0}\, T)\,, \tag{27b}$$

$$\frac{\partial u(x_i, t)}{\partial \vec{n}} = -f_2(x_i, t) \quad \text{auf} \quad \Gamma_2 x\,(t_0, T) \tag{27c}$$

und der Anfangsbedingung

$$u(x_i, t_0) = u_0(x_i) \quad \text{in} \quad \Omega\,. \tag{27d}$$

Die Lösung $u(x_i, t)$ kann approximativ mit Hilfe einer semidiskreten GALERKIN-Methode gewonnen werden. Dies geschieht dadurch, daß man eine Folge linear unabhängiger Funktionen $\varphi_1(x_i)$, $\varphi_2(x_i)$, ... auswählt und die Lösung in Form einer Reihe ansetzt:

$$U = \sum_{k=1}^{N} U_k(t)\, \varphi_k(x_i)\,, \tag{28}$$

in der die U_k die approximierten Werte der Lösung im Punkt P_k als Funktionen der Zeit darstellen; die Funktionen φ_k erfüllen die Randbedingungen. Setzt man (28) in (27) ein, so erhält man einen Ausdruck $r(U)$ mit

$$r(U) = \frac{\partial U}{\partial t} - \Delta U - f\,, \tag{29}$$

der im allgemeinen ungleich Null ist und Residuum genannt wird.

Die Methode der gewichteten Residuen bestimmt die Näherung U nun in der Weise, daß eine Menge linear unabhängiger Gewichtsfunktionen ξ_k, die ebenfalls die Randbedingungen erfüllen, dem Residuum einen Minimalwert erteilen, d. h.

$$\iint_{\Omega} r(U)\, \xi_k\, d\Omega = 0 \qquad (k = 1, 2, \dots, N) \tag{30}$$

bzw., durch ein Skalarprodukt ausgedrückt,

$$\bigl(r(U), \xi_k\bigr) = 0 \qquad (k = 1, 2, \dots, N) \tag{31}$$

(Oden u. Reddy [99]). Je nach Art und Weise der Konstruktion der Gewichtsfunktionen und der Definition des Orthogonalisierungsprozesses lassen sich verschiedene Residuenmethoden ableiten (s. Finlayson [39]). Wählt man als Gewichtsfunktionen die Interpolationsfunktionen des Ansatzes (28), $\xi_h = \varphi_k$, dann ergeben sich als eine dieser Residuenmethoden das Galerkin-Verfahren und die Integralidentität

$$\left(\frac{\partial U}{\partial t}, \varphi_k\right) - (\Delta U, \varphi_k) - (f, \varphi_k) = 0 \quad (k = 1, 2, \dots, N) \tag{32}$$

sowie die Approximation der Anfangsbedingungen

$$(U, \varphi_k)_{t=t_0} = (U_0, \varphi_k) \quad (k = 1, 2, \dots, N)\,. \tag{33}$$

Der wesentliche Gedanke der FEM in Verbindung mit der Galerkin-Methode besteht darin, die Funktionen φ_k durch geeignete Diskretisierung des Integrationsgebietes systematisch zu erzeugen. Dazu wird Ω in E finite Elemente Ω^e unterteilt. Für die Diskretisierung werden ohne Beschränkung der Allgemeinheit folgende Annahmen getroffen:

I. Das Gebiet Ω kann so diskretisiert werden, daß die Elemente entweder eine ganze Seite gemeinsam haben oder getrennt liegen;

II. der Rand Γ sei eine polygonale Berandung;

III. $\sum_{e=1}^{E} \Omega^e = \Omega$.

Bezeichnet man die Integralidentität (32) mit $I(U)$, so läßt sie sich als Summe darstellen:

$$I(U) = \sum_{e=1}^{E} I^e(U^e)\,, \tag{34}$$

und U^e ist elementweise durch einen Galerkin-Ansatz (28) zu formulieren:

$$U^e = \sum_{n=1}^{N_e} U_n^e \varphi_n^e\,; \tag{35}$$

N_e ist die Anzahl der Knotenpunkte des endlichen Elements, die U_n^e stellen die an diesen Knotenpunkten zu berechnende Lösung dar. Die Funktionen φ_n^e hängen von den Koordinaten der Knotenpunkte ab und werden Koordinaten- bzw. Formfunktionen genannt (Zienkiewicz [139]). Sie sind nur auf dem Element Ω^e definiert und werden deshalb auch als lokale Koordinatenfunktionen bezeichnet. Entsprechend ihrer Definition gehen sie bei der Summation über alle Elemente in die globalen Koordinatenfunktionen über:

$$\{\varphi_k\} = \sum_{e=1}^{E} \{\varphi_n^e\} \qquad (k = 1, 2, \dots, N)\,. \tag{36}$$

Die Gültigkeit von (34) bedingt gewisse Stetigkeitsanforderungen an die φ_k. So ist zu sichern, daß die Integranden in (32) endlich bleiben, indem die im Integranden vorkommenden höchsten Ableitungen von φ_k endlich sind. Das bedeutet: Falls Ableitungen der Ordnung m vorkommen, so ist zu fordern, daß sich die φ_k selbst und deren Ableitung der Ordnung $m-1$ stetig, im Elementübergangsbereich stückweise stetig verhalten müssen. Koordinatenfunktionen, die diese Forderungen erfüllen, werden als konform bezeichnet (ZIENKIEWICZ [140]).

Um die Stetigkeitsanforderungen an die φ_k abzuschwächen, d. h. nur endliche erste Ableitungen der Koordinatenfunktionen zu verlangen, kann die Integralidentität (32) durch partielle Integration (Anwendung des GREENschen Integralansatzes) so umgeformt werden, daß nur noch erste Ableitungen der lokalen und der globalen Koordinatenfunktionen auftreten. Man erhält auf diese Weise den Ausdruck

$$\iint_{\Omega} \frac{\partial U}{\partial x_i} \frac{\partial \varphi_k}{\partial x_i} d\Omega = (f, \varphi_k) + \oint_{\Gamma} \left(\widetilde{\frac{\partial u}{\partial \vec{n}}}\right) \varphi_k \, d\Gamma , \tag{37}$$

wobei das Integral über Γ die auf dem Rand möglicherweise vorgeschriebene Randbedingung 2. Art $\widetilde{\partial u/\partial \vec{n}}$ approximiert. Besteht der Rand aus zwei Abschnitten, $\Gamma = \Gamma_1 \cup \Gamma_2$ (auf Γ_1 gelten erste und auf Γ_2 zweite Randbedingungen), dann verschwindet das Integral auf Γ_1 (s. ZIENKIEWICZ [139]) und wird als Linienintegral über Γ_2 gebildet. Es wird nur dann aufgestellt, wenn auf Γ_2 entsprechende Bedingungen angegeben sind, der Fall natürlicher Randbedingungen $\left((\widetilde{\partial u/\partial \vec{n}}) = 0\right)$ ist somit stets automatisch erfüllt (im integralen Sinne).

Folgt man der Bezeichnungsweise z. B. von ZLAMAL [144] oder MITCHELL u. WAIT [81] und definiert

$$a(U, \varphi_k) = \iint_{\Omega} \frac{\partial U}{\partial x_i} \frac{\partial \varphi_k}{\partial x_i} d\Omega , \tag{38a}$$

$$M(\varphi_k) = (f, \varphi_k) + \int_{\Gamma_2} \left(\widetilde{\frac{\partial u}{\partial \vec{n}}}\right) \varphi_k \, d\Gamma_2 , \tag{38b}$$

so ergibt sich aus (32) die folgende Form der GALERKIN-Approximation:

$$\left(\frac{\partial U}{\partial t}, \varphi_k\right) + a(U, \varphi_k) = M(\varphi_k) \qquad (k = 1, 2, \dots, N) . \tag{39}$$

Wird U nach (28) in (39) und (33) eingesetzt, resultiert ein System gewöhnlicher Differentialgleichungen:

$$\sum_{l=1}^{N} \frac{dU_l(t)}{dt} (\varphi_k, \varphi_l) + U_l(t) \, a(\varphi_k, \varphi_l) = M(\varphi_k) \qquad (k = 1, 2, \dots, N) \tag{40a}$$

und für die Anfangsbedingung

$$U_l^0 = U_l(t_0) = c_l \qquad (l = 1, 2, \ldots, N)\,, \tag{40b}$$

wobei c_l aus dem System

$$\sum_{l=1}^{N} c_l(\varphi_k, \varphi_l) = (u_0, \varphi_k) \qquad (k = 1, 2, \ldots, N) \tag{40c}$$

gewonnen wird (Mitchell u. Wait [81]). Im allgemeinen kann angenommen werden, daß auch die Anfangsbedingung diskret vorgegeben wird, so daß

$$U_j^0 = u_0(x_j) \qquad (j = 1, 2, \ldots, N) \tag{41}$$

gilt.

Betrachtet man (39) bzw. (40) auf Elementebene, so ist

$$I^e(U^e) = a(U^e, \varphi_m^e) + \left(\frac{\partial U^e}{\partial t}, \varphi_m^e\right) - M(\varphi_m^e) = [K_{mn}]^e \{U_n^e\} + + [C_{mn}]^e \left\{\frac{\partial U_n^e}{\partial t}\right\} - \{f_m\}^e \qquad (m, n = 1, \ldots, N^e)\,, \tag{42}$$

und $[K_{mn}]^e$ wird als Elementsteifigkeitsmatrix, $[C_{mn}]^e$ als Kapazitätsmatrix und $\{f_m\}^e$ als Vektor der äußeren Belastung bezeichnet. Sie ergeben sich aus den Skalarprodukten $a(\varphi_m, \varphi_n)$, (φ_m, φ_n) und der Form $M(\varphi_m)$ in (40a), die Integrale sind jedoch nur über dem jeweiligen Element Ω^e zu bilden. Durch die Summation (34) entsteht dann das System (40), dessen Dimension sich aus der Gesamtanzahl der Knotenpunkte ergibt. Da ein Knotenpunkt stets nur von einer begrenzten Anzahl anderer Knotenpunkte umgeben wird, sind die Gesamtstetigkeits- und Kapazitätsmatrizen schwach besetzt und haben Bandformat. Dieser Vorteil, der sich insbesondere auf die rechentechnische Realisierung der Aufgabe auswirkt, steht neben einer Reihe anderer Vorteile der verwendeten Galerkin-FEM, z. B. der Flexibilität der Gebietsapproximation; die Approximation differentieller (natürlicher) Randbedingungen wird auf die Approximation eines Randintegrals ohne differentiellen Anteil verlagert; u. a. (s. Heinrich [54]).

4. Finite-element-Modell

4.1. Ortsdiskretisierung mit Dreieckelementen

Für die Diskretisierung des Strömungsgebietes Ω mit Dreieckelementen wird die Gültigkeit der Annahmen I—III aus Abschnitt 3.2 vorausgesetzt. Die Auswahl einer geeigneten Ansatzfunktion ist besonders wichtig, da damit dem Modell maßgebende Eigenschaften, wie z. B. Genauigkeit, Konvergenz, Aufwand usw., aufgeprägt werden. Näherungsansätze von höherer Ordnung erlauben, daß man evtl. mit großen Elementen arbeiten kann und außerdem für die Ableitungen der Näherungslösung, in diesem Falle die Geschwindigkeitskomponenten, entsprechend genauere Approximationen erhält. Jedoch steigt mit der Ordnung des Ansatzes auch die Anzahl der Knotenpunkte des Elements und somit die Problemgröße insgesamt.

In Auswertung der Arbeiten von NEUMAN [93], der zur Lösung von (26) lineare Elemente verwendete, und von EMERY u. CARSON [32] sowie WILSON u. a. [133], die zur Lösung linearer und nichtlinearer Wärmeleitungsprobleme verschiedene Elementetypen mit unterschiedlichem Approximationsgrad testen, wurde für die Näherungslösung $\psi^e(t, x_i)$ innerhalb eines finiten Dreieckelements ein Polynomansatz zweiter Ordnung gewählt. Die Konstruktion der Koordinaten- bzw. Formfunktionen über einem Dreieckelement geschieht in Gestalt vollständiger Polynome in x_i $(i = 1, 3)$. Ein vollständiges Polynom m-ter Ordnung in x_i hat die Gestalt

$$\Pi_m(x_1, x_3) = \sum_{k+l=0}^{m} \alpha_{kl} x_1^k x_3^l \tag{43}$$

und kann eine Funktion $f(x_1, x_3)$ in $\frac{1}{2}(m+1)(m+2)$ symmetrisch gelagerten Stützstellen in einem Dreieck interpolieren.

Ausgehend von (43) und einem 3-Knoten-Dreieckelement, ergeben sich die linearen Koordinatenfunktionen zu

$$\varphi_j^{(1)}(x_1, x_3) = \frac{1}{2\Delta^e}(\tau_{kl} + \eta_{kl} x_1 + \xi_{kl} x_3) \tag{44}$$

mit

$$\tau_{kl} = x_1^{(k)} x_3^{(l)} - x_3^{(k)} x_1^{(l)}, \quad \eta_{kl} = x_1^{(k)} - x_1^{(l)}, \quad \xi_{kl} = x_3^{(l)} - x_3^{(k)}$$

und Δ^e als Flächeninhalt des Dreieckelements (ZIENKIEWICZ [139]; MITCHELL u. WAIT [81]).

Aus Abb. 1 ist leicht zu ersehen, daß

$$\varphi_j^{(1)}(x_1^{(k)}, x_3^{(k)}) = \delta_{jk} = \begin{cases} 1 \text{ für } j = k, \\ 0 \text{ für } j \neq k \end{cases} \qquad (1 \leqq j, k \leqq 3) \tag{45}$$

gilt und daß damit die Funktionswerte ψ_j^e an dem Knoten j exakt wiedergegeben werden. Für jedes x_i, das nicht im linearen Element $\Omega_{(1)}^e$ liegt, verschwinden die Koordinatenfunktionen, d. h.,

$$\varphi_j^e(x_i) = 0 \qquad (x_i \notin \Omega_{(1)}^e)\,. \tag{46}$$

Entsprechend (43) lautet der quadratische Ansatz

$$\Pi_2(x_1, x_3) = \sum_{j=1}^{6} \psi_j^e \varphi_j^{(2)}(x_1, x_3)\,, \tag{47}$$

und die ψ_j^e bedeuten wieder die Werte von $\psi^e(x_1, x_3)$ an den Knotenpunkten. Diese bestehen aus den Eckpunkten und den Seitenmittelpunkten des Elements $\Omega^e_{(2)}$.

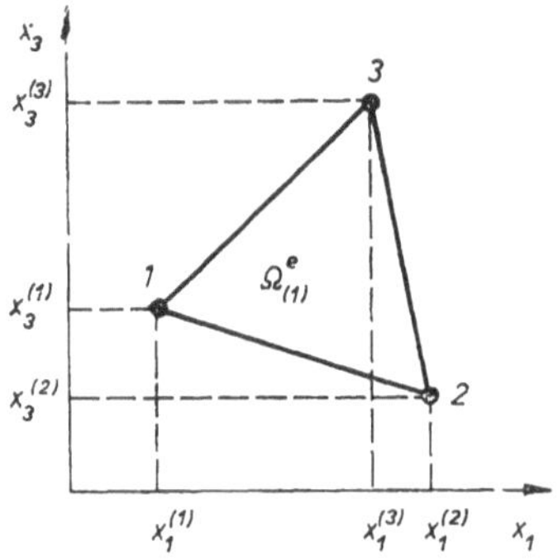

Abb. 1. 3-Knoten-Dreieckelement ($m = 1$)

Die quadratischen Koordinatenfunktionen $\varphi_j^{(2)}(x_i)$ ergeben sich aus den linearen Funktionen durch den folgenden Interpolationsansatz:

$$\varphi_j^{(2)}(\varphi_i^{(1)}) = \frac{\prod_{k \neq j} \left(\varphi_i^{(1)} - \varphi_j^{(1)}(P_k)\right)}{\prod_{k \neq j} \left(\varphi_j^{(2)}(P_j) - \varphi_j^{(2)}(P_k)\right)} \tag{48}$$

$$(i = 1, 2, 3; \qquad j, k = 1, 2, \ldots, 6)\,.$$

Der Vektor der Funktionen lautet

$$\begin{aligned} \boldsymbol{\varphi}_j^{(2)}(x_1, x_3) = \{&\varphi_1^{(1)}(2\varphi_1^{(1)} - 1)\,,\ \varphi_2^{(1)}(2\varphi_2^{(1)} - 1)\,,\ \varphi_3^{(1)}(2\varphi_3^{(1)} - 1)\,, \\ &4\varphi_1^{(1)}\varphi_2^{(1)}\,,\ 4\varphi_2^{(1)}\varphi_3^{(1)}\,,\ 4\varphi_1^{(1)}\varphi_3^{(1)}\}\,. \end{aligned} \tag{49}$$

Analog zu (45) gilt wieder

$$\begin{aligned} \varphi_j^{(2)}(x_1^{(k)}, x_3^{(k)}) &= \delta_{jk} \qquad (1 \leqq j\,, \quad k \leqq 6)\,, \\ \varphi_j^{(2)}(x_i) &= 0\,, \qquad \forall\, x_i \notin \Omega^e_{(2)}\,. \end{aligned} \tag{50}$$

Ist also eine Funktion $\psi^e(t, x_i)$ durch ihre diskreten Werte $\psi_j^e(t)$ an den Knotenpunkten P_j ($j = 1, 2, \ldots, 6$) des Dreieckelementes $\Omega^e_{(2)}$ gegeben, kann sie

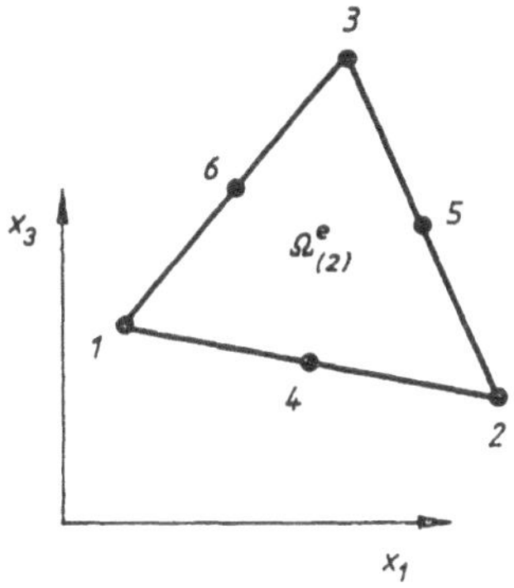

Knoten	$\varphi_1^{(1)}$	$\varphi_2^{(1)}$	$\varphi_3^{(1)}$
1	1	0	0
2	0	1	0
3	0	0	1
4	1/2	1/2	0
5	0	1/2	1/2
6	1/2	0	1/2

Abb. 2. 6-Knoten-Dreieckelement ($m = 2$)

über dieses Element mittels der quadratischen Koordinatenfunktionen interpoliert werden:

$$\psi^e(t, x_i) = \sum_{j=1}^{6} \psi_j^e(t)\, \varphi_j^{(2)}(x_i)\,. \tag{51}$$

Die Interpolation (51) ist eindeutig und liefert eine auf $\Omega^e_{(2)}$ stetige Näherung ψ^e. Aus der Stetigkeit entlang der Dreieckseiten ergeben sich endliche Werte der ersten Ableitung von ψ^e bei Übergang von Element zu Element. Die Funktionen $\{\psi_j^{(2)}(x_i)\}$ bilden eine stetige, stückweise differenzierbare lokale Basis auf $\Omega^e_{(2)}$.

Zur globalen Interpolation einer Funktion entsprechend (28) müssen Relationen zwischen den lokalen Koordinatenfunktionen $\{\varphi_n^e)$ ($n = 1, 2, \dots, Ne$) und den globalen Koordinatenfunktionen $\{\varphi_k\}$ ($k = 1, 2, \dots, N$) hergestellt werden (s. (36)). Dies geschieht durch die Beziehung

$$\varphi_k(x_i) = \sum_{e=1}^{E} \sum_{n=1}^{Ne} \delta_k^n \varphi_n^e(x_i) \tag{52}$$

mit

$$\delta_k^n = \begin{cases} 1, \text{ wenn der Knoten } n \text{ auf } \Omega \text{ mit dem} \\ \text{Knoten } k \text{ auf } \Omega_e \text{ zusammenfällt,} \\ 0 \text{ sonst} \end{cases}$$

(Oden u. Reddy [99]).

4.2. Elementmatrizen

Zur näherungsweisen Lösung von (26) wird das in seinen Grundzügen vorgestellte Galerkin-Verfahren auf der Basis der quadratischen Interpolation (51) benutzt. Es sei vorausgesetzt, daß infolge der Diskretisierung des Gebietes die Randbedingung (26b) und die Anfangsbedingung (26d) diskret vorgegeben werden können. Dann erfüllen die Koordinatenfunktionen (49) diese Bedingungen auf Grund ihrer Eigenschaften (s. (50)).

Setzt man die Näherung (51) für ψ in (26a) ein und führt den Galerkin-Prozeß durch, dann kann im Sinne der FEM das Integral für das gesamte Strömungsgebiet als Summe von Integralen über die Dreieckelemente geschrieben werden (s. (34)), und man erhält analog zu (42)

$$J^e(\psi^e) = \left(c\,\frac{\partial \psi^e}{\partial t}, \varphi^e_m\right) + a(\psi^e, \varphi^e_m) - M^*(\varphi^e_m) \qquad (m = 1, 2, \dots, 6) \tag{53}$$

mit

$$\left.\begin{aligned} a(\psi^e, \varphi^e_m) &= \iint_{\Omega^e} \frac{\partial \varphi^e_m}{\partial x_i}\left(K^s_{ij} K_r\,\frac{\partial \psi^e}{\partial x_j}\right) d\Omega^e\,, \\ M^*(\varphi^e_m) &= \iint_{\Omega^e} Q\varphi^e_m\, d\Omega^e + \int_{\Gamma^e_2} f_2 \varphi^e_m\, d\Gamma^e_2 - \iint_{\Omega^e} K^s_{i3} K_r\,\frac{\partial \varphi^e_m}{\partial x_i}\, d\Omega^e\,. \end{aligned}\right\} \tag{54}$$

Die Form (53) ist symmetrisch, beinhaltet die Approximation der Randbedingungen zweiter Art (26c), und es tauchen unter dem Integralzeichen nur erste Ableitungen der Koordinatenfunktionen auf, so daß gilt

$$\sum_{e=1}^{E} J^e(\psi^e) = J(\tilde{\boldsymbol{\psi}}) = 0\,, \tag{55}$$

wobei $\tilde{\boldsymbol{\psi}}$ der Gesamtvektor der Näherungslösung sei.

Entsprechend der Gl. (40a) läßt sich (53) weiter umformen zu

$$J^e(\psi^e) = (c\varphi^e_n, \varphi^e_m)\left\{\frac{\partial \boldsymbol{\psi}^e_n}{\partial t}\right\} + a(\varphi^e_n, \varphi^e_m)\,\{\boldsymbol{\psi}^e_n\} - M^*(\varphi^e_m) \tag{56}$$

$$(m, n = 1, 2, \dots, 6)\,.$$

Diese Gleichung kann nun mit den Koordinatenfunktionen $\{\varphi^e_n\} = \{\varphi^{(2)}_n\}$ $(n = 1, 2, \dots, 6)$ ausgewertet werden, und man erhält unter Beachtung der Summenkonvention ein System der Gestalt

$$J^e(\psi^e) = [\boldsymbol{K}_{mn}]^e\,\{\boldsymbol{\psi}^e_n\} + [\boldsymbol{C}_{mn}]^e\left\{\frac{\partial \boldsymbol{\psi}^e_n}{\partial t}\right\} - \{\boldsymbol{f}_m\}^e \tag{57}$$

mit den Matrix- bzw. Vektorelementen

$$\left.\begin{aligned} \boldsymbol{K}_{mn} &= \iint_{\Omega^e}\left(K^s_{ij} K_r\,\frac{\partial \varphi^{(2)}_m}{\partial x_i}\,\frac{\partial \varphi^{(2)}_n}{\partial x_j}\right) d\Omega^e\,, \qquad \boldsymbol{C}_{mn} = \iint_{\Omega^e} c_r \varphi^{(2)}_m \varphi^{(2)}_n\, d\Omega^e\,, \\ \boldsymbol{f}_m &= \iint_{\Omega^e} Q\varphi^{(2)}_m\, d\Omega^e + \int_{\Gamma^e_2} f_2 \varphi^{(2)}_m\, d\Gamma^e_2 - \iint_{\Omega^e} K^s_{i3} K_r\,\frac{\partial \varphi^{(2)}_m}{\partial x_i}\, d\Omega^e \\ &\qquad (m, n = 1, 2, \dots, 6)\,. \end{aligned}\right\} \tag{58}$$

Das System (57) wird für jedes Element Ω^e aufgestellt, und entsprechend der Summation (34) kann dann das Gesamtsystem aufgekoppelt werden. Dies geschieht in der Weise, daß alle Beiträge aus den jeweiligen Dreiecken bei jetzt durchlaufender Knotennumerierung aufaddiert werden. Dazu ist ein Zuordnungsalgorithmus aufzustellen, der dem jeweiligen lokalen Knotenpunktindex seinen globalen Index im Gesamtsystem zuweist. Es entsteht dann das Gesamtsystem gewöhnlicher Differentialgleichungen analog zu (40):

$$[\boldsymbol{K}_{kl}]\,\{\psi_l\} + [\boldsymbol{C}_{kl}]\left\{\frac{\partial \psi_l}{\partial t}\right\} = \{f_k\} \qquad (l, k = 1, 2, \ldots, N)\,. \tag{59}$$

In Anlage B werden die Matrizen (58) für den anisotropen Fall $K^s_{13} = K^s_{31} \neq 0$, $K^s_{11} \neq K^s_{33}$ berechnet. Dabei werden die Funktionen $K_r(\psi)$ und $c(\psi)$ linear über Ω^e interpoliert:

$$K_r(\psi) = \sum_{i=1}^{3} K_{r,i}\,\varphi_i^{(1)}\,, \qquad c(\psi) = \sum_{i=1}^{3} c_i \varphi_i^{(1)}\,; \tag{60}$$

$K_{r,i}$ und c_i stellen wieder die Funktionswerte an den Eckpunkten des Dreieckelements dar. Bei der Auswertung des Linienintegrals zur Approximation der Randbedingung zweiter Art ist entlang der Ränder die Annahme einer linearen bzw. einer konstanten Geschwindigkeitsverteilung vorgesehen. Ebenfalls in Anlage B werden zwei verschiedene „lumping"-Schemata für die Kapazitätsmatrix $[\boldsymbol{C}_{mn}]$ vorgestellt.

Infolge des „mass lumping" wird die Kapazitätsmatrix zu einer reinen Diagonalmatrix, und somit ist vor allem eine schnellere Berechnung des Gesamtsystems unter Einsparung von Speicherplatz möglich. Auswirkungen auf die Genauigkeit der Lösung, ihr Stabilitätsverhalten usw. werden in Abschnitt 5.1 an einem linearen Beispiel dargestellt (vgl. auch EMERY u. CARSON [32]; FUJI [41]; HUYAKORN u. a. [62]).

4.3. Anmerkungen zu Approximationseigenschaften der Näherungsmethode

Da in diesem Beitrag keine theoretischen Untersuchungen zur Ordnung der Approximation der verwendeten GALERKIN-FEM durchgeführt werden, sollen an dieser Stelle einige Ergebnisse aus der Literatur vorgestellt werden. Diese beziehen sich zumeist auf lineare Probleme vom Typ (26) bzw. auf spezielle quasilineare Aufgaben. Sie sind hier dennoch von Wert, weil das quasilineare Problem den linearen Fall mit einschließt und man somit für letzteren auf gewisse Aussagen zurückgreifen und diese überprüfen kann.

Zunächst sind zwei weitere Eigenschaften der Basisfunktion (49) zu nennen. Der Interpolationsansatz (51) stellt ein vollständiges Polynom der Ordnung 2 dar, so daß die quadratischen LAGRANGE-Basisfunktionen die Vollständigkeitsbedingung erfüllen. Diese und die Regularitätsbedingung, welche von der Basis ebenfalls erfüllt wird (s. MITCHELL u. WAIT [81], S. 109), bilden die Grundlage für die Abschätzung der Fehler.

Von MITCHELL u. WAIT [81] werden bei der Untersuchung linearer Probleme zwei Fehlerarten unterschieden: diejenigen, die durch die Interpolation hervorgerufen werden (Approximationsfehler), und die, welche sich durch numerische Integration der Elementmatrizen, durch die Approximation der Randbedingungen auf gekrümmten Rändern und durch Verwendung nichtkonformer Elemente ergeben (Perturbationsfehler) (siehe auch STRANG [121]; DOUGLAS u. DUPONT [28], [29]). Wird durch die Basis ein Polynom der Ordnung k exakt interpoliert und ist die Lösung eines linearen Problems (26) in Ω hinreichend glatt, dann erhält man einen Approximationsfehler in der Größenordnung $0(h^k)$, wo h die Seitenlänge des größten Elements sei, und einen Perturbationsfehler der Ordnung $0(h^s)$, $s > 0$ (MITCHELL u. WAIT [81], S. 140). Als optimal wird die Form der Approximation bezeichnet, in der Approximations- und Perturbationsfehler von derselben Ordnung sind bzw. der Perturbationsfehler höhere Ordnung aufweist ($s \geqq k$). Da bei quadratischen LAGRANGE-Elementen die Quadratur exakt durchführbar ist — vgl. die LOBATTO-Quadraturformel —, erhält man für den Perturbationsfehler ein $0(h^{k+1/2})$ (MITCHELL u. WAIT [81]). — Diese Aussagen werden für eine lineare ARWA mit der LAPLACE-Gleichung ermittelt und sind aus mehreren Gründen nicht einfach auf das vollständige quasilineare Problem übertragbar.

Von BRUCH [8] wurden umfangreiche Fehlerabschätzungen für Gl. (25) vorgenommen. Unter Rückgriff auf Arbeiten von LADYZENSKAJA u. a. [67], PROTTER u. WEINBERGER [109] und ZYVOLÓSKI u. a. [147] zeigte er zunächst Existenz und Eindeutigkeit der Lösung der Differentialgleichung in der obigen Form. Bei der Fehleranalyse erhält er Abschätzungen für den

- Fehler zwischen der stetigen Lösung der Differentialgleichung und der GALERKIN-Lösung,
- Fehler zwischen der stetigen und der diskreten GALERKIN-Lösung,
- Fehler zwischen der diskreten GALERKIN-Lösung der quasilinearen Gleichung und der der linearisierten Form,
- Iterationsfehler (Iteration der linearisierten Lösung),
- Fehler der Zeitdiskretisierung

(s. BRUCH [8], S. 311).

Bei quadratischer Interpolation der Lösung mittels einer LAGRANGE-Basis (49) und linearer Interpolation der Diffusivitätsfunktion $D(\Theta)$ wird ein summarischer Gesamtfehler der Ordnung $0(h^2)$ ermittelt. Da BRUCH von einer zu (26) analogen Aufgabe, jedoch einer anderen Form der Gleichung ausgeht, kann ein ähnlicher Fehler für das hier behandelte Problem nur vermutet werden (vgl. MARSAL [77]). — Für weitere Untersuchungen sei auf FAIRWEATHER [34], FAIRWEATHER u. JOHNSON [35], GILDING [45] und NETA [91] verwiesen.

4.4. Viereck-Substrukturen

Die direkte Lösung des Systems (59) nach Summation über alle Beiträge der einzelnen Dreieckelemente entsprechend (58) wird bei Verwendung von 6-Knoten-Elementen von einer bestimmten Elementeanzahl an uneffektiv, da die Dimension des Systems rasch anwächst und somit der Aufwand für Speicherung und Lösung steigt (s. a. CHENG [17]). Als vorteilhaft erweisen sich dann finite Substrukturen, d. h. Subelemente, die sich aus mehreren Elementen (z. B. Dreiecken) zusammensetzen. Die Bestimmungsgleichungen für die im Inneren dieser Substrukturen gelegenen Knoten können bei der Aufkopplung des Gesamtsystems eliminiert werden, ohne daß ein zusätzlicher Approximationsfehler auftritt (STRANG [121]; MITCHELL u. WAIT [81]). Dadurch kann z. B. bei Verwendung von Viereckelementen aus vier 6-Knoten-Dreieckelementen das Gesamtsystem um mehr als 50% reduziert werden.

Substrukturen dieser und ähnlicher Art wurden von mehreren Autoren schon erfolgreich benutzt (s. NEUMAN [93]; FEDDES u. a. [37], [38]; ZIENKIEWICZ [139]; DIERSCH [26]; NARASIMHAN u. WITHERSPOON [88], [89]). Es zeigten sich bereits Vorteile dieser Technik, wenn bei einem aus vier 3-Knoten-Dreieckelementen bestehenden Viereckelement die Gleichung für den Mittel- bzw. Schwerpunktknoten eliminiert werden konnte (s. NEUMAN [93]). Für das hier verwendete Element lassen sich die Gleichungen der fünf inneren Knoten zunächst auslagern, und nach Lösung des reduzierten Problems kann die „Rückberechnung" erfolgen.

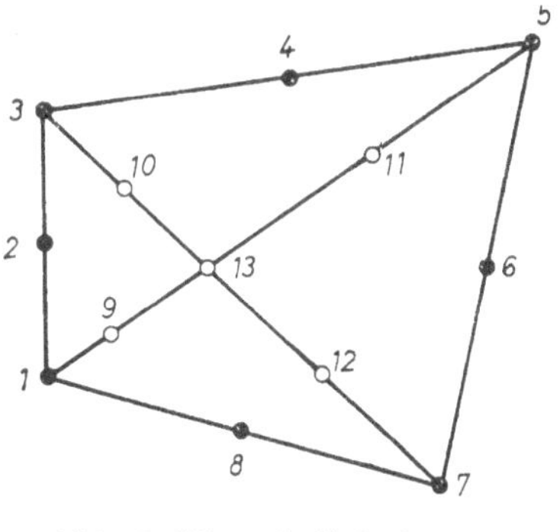

Abb. 3 Viereck-Subelement

Von ZIENKIEWICZ [139] wurde das Schema der „static condensation“-Technik anhand von Gleichungen für stationäre Probleme beschrieben. In analoger Weise läßt es sich auch für instationäre Probleme entwickeln. Dabei ist jedoch zuerst die semidiskrete Form (59) durch Diskretisierung der Zeitableitung in ein System algebraischer Gleichungen überzuführen. Dies ist Gegenstand des nächsten Abschnittes, das Eliminationsschema wird im Anhang C aufgeführt und erläutert.

Nach Durchführung der Elimination kann das Gesamtsystem auf der Basis der 8-Knoten-Vierecke aufgekoppelt werden. Das System ist wiederum symmetrisch und weist eine Bandstruktur auf. Bei geschickter Knotennumerierung kann die Bandweite (= Halbbandbreite) gering gehalten werden. Sie errechnet sich aus der größten Differenz von Knotennummern in einem Viereckelement plus 1 (vgl. HUYAKORN [61]).

4.5. Zeitdiskretisierung

Zur Lösung des quasilinearen Differentialgleichungssystems (59) ist die Anwendung eines Diskretisierungsverfahrens notwendig, da eine exakte Integration bereits für lineare Aufgaben dieser Dimension zu aufwendig ist (ARGYRIS u. a. [2]). Löst man das System nach der zeitlichen Ableitung auf, ergibt sich

$$\left\{\frac{\partial \boldsymbol{\psi}_n}{\partial t}\right\} = -[\boldsymbol{C}]^{-1}[\boldsymbol{K}]\{\boldsymbol{\psi}_n\} + [\boldsymbol{C}]^{-1}\{\boldsymbol{f}\} \tag{61}$$

($[\boldsymbol{C}]$, $[\boldsymbol{K}]$ und $[\boldsymbol{f}]$ seien die nach der Aufkopplung aller Elemente und nach Bildung der Viereck-Substrukturen entstandenen Matrizen des Gesamtsystems) oder, vereinfacht geschrieben,

$$\dot{\psi} = -A\psi + g \quad \text{mit} \quad A = -[\boldsymbol{C}]^{-1}[\boldsymbol{K}], \quad g = [\boldsymbol{C}]^{-1}\{\boldsymbol{f}\}. \tag{62}$$

Eine wichtige Eigenschaft der Matrix A ist, daß ihr Eigenwertspektrum sehr breit aufgespannt wird; das System (62) kann als steif bezeichnet werden (GEAR [44]; LAMBERT [68]).

Zur Lösung derartiger Systeme sind für den linearen Fall Verfahren mit gewissen Stabilitätseigenschaften entwickelt worden, die A- bzw. A_0-stabilen Methoden (s. DAHLQUIST [25]; CRYER [23]; BUI u. BUI [12]). Ihre Verallgemeinerung für den quasilinearen Fall ist zwar nicht ohne weiteres möglich, jedoch weisen Untersuchungen an Wärmeleitungsproblemen von ZLAMAL [144], [145], ARGYRIS u. a. [2], DONEA [27], WOOD u. LEWIS [136], WOOD [135] und anderen auf die prinzipielle Brauchbarkeit dieser Verfahren auch für quasilineare Aufgaben hin; eigene Rechnungen bestätigen dies.

Weiter sei eine lineare Mehrschrittmethode, angewendet auf ein Problem der Form

$$a = g(a, t) , \qquad a(0) = a^0 ,$$

definiert durch

$$\sum_{j=0}^{k} \alpha_j a^{n+j} = \Delta t \sum_{j=0}^{k} \beta_j g^{n+j} \qquad (n = 0, 1, \ldots) , \tag{63}$$

wobei a^n die Approximation von $a(n\,\Delta t)$ und $g = g(a^n, n\,\Delta t)$ ist. Aus (61) und (63) folgt dann

$$\sum_{j=0}^{k} (\alpha_j[\boldsymbol{C}] + \beta_j\,\Delta t[\boldsymbol{K}])\,\{\boldsymbol{\psi}^{n+j}\} = \Delta t \sum_{j=0}^{k} \beta_j \{\boldsymbol{f}\}^{n+j} . \tag{64}$$

Bei gegebenen Werten $\psi^0, \psi^1, \ldots, \psi^{k-1}$ (wobei ψ^0 der Anfangswert sei) können mittels (64) die Lösungen $\psi^k, \psi^{k+1}, \ldots$ berechnet werden. Die Beziehung (64) wird als lineare Mehrschrittformel der Ordnung k bezeichnet. Detaillierte Untersuchungen bezüglich der A_0-Stabilität werden u. a. von Zlamal [144], [145] geführt.

Wird nun ein normalisiertes Verfahren, d. h.

$$\sum_{j=0}^{k} \beta_j = 1 \qquad \text{mit } k = 1 , \tag{65}$$

gewählt, so erhält man die bekannte „Θ-Methode" der Gestalt

$$a^{n+1} - a^n = \Delta t\big(\Theta g^{n+1} + (1 - \Theta)\, g^n\big) \tag{66}$$

oder aber, bezogen auf (61) bzw. (64),

$$(\Theta\,\Delta t[\boldsymbol{K}] + [\boldsymbol{C}])\,\{\boldsymbol{\psi}^{n+1}\} + \big((1 - \Theta)\,\Delta t[\boldsymbol{K}] - [\boldsymbol{C}]\big)\,\{\boldsymbol{\psi}^n\} = \{\boldsymbol{f}\} . \tag{67}$$

Durch die Wahl verschiedener Θ $(0 \leqq \Theta \leqq 1)$ ergeben sich daraus die folgenden Schemata:

$\Theta = 0$ — explizites Schema,
$\Theta = 1/2$ — Crank-Nicholson-Schema,
$\Theta = 1$ — implizites Schema,
$\Theta = 2/3$ — lineare finite Elemente der Zeit.

Der Ansatz einer linearen Zweischrittformel zur Lösung des Systems beinhaltet also die auch vom Standpunkt einer effektiven rechentechnischen Lösung aus gebräuchlichsten Diskretisierungsverfahren zur Approximation der zeitlichen Ableitung (vgl. Emery u. Carson [32]; Donea [27]; Yon u. Yeh [137]; Wood u. Lewis [136]; Fuji [41]; Gray u. Pinder [47]; Norrie u. de Vries [97]). Bis auf das auch in dieser Arbeit nicht weiter betrachtete explizite Schema sind alle oben genannten Formeln A_0-stabil (in jedem Fall für lineare Probleme, bei eigenen Rechnungen quasilinearer Aufgaben wurde die Stabilität der Lösung ebenfalls erreicht) (vgl. Zlamal [144]). Die Bedingung dafür ist $\Theta \geqq 1/2$. Der Approximationsfehler ist für $\Theta = 1$ und $\Theta = 2/3$ von erster Ordnung, für das Crank-Nicholson-Schema kann er von zweiter Ordnung sein (s. Richtmyer u. Morton [113]).

Eine Reihe von Autoren verwenden lineare Mehrschrittformeln höherer Ordnung, meistens $k = 2$ bzw. $k = 3$, um bessere Konvergenzbedingungen für die Lösung zu erhalten (Argyris u. a. [2]; Wood [135]; Hornung [58], [59]). Bei der Anwendung solcher Methoden auf zweidimensionale quasilineare Aufgaben wäre jedoch eine genaue Kalkulation des Aufwandes unter Beachtung der verfügbaren Rechentechnik vonnöten, da u. a. ein wesentlich höherer Speicherbedarf entsteht. Für das zu behandelnde Problem werden das voll implizite und das Crank-Nicholson-Schema gewählt (finite Elemente der Zeit bringen gegenüber dem impliziten Verfahren keine nennenswerten Vorteile, s. a. Abschnitt 5.1; Gray u. Pinder [46]; Zienkiewicz [139]); entsprechende Vorgehensweisen finden sich z. B. bei Neuman [93], Fuji [41], Neuman u. Narasimhan [96].

Außer der bereits genannten Bedingung für die A_0-Stabilität kann die Frage der Oszillationsfreiheit der Lösung untersucht werden. Betrachtet man ein lineares Problem (62) mit $g = 0$, dann lautet die exakte Lösung der Differentialgleichung:

$$\psi^{k+1} = e^{-\tau} \psi^k \qquad \text{mit} \qquad \tau = \lambda \, \Delta t \; ; \tag{68}$$

λ bezeichne die nodalen Eigenwerte der Matrix A. Die Näherungslösung nach (67) dagegen liefert

$$\psi^{k+1} = r(\tau) \, \psi^k \quad \text{mit} \quad r(\tau) = r = \frac{1 - (1 - \Theta) \lambda \, \Delta t}{1 + \Theta \lambda \, \Delta t} \, . \tag{69}$$

In Abb. 4 wird der Fehler gezeigt, der sich aus der Anwendung von (69) statt (68) ergibt.

Aus (69) kann nun, setzt man in bezug auf die Dimension t die Gültigkeit eines Maximumprinzips voraus (s. Fuji [41]; Chung [20]), die allgemeine Bedingung für die Stabilität abgeleitet werden:

$$|r| = \left| \frac{1 - (1 - \Theta) \lambda \, \Delta t}{1 + \Theta \lambda \, \Delta t} \right| \leqq 1 \, . \tag{70}$$

Hieraus folgt für beliebige Δt und $\lambda > 0$, daß das Θ-Schema für $1/2 \leqq \Theta \leqq 1$ bedingungslos stabil ist (s. A_0-Stabilität). Die Bedingung für die Oszillationsfreiheit der Lösung leitet sich aus $r > 0$ ab. Da der Nenner von (70) für $0 \leqq \Theta \leqq 1$ und $\lambda > 0$ stets größer als Null ist, folgt also als Bedingung

$$(1 - \Theta) \lambda \, \Delta t < 1 \, . \tag{71}$$

Auch aus Abb. 4 läßt sich diese Bedingung erkennen: Die Kurven der Θ-Funktionen dürfen die Abszisse nicht unterschreiten und keine negativen Werte annehmen.

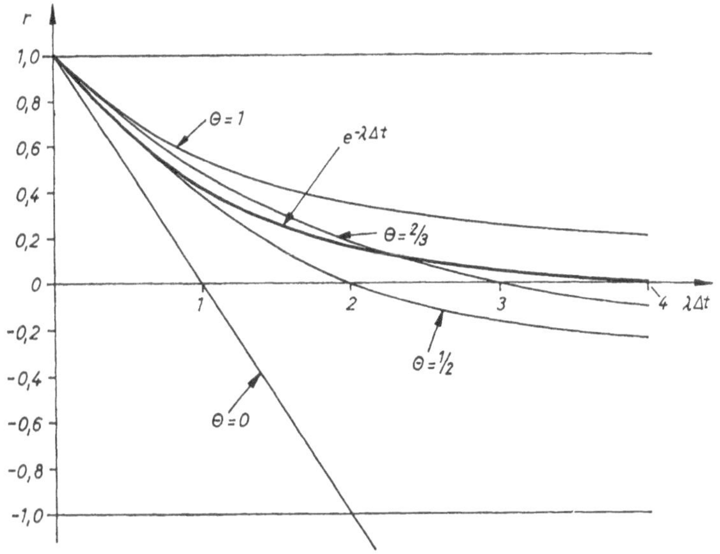

Abb. 4. Fehler der verschiedenen Θ-Methoden

Weiter ist anzumerken, daß die Bedingung (71) schärfer als die Stabilitätsbedingung ist, nur das reine implizite Verfahren ($\Theta = 1$) erfüllt beide stets. Für das CRANK-NICHOLSON-Verfahren müssen die Zeitschritte der Forderung

$$\Delta t < 2/\lambda \tag{72}$$

genügen. Die schärfste Schranke für die Zeitschritte erreicht man durch $\lambda = \lambda_{max}$. Doch bereits bei einfachen linearen Problemen entstehen auf Grund der sehr großen Differenz zwischen λ_{min} und λ_{max} außerordentlich geringe Zeitschrittgrenzen, die wiederum zu einem erhöhten Lösungsaufwand führen. In Abschnitt 5.1 wird ein solches lineares Beispiel untersucht. Einer Analyse von ARGYRIS folgend, kann für die Abschätzung (71) angenommen werden, daß $\lambda \to \lambda_{min}$ geht. Somit treten Zeitschrittgrenzen auf, die eine schnelle Lösung ermöglichen (s. ARGYRIS u. a. [2]). — Die Verwendbarkeit dieser Hypothese konnte an dem Beispiel überprüft werden.

Eine Verallgemeinerung der Bedingung (71) zunächst für lineare Probleme mit rechten Seiten ($g \neq 0$) und schließlich für quasilineare Aufgaben kann im Rahmen dieser Arbeit nicht vorgenommen werden. Bei der Rechnung von derartigen Beispielen wurden mit dem impliziten Schema stets oszillationsfreie und stabile Lösungen erhalten. Dieses Schema ist dann anzuwenden, wenn über die Randbedingungen Sprünge und Störungen aufgebracht werden, insbesondere bei der Behandlung gesättigter und ungesättigter

Strömungen innerhalb des Gebietes Ω (vgl. Neuman [93]). Das Umschalten auf das Crank-Nicholson-Schema nach wenigen impliziten Zeitschritten kann dann zum Erzielen einer höheren Approximationsgenauigkeit führen.

Da für quasilineare Feldprobleme die Berechnung der Eigenwerte außer Frage steht, sind zur Zeitschrittweitensteuerung Erfahrungswerte zu nutzen. Die Steuerung nach vorgegebenen maximalen Differenzen der Lösungen zweier benachbarter Zeitschritte stellt in diesem Sinne eine brauchbare Möglichkeit dar (s. Luckner u. Schreiber [74]; Neuman u. Narasimhan [96]).

4.6. Linearisierung des Problems

Nachdem mit der Beziehung (67) das vollständig diskrete Problem vorliegt, ist nun die Frage der Abhängigkeiten der Matrizen von der Lösung selbst zu behandeln, das Gleichungssystem ist zu linearisieren. Die Linearisierung ist so zu verstehen, daß eine Bezugsbasis ψ^α $(n \leqq \alpha \leqq n+1)$ bestimmt werden muß, mit der die Matrizen berechnet werden können. Geht man von der Struktur des Systems (67) in bezug auf die zwei Zeitebenen $n+1$ und n aus, so ergeben sich im wesentlichen zwei Bestandteile, nämlich

$$A\psi^{n+1} = f - B\psi^n \tag{73}$$

mit

$$A = \Theta\, \Delta t[\boldsymbol{K}] + [\boldsymbol{C}]\,, \qquad B = (1-\Theta)\, \Delta t[\boldsymbol{K}] - [\boldsymbol{C}]\,.$$

Während A auf der $(n+1)$-Ebene berechnet werden müßte, kann B der n-Ebene zugeordnet werden, f ließe sich aus dem Mittel $\Theta f(\psi^{n+1}) + (1 - \Theta)\, f(\psi^n)$ berechnen. Abgesehen davon, daß die Lösung ψ^{n+1} noch nicht bekannt ist, führt diese Art der Linearisierung insbesondere bei mehrdimensionalen Problemen zu einem unvertretbar hohen Aufwand. Sämtliche Matrizen und Vektoren, die sich aus der Finite-element-Diskretisierung ergeben, müßten doppelt berechnet und gespeichert werden.

Aus diesem Grunde wird bei der Linearisierung ein einheitliches Bezugsniveau α $(n \leqq \alpha < n+1)$ gewählt (Zyvoloski u. Bruch [146]; Cushman u. Kirkham [24]). Die einfachste Form besteht in der expliziten Linearisierung, d. h. $\alpha = n$. Zur Berechnung der Matrizen verwendet man die Lösung des n-ten Zeitschrittes. Da in der Regel bei dieser Vorgehensweise Nachiterationen notwendig sind, wird ein einfaches Wiedereinsetzen der berechneten Iterationslösung praktiziert; die Zahl der Iterationen richtet sich meist nach einem willkürlich gewählten Abbruchfehler (s. Neuman [93]; Wilson u. a. [133]; Bruch u. Zyvoloski [10]; Lyness u. a. [76]; Argyris u. a. [2]; Luckner u. Schreiber [74]). Das wiederholte Einsetzen der Lösung zur Koeffizientenberechnung stellt eine einfache und rechentechnisch sehr günstige Variante dar, zumal nur *eine* Methode zur Lösung des linearisierten Gleichungssystems verwendet zu werden braucht.

Eine weitere Möglichkeit der Linearisierung, die sich bei quasilinearen Aufgaben des Typs (67) als günstig erwies, besteht in der Extrapolation der Bezugsbasis, $n < \alpha < n + 1$ (NEUMAN [93]; AGUIRRE-RAMIREZ u. ODEN [1]; HAYHOE [53]). Bei solchen Prädiktor-Korrektor-Verfahren werden z. B. zur Extrapolation (Prädiktorschritt) die RICHARDSON-Extrapolation, die CRANK-NICHOLSON-Extrapolation und ähnliche Formeln verwendet (DOUGLAS u. DUPONT [28]). — Hier gelangt die Formel

$$\psi^{n+1/2} = \psi^n + \frac{\Delta t_n}{2\Delta t_{n-1}} (\psi^n - \psi^{n-1}) \tag{74}$$

zur Anwendung. Nach der Berechnung der ψ^{n+1} erfolgt dann die iterative Korrektur (Korrektorschritt) mittels

$$\psi^{n+1/2} = 0{,}5\,(\psi^{n+1}_{(k)} + \psi^n)\,, \tag{75}$$

wobei k der Iterationsindex ist. Auch hier kann die Iteration nach einem vorgegebenen Abbruchfehler gesteuert werden. Vorteile der Extrapolationstechnik liegen im Effekt der Unterrelaxation, der beim CRANK-NICHOLSON-Schema zur Dämpfung der möglichen Oszillationen führt. Dafür muß jedoch die zusätzliche Speicherung der Lösung des $(n - 1)$-ten Zeitschrittes in Kauf genommen werden.

Andere Iterationsverfahren, z. B. die NEWTON-RAPHSON-Methode (s. LYNESS u. a. [76]; WILSON u. a. [133]), sind prinzipiell verwendbar, jedoch ist der damit verbundene Aufwand wesentlich höher einzuschätzen. Ein Nachteil besteht z. B. darin, daß zur Lösung der Gleichungssysteme zwei verschiedene Algorithmen nebeneinander bestehen, deren Strukturen grundverschieden sind. Außerdem ist gerade die NEWTON-RAPHSON-Methode sehr sensibel bezüglich der Startwerte für die Iteration. LYNESS u. a. [76] zeigten an einem quasilinearen Beispiel mit einer expliziten Linearisierung weitaus schnellere Konvergenz als mit dem NEWTON-RAPHSON-Verfahren. Von MUSY [84] und HORNUNG [58], [59] werden gute Ergebnisse mit diesem Verfahren erzielt.

Die Anwendung von Relaxationsverfahren zur Lösung der quasilinearen Probleme wurde von GAMBOLATI [42], [43], NARASIMHAN u. a. [86], [90] beschrieben. Es sind hierfür jedoch umfangreiche Kenntnisse und Erfahrungen nötig, da die Bestimmung der optimalen Relaxationsfaktoren ggf. mehrfach und in Abhängigkeit vom Verlauf des zu simulierenden Prozesses geschehen muß. Aus diesem Grunde sind solche Methoden bisher nur vereinzelt angewendet worden.

5. Beispiele und Ergebnisse

5.1. Lineare Wärmeströmung in einem Körper

Die horizontale lineare Wärmeströmung in einem halbunendlichen Körper, der durch die Fläche $x = 0$ begrenzt wird und in positiver x-Richtung unendlich ausgedehnt sei, kann unter bestimmten Voraussetzungen als eindimensionales Problem mit der Gleichung

$$\frac{\partial T}{\partial t} = k \frac{\partial^2 T}{\partial x^2} \tag{76}$$

formuliert werden (Carslaw u. Jaeger [14]). Mit T wird dabei die Temperatur und mit k die Wärmediffusionskonstante bezeichnet. Analog dazu läßt sich z. B. mit Gl. (76) auch eine horizontale Grundwasserströmung beschreiben, wenn man statt der Temperatur die Standrohrspiegelhöhe H und statt k den Quotienten aus Profildurchlässigkeit und Porosität, T/n_0, einsetzt (vgl. Busch u. Luckner [13]).

Für den Fall der Anfangs-Randbedingungen

$$T = 0\,, \qquad \forall x, t \leqq 0$$

und

$$T = 1\,, \qquad x = 0\,,\ t > 0$$

erhält man die exakte Lösung von (76) durch

$$T(x, t) = 1 - \frac{2}{\sqrt{\pi}} \int\limits_0^{x/\sqrt{kt}} e^{-\xi^2}\, d\xi = \operatorname{erfc}\left(\frac{x}{2\sqrt{kt}}\right)$$

(s. Carslaw u. Jaeger [14]).

Zur Berechnung der Näherungslösung wurde ein stabförmiges Rechteckgebiet $\Omega((x, z),\ x \in [0, L],\ z \in [0, h])$ gewählt (s. Abb. 5). Die Diskretisierung in Viereckelemente verschiedener Größe trägt dem Umstand Rechnung, daß auf dem Rand $x = 0$ und in seiner Umgebung infolge des Sprungs von $T = 0$ für $t = 0$ auf $T = 1$ für $t > 0$ große Potentialunterschiede auftreten

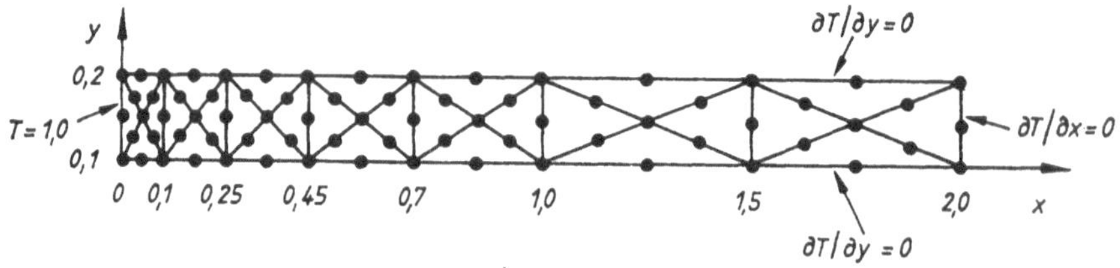

Abb. 5 Finite-element-Netz und Randbedingungen

und die Wärmefront steil verläuft. Der rechte Rand $x = L$ wurde so gewählt, daß ihn die Wärmefront im Verlaufe der Simulation nicht erreicht, d. h., es treten dort keine oder nur geringfügige Abweichungen von der Anfangstemperatur auf. Aus diesem Grunde konnte auch hier die natürliche Randbedingung vorgeschrieben werden, ohne daß es zu einer Beeinflussung der Ergebnisse führte. Auf dem oberen und dem unteren Rand wurden ebenfalls natürliche Randbedingungen angenommen, um eine rein horizontale Strömung zu gewährleisten (s. a. WILSON u. a. [132], [133]). Weiterhin wurde der Wärmediffusionskoeffizient mit $k = 1$ festgelegt.

Mit der oben beschriebenen Ortsdiskretisierung erfolgte zunächst die Testung dreier Θ-Methoden zur Zeitdiskretisierung, wobei besonderer Wert auf die Anfangsphase des Strömungsprozesses gelegt wurde (s. Abb. 6). Erwartungsgemäß verschleift die implizite Lösung zu Beginn ($t = 0{,}002$) die exakte Lösung etwas, während die CRANK-NICHOLSON-Lösung zwar die Steilheit der Kurve gut wiedergibt, jedoch niedrigere Werte liefert (vgl. DONEA [27]; WOOD u. LEWIS [136]). Ähnlich wie die implizite Lösung verhält sich in der Anfangsphase die mit linearen finiten Elementen der Zeit berechnete Lösung, sie neigt auch geringfügig zum Verschleifen.

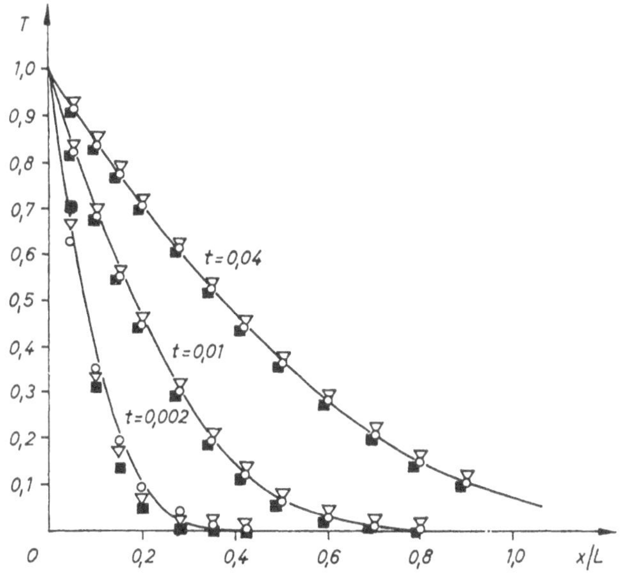

Abb. 6. GALERKIN-FEM-Lösungen mit verschiedenen Θ-Methoden; ——— analytische Lösung ($T(x, t) = \operatorname{erfc}(x/2\sqrt{t})$), ○ implizites Schema, ■ CRANK-NICHOLSON, ▽ lineare FEM der Zeit ($\Delta t = 0{,}001$)

Bereits nach 10 Zeitschritten ($t = 0{,}01$) werden die Unterschiede zwischen den verschiedenen Näherungslösungen gering, und alle liegen gut auf der exakten Lösung: Nach 40 Zeitschritten sind kaum noch Abweichungen von der exakten Lösung feststellbar, die relativen Fehler gehen unter 0,1% zurück. In Tab. 1 und 2 sind diese Abweichungen für die ersten beiden dargestellten Zeitschritte aufgezeigt.

Tabelle 1

Absoluter Fehler $d = |T_{\text{exakt}} - T_{\text{numerisch}}|$ des impliziten Schemas, $\Delta t = 0{,}001$

x	$t = 0{,}002$		$t = 0{,}01$	
	T_{exakt}	d_{implizit}	T_{exakt}	d_{implizit}
0,05	0,429195	0,061792	0,723674	0,009996
0,10	0,113486	0,005023	0,479500	0,003133
0,14	0,026857	0,001458	0,322199	0,002948
0,21	0,000898	0,000126	0,137563	0,008385
0,25	0,000077	0,000038	0,077099	0,000270
0,30	–	–	0,033895	0,003568
0,35	–	–	0,013328	0,003328
0,40	–	–	0,004677	0,001939

Tabelle 2

Absoluter Fehler des Crank-Nicholson-Schemas, $\Delta t = 0{,}001$

x	$t = 0{,}002$		$t = 0{,}01$	
	T_{exakt}	$d_{\text{Crank-N.}}$	T_{exakt}	$d_{\text{Crank-N.}}$
0,05	0,429195	0,090572	0,723674	0,007832
0,10	0,113486	0,005253	0,479500	0,004392
0,14	0,026857	0,001946	0,322199	0,003377
0,21	0,000898	0,000105	0,137563	0,002281
0,25	0,000077	0,000042	0,077099	0,001922
0,30	–	–	0,033895	0,003996
0,35	–	–	0,013328	0,002631
0,40	–	–	0,004677	0,001280

Um die Auswirkungen des „mass lumping" auf die Genauigkeit der Näherungslösung zu testen, wurden mit einem Lumping-Schema (s. Anhang B) zum obigen Beispiel analoge Rechnungen durchgeführt. Orts- und Zeitdiskretisierung blieben unverändert, die Ergebnisse sind in Abb. 7 dargestellt; sie liegen im selben Genauigkeitsbereich wie die der „consistent mass matrix"-Varianten (vgl. dazu Tab. 3), wobei lediglich die ersten Zeitschritte etwas geringere Fehler aufweisen.

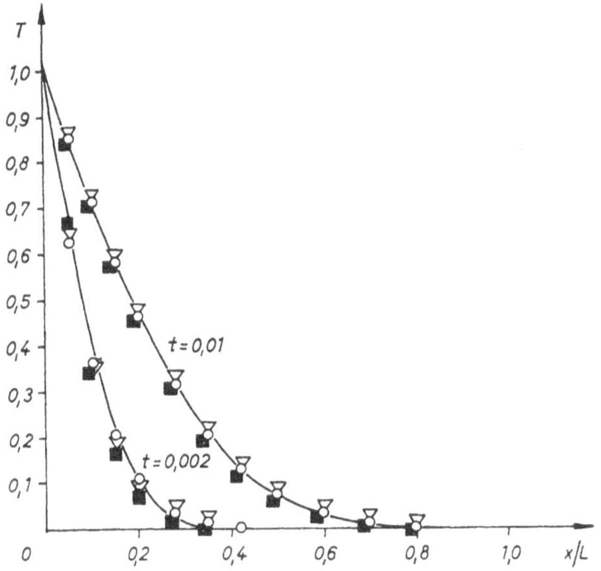

Abb. 7. FEM-Lösungen mit „mass lumping"-Schema für die Kapazitätsmatrix; Bezeichnungen s. Abb. 6

TABELLE 3

Absolute Fehler des impliziten und des CRANK-NICHOLSON-Schemas mit „mass lumping"-Variante

x	$t = 0{,}002$		$t = 0{,}01$	
	d^*_{implizit}	$d^*_{\text{CRANK-N.}}$	d^*_{implizit}	$d^*_{\text{CRANK-N.}}$
0,05	0,053 420	0,075 093	0,009 893	0,007 902
0,10	0,003 323	0,004 697	0,004 159	0,006 923
0,14	0,001 306	0,001 364	0,005 574	0,006 013
0,21	0,000 189	0,000 103	0,007 003	0,005 276
0,25	0,000 062	0,000 049	0,001 014	0,001 882
0,30	–	–	0,003 147	0,004 298
0,35	–	–	0,002 504	0,002 050
0,40	–	–	0,002 152	0,001 027

Um die Genauigkeit der Näherungslösung in den ersten Zeitschritten noch zu erhöhen, wurde folgende Vorgehensweise eingeschlagen: Die ersten vier Zeitschritte wurden sehr klein gewählt ($\Delta t = 0{,}00025$) und mit dem impliziten Schema gerechnet. Dadurch ist zunächst eine stabile und oszillationsfreie Lösung garantiert. Dann konnten die Zeitschritte vergrößert werden,

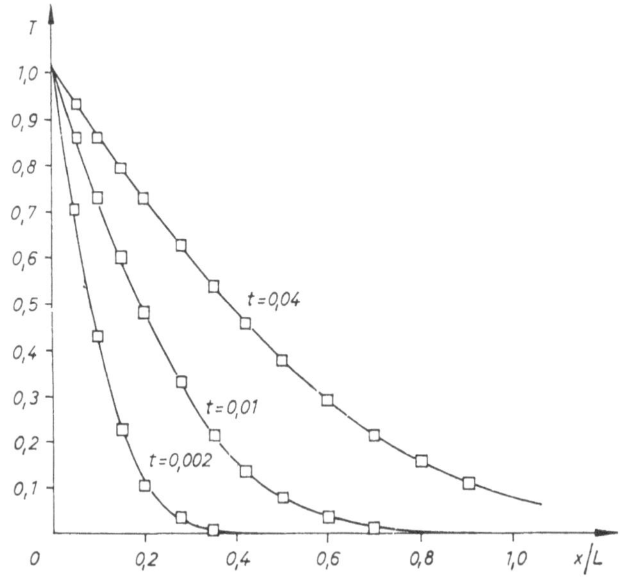

Abb. 8. FEM-Lösungen mit implizitem und Crank-Nicholoon-Schema (Umschalten nach 4 Zeitschritten); ——— analytische Lösung, □ Galerkin-Lösung; $\Delta t = 2{,}5 - 0{,}4\ (4\Delta t),\ \Theta = 1;\ \Delta t = 1{,}0 - 0{,}3,\ \Theta = 1/2$

Tabelle 4

Absoluter Fehler der FEM-Lösung mit implizitem und Crank-Nicholson-Schema (Umschalten nach 4 Zeitschritten)

x	$t = 0{,}002$		$t = 0{,}01$	
	T_{exakt}	d	T_{exakt}	d
0,025	0,692 633	0,008 005	0,859 684	0,000 138
0,05	0,429 195	0,001 657	0,723 674	0,000 126
0,075	0,235 679	0,009 913	0,595 883	0,000 350
0,1	0,113 486	0,003 678	0,479 500	0,000 076
0,137	0,029700	0,000 173	0,330 915	0,000 219
0,175	0,005 657	0,001 433	0,215 925	0,000 277
0,215	0,000 779	0,001 847	0,132 942	0,000 821
0,25	–	–	0,077 099	0,000 351
0,3	–	–	0,033 895	0,000 407
0,35	–	–	0,013 328	0,000 339
0,4	–	–	0,004 677	0,000 021
0,45	–	–	0,001 463	0,000 018

z. B. $\Delta t = 0{,}001$, und die weitere Berechnung geschah mit dem CRANK-NICHOLSON-Schema. Auf diese Weise ließ sich der Fehler der Finite-element-Lösung wesentlich verringern (s. Abb. 8 und Tab. 4).

Wie z. B. auch von DONEA [27] und ARGYRIS u. a. [2] nachgewiesen wird, liefert das Schema der linearen finiten Elemente der Zeit ($\Theta = 2/3$) in der Anfangsphase geringere Fehler als das implizite oder das CRANK-NICHOLSON-Schema, jedoch lassen sich diese mit Hilfe der hier verwendeten Umschalttechnik bei sukzessiver Vergrößerung der Zeitschritte noch um weitere 40 bis 50% verringern. In Tab. 5 werden zusammenfassend relative Fehler der un-

TABELLE 5

Vergleich der relativen Fehler verschiedener FEM-Lösungen

Lösungsverfahren	x	d [%]	
		$t = 0{,}002$	$t = 0{,}01$
Implizit ($\Theta = 1$) (s. Tab. 1)	0,05	14,3	1,4
	0,1	4,4	0,6
	0,3	—	10,2
CRANK-NICHOLSON ($\Theta = 0{,}5$)	0,05	21,1	1,1
(s. Tab. 2)	0,1	4,6	0,9
	0,3	—	11,8
Implizit ($\Theta = 1$)	0,05	12,4	1,4
(lumping)	0,1	2,9	0,9
(s. Tab. 3)	0,3	—	9,0
CRANK-NICHOLSON ($\Theta = 0{,}5$)	0,05	17,4	1,1
(lumping)	0,1	4,1	1,4
(s. Tab. 3)	0,3	—	12,6
Implizit/CRANK-NICHOLSON	0,025	1,2	0,01
(s. Tab. 4)	0,05	1,0	0,01
	0,075	4,2	0,05
	0,1	3,6	0,02
	0,3	—	1,2

terschiedlichen Näherungslösungen angegeben. Während bei ARGYRIS u. a. [2] ein durchschnittlicher relativer Fehler von 1,2% für das Schema mit $\Theta = 2/3$ angegeben wird ($x = 0{,}025$), liegt der der hier präsentierten Lösung bei 0,6%. Die Rechenzeiten für das lineare Problem betrugen bei 73 Knoten, einer Bandweite von 13 und 40 Zeitschritten 96 s CPT für das implizite Schema, 103 s CPT für das FEM-Schema der Zeit und 98 s CPT für das CRANK-NICHOLSON-Verfahren (zum Vergleich bei ARGYRIS u. a. [2] 35,8, 40,6 und 37,2 s CPT mit 103 Knoten und 10 Zeitschritten).

Um die Bedingung zur Gewährung oszillationsfreier Lösungen zu überprüfen, wurden die Eigenwerte des Systems berechnet. Dabei ergaben sich die Beziehungen

$$\lambda_{\max} = \frac{\lambda^K_{\max}}{\lambda^C_{\min}} = \frac{9{,}538555}{1{,}341456 \cdot 10^{-4}} = 7{,}1108 \cdot 10^4 \,,$$

$$\lambda_{\min} = \frac{\lambda^K_{\min}}{\lambda^C_{\max}} = \frac{2{,}394271 \cdot 10^{-3}}{1{,}000000} = 2{,}3942 \cdot 10^{-3} \,,$$

wobei λ^K die Eigenwerte der Steifigkeitsmatrix und λ^C die Eigenwerte der Kapazitätsmatrix (consistent) bedeuten (vgl. Argyris u. a. [2]). Der Quotient aus maximalem und minimalem Eigenwert beträgt demzufolge

$$\lambda_{\max}/\lambda_{\min} \sim 2{,}9 \cdot 10^{-7}$$

und kennzeichnet die Steifigkeit des Systems.

Die oberen Grenzen der Zeitschritte können auch nach (71) berechnet werden und liegen für $\Theta = 1/2$ mit der Annahme $\lambda \to \lambda_{\max}$ bei $\Delta t < 2{,}8 - 0{,}5$, mit $\lambda \to \lambda_{\min}$ erhält man $\Delta t < 8{,}3 \cdot 10^2$. Wie die eigenen Rechnungen zeigten, liefert die erste Annahme zu scharfe Beschränkungen, während die zweite praktisch unbrauchbar ist, denn bereits bei einem Test mit $\Delta t = 10{,}0$ oszillierte die Lösung.

Eine Abschätzung des maximalen Eigenwertes bei Lumping-Schemata (s. Anhang B, f) ergab die Beziehung

$$\lambda_{\max} \leqq 12\,(h^2/\Delta^2)\,,$$

wobei h die charakteristische Seitenlänge der Elemente und Δ die Elementfläche bedeuten. Mit Hilfe dieser Abschätzung wurde $\lambda_{\max} \leqq 1{,}2 \cdot 10^5$ berechnet, ein dem oben berechneten Wert recht nahe kommendes Ergebnis.

Die von einigen Autoren (z. B. Emery u. Carson [32]; Fuji [41]) nachgewiesenen Vorteile der Lumping-Schemata bei der Verwendung linearer Elemente (weniger restriktiv bezüglich Δt bei Stabilitäts- und Oszillationsbedingungen) können hier bei der Diskretisierung mit quadratischen Elementen, also einer höheren Approximationsgenauigkeit, nicht nachgewiesen werden. Vermutungen von Fuji [41] wurden somit bestätigt (vgl. auch Chung [20]).

Abschließend kann festgestellt werden, daß die FEM-Lösung dieser linearen Aufgabe sowohl hinsichtlich der Genauigkeit als auch in bezug auf Stabilität und Oszillationsfreiheit bei extremer Steifigkeit des Systems sehr gute Qualität aufweist und z. T. aus der Literatur bekannte Ergebnisse übertrifft (vgl. dazu Donea [27]; Wilson u. a. [133]; Argyris u. a. [2]; Bui u. Bui [12]). Hinsichtlich der Rechenzeit wurden international übliche Werte bestätigt.

5.2. Horizontale Infiltration in einen homogenen Boden

Als eine Fortsetzung zum vorangegangenen Beispiel wurde hier ein eindimensionales nichtlineares Problem untersucht, dessen Parameter experimentell bestimmt wurden und bei dem gute Vergleichsmöglichkeiten mit einer quasianalytischen und verschiedenen numerischen Lösungen bestehen (s. REICHARDT u. a. [110]; PHILIP u. KNIGHT [105]; HAYHOE [53]).

Außerdem ist die Simulation scharfer Feuchtefronten, wie sie sich bei der Infiltration in trockene Böden herausbilden, eine wichtige und interessante Aufgabe, da an die Näherungsmethode bezüglich der Genauigkeit und der Stabilität hohe Anforderungen gestellt werden. Für dieses Beispiel wurde die Diffusivitätsform der Strömungsgleichung (25) gewählt, da sich alle Vergleichslösungen, insbesondere die quasianalytische, stets auf diese Gleichung beziehen. An dieser Stelle sei angemerkt, daß die Vorgabe der Koeffizienten der Gleichung in Form analytischer Funktionen eine wesentliche Bedingung zum Erzielen von hoher Genauigkeit, Glattheit und Stabilität der Näherungslösung ist (vgl. such HANTKE [52]).

Die horizontale Infiltration in einen homogenen halbunendlichen Bodenkörper mit einem Anfangswassergehalt Θ_0 kann durch folgendes nichtlineares Anfangswert-Randwert-Problem beschrieben werden:

$$\left.\begin{aligned} \frac{\partial}{\partial x}\left(D(\Theta)\,\frac{\partial\Theta}{\partial x}\right) = \frac{\partial\Theta}{\partial t}\,, &\qquad x \geqq 0\,, \qquad t \geqq 0\,;\\ \Theta = \Theta_0\,, &\qquad x \geqq 0\,, \qquad t = 0\,;\\ \Theta = \Theta_1\,, &\qquad x = 0\,, \qquad t > 0 \end{aligned}\right\} \tag{77}$$

(s. a. PHILIP [102]). Wird zur Lösung von (77) wieder ein Gebiet Ω wie im Beispiel 5.1 definiert, dann kann durch die Einführung von normierten Größen

$$x^* = x/L\,, \qquad \Theta^* = (\Theta_0 - \Theta)/(\Theta_1 - \Theta_0) \tag{78}$$

das Problem auch so formuliert werden:

$$\left.\begin{aligned} \frac{\partial}{\partial x^*}\left(D(\Theta^*)\,\frac{\partial\Theta^*}{\partial x^*}\right) = \frac{\partial\Theta^*}{\partial t}\,, &\qquad 0 \leqq x^* \leqq 1\,, \qquad t \geqq 0\,;\\ \Theta^* = 0\,, &\qquad 0 \leqq x^* \leqq 1\,, \qquad t = 0\,;\\ \Theta^* = 1\,, &\qquad x^* = 0\,, \qquad t > 0\,. \end{aligned}\right\} \tag{79}$$

Der rechte Rand des Gebietes $x = L$ muß dabei wieder so gewählt werden, daß ihn die Feuchtefront im Verlaufe der Simulation nicht erreicht.

REICHARDT u. a. [110] führten Infiltrationsexperimente mit acht verschie-Denen Bodenarten durch, wobei auch die analytischen Ausdrücke für die diffusivitätsfunktionen ermittelt wurden. Unter Zugrundelegung eines

Parametermodells in Gestalt einer Exponentialfunktion erhielten sie für die Bodenart „Hanford sandy loam" die Diffusivität in der Form

$$D(\Theta^*) = D_0 e^{\beta\Theta^*} \quad \text{mit} \quad D_0 = 0{,}9 \cdot 10^{-3}\,, \qquad \beta = 8{,}36. \tag{80}$$

Das Problem (77) bzw. (79) ist mit einer quasianalytischen Technik von PHILIP u. KNIGHT [105] lösbar. Diese Methode besteht darin, daß zunächst die Verteilung der Lösung vorgegeben und dann mittels eines Iterationsprozesses die zu dieser Verteilung gehörende räumliche Ausdehnung berechnet wird. Dazu ist u. a. die Anwendung der BOLTZMANN-Transformation ($\Phi = xt^{1/2}$) notwendig. Für das hier zu betrachtende Beispiel wurde die quasianalytische Lösung von HAYHOE [53] berechnet und graphisch dargestellt. Sie bildet die Vergleichsbasis für die FEM-Näherungslösung.

Im Unterschied zur linearen Aufgabe 5.1 wurde die Ortsdiskretisierung des Gebietes Ω hier mit Elementen gleicher Größe ($\Delta x = 1{,}0,\ 1{,}66$) durchgeführt (s. Abb. 9), da die Feuchtefront fast unverändert steil das gesamte Gebiet durchläuft und ihre Ausdehnung sich nicht auf die Nähe des Randes $x^* = 0$ beschränkt. Abb. 9 zeigt die FEM-Lösung mit einem impliziten Zeitdiskretisierungsschema, das erwartungsgemäß stabil und oszillationsfrei arbeitet, aber die scharfe Front verschleift.

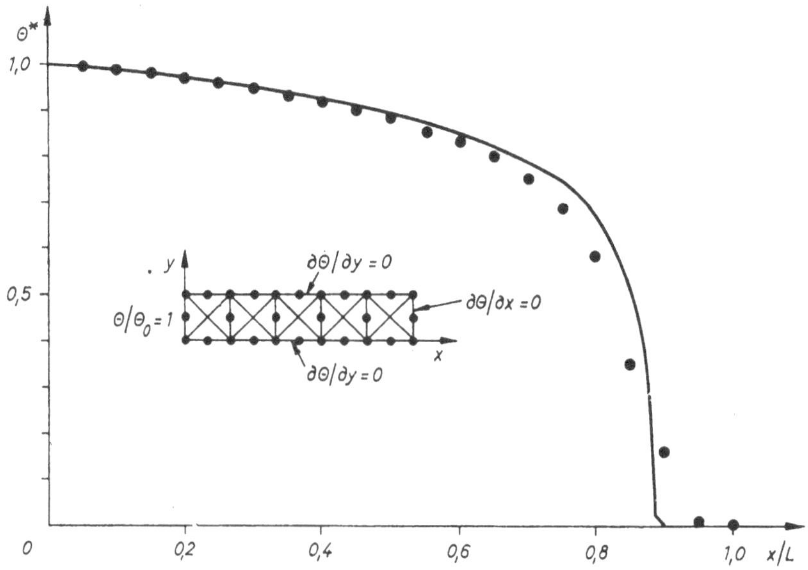

Abb. 9. FEM-Lösungen für das Bodenfeuchteprofil bei $t = 16{,}5$ min, $\Delta x = 1{,}0$, $\Delta t = 1{,}0$; ——— analytische Lösung, ● GALERKIN-Lösung

Um diesen Nachteil auszugleichen, wurde eine zweite Variante mit der im vorigen Abschnitt beschriebenen Umschalttechnik für die Zeitintegration gerechnet. Das Ergebnis ist in Abb. 10 dargestellt. Zum Vergleich ist wie auch in Abb. 9 die analytische Lösung und zusätzlich eine mit eindimensionalen linearen Elementen erzielte GALERKIN-FEM-Lösung eingezeichnet. Letztere wurde von HAYHOE [53] berechnet, und zwar mit $\Delta x = 0{,}65$, $\Delta t = 0{,}1$. Deutlich ist hier im Vergleich zur impliziten Lösung die bessere Approximation der Front zu bemerken. Gegenüber der linearen FEM-Lösung bietet die hier präsentierte quadratische Variante ebenfalls eine höhere Genauigkeit bei größerem Netzabstand. Die an das Verfahren gestellten Erwartungen hinsichtlich seiner Eignung für nichtlineare Aufgaben wurden somit erfüllt.

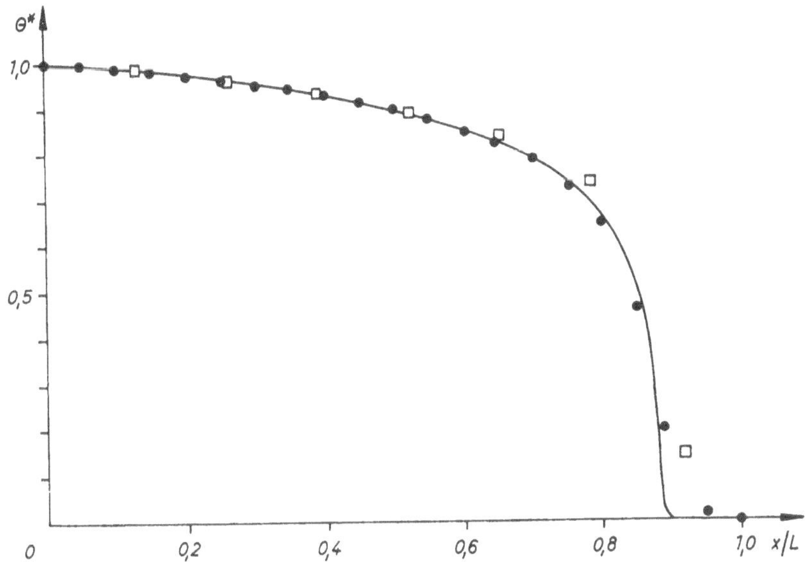

Abb. 10. FEM-Lösungen für das Bodenfeuchteprofil bei $t = 16{,}5$ min, $\Delta x = 1{,}0$, $\Delta t_1 = 0{,}5$, $\Delta t_2 = 1{,}0$; ——— analytische Lösung, ● GALERKIN-Lösung, □ HAYHOE [53]

Die von HAYHOE mit dem vorliegenden Problem getesteten Differenzen- und Finite-element-Methoden wurden von ihm zusätzlich einer Zeit- und Ortsschrittoptimierung unterzogen. Zielkriterien bildeten einerseits die Rechenzeit (CPT) und andererseits ein maximal zulässiger relativer Fehler von 5%. Da HAYHOE eindimensionale Elemente verwendete, waren die

Rechenzeiten zumeist geringer als bei der hier präsentierten Methode, die Fehlergrenze von 5% wird mit der vom Verfasser vorgelegten FEM jedoch ebenfalls unterschritten.

TABELLE 6

Netzkonstanten und Rechenzeit verschiedener Näherungsmethoden bei max. 5% Fehler (* Angaben s. HAYHOE [53])

Methode	Δx [cm]	Δt [min]	CPT (je Knoten) [s]
Quadratische GALERKIN-FEM	1,00	1,00	2,9
Quadratische GALERKIN-FEM	1,6$\bar{6}$	1,00	2,7
Finite Differenzen* (Standard)	0,10	0,05	(25,2)
Finite Differenzen* (modifiziert)	0,50	0,33	(1,0)[1])
Lineare GALERKIN-FEM*	0,65	0,33	(1,0)
Kubische GALERKIN-FEM* (HERMITEsche Elemente)	0,75	0,13	(17,7)

[1]) Relativ, bezogen auf das schnellste Verfahren

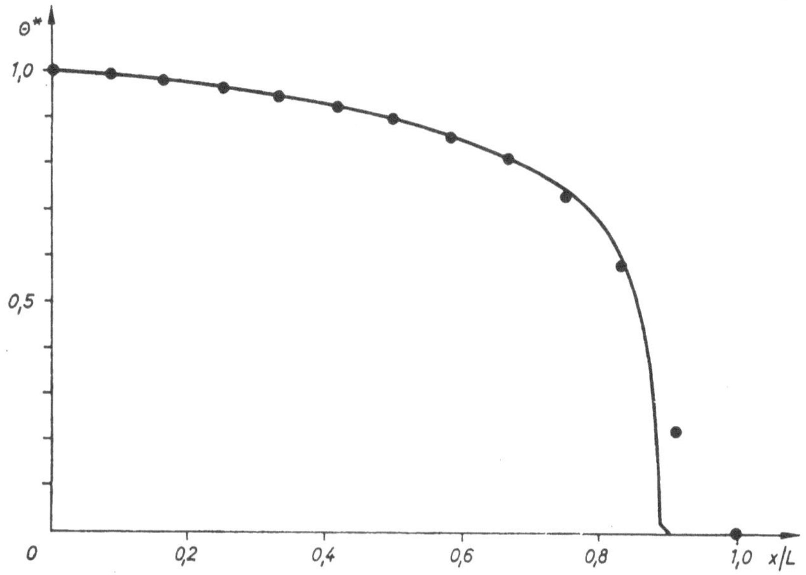

Abb. 11. FEM-Lösungen für das Bodenfeuchteprofil bei $t = 16{,}5$ min, $\Delta x = 1{,}66$, $\Delta t_1 = 0{,}5$, $\Delta t_2 = 1{,}0$; ——— analytische Lösung, ● GALERKIN-Lösung

In Tab. 6 sind noch einmal die Zeit- und Ortsschritte sowie die Rechenzeiten für die FEM-Lösungen zusammengestellt, als Vergleich dazu einige Angaben zu den oben zitierten Verfahren. Die mit größeren Elementen, also weniger Knoten erhaltene FEM-Lösung ($\Delta x = 1{,}6\bar{6}$) ist in Abb. 11 aufgezeigt, auch sie liegt noch im angegebenen Toleranzbereich. Während für das reine implizite Schema durchschnittlich 2—3 Iterationen je Zeitschritt notwendig waren, ergaben sich beim gemischten Verfahren maximal 2 Iterationen. Nach 4—5 Zeitschritten reichte sogar eine Iteration aus, um eine Fehlergrenze von $\varepsilon = 0{,}004$ zu unterschreiten. Auch das zeigt die Brauchbarkeit und Qualität der hier angewendeten FEM für das betrachtete nichtlineare Infiltrationsproblem.

5.3. Zweidimensionale Strömung im homogenen Boden am Beispiel von Infiltrationsproblemen

Um die Ausbildung und Bewegung einer Feuchtefront in einem trockenen Boden auch im zweidimensionalen vertikal-ebenen Fall zu simulieren, wurden zunächst zwei entsprechende Aufgaben mit der Strömungsgleichung (25) gerechnet. Die Vorlage dieser Beispiele sowie Ergebnisse, die mit anderen Näherungsmethoden erhalten wurden und eine gute Vergleichsmöglichkeit bieten, fanden sich bei SELIM u. KIRKHAM [120] und BRUCH [8].

Betrachtet man analog zum Beispiel 5.2 die Infiltration in einen homogenen isotropen Boden, jedoch diesmal als vertikal-ebenes Problem, dann erhält man die Strömungsgleichung

$$\frac{\partial}{\partial x}\left(D(\Theta)\,\frac{\partial \Theta}{\partial x}\right) + \frac{\partial}{\partial z}\left(D(\Theta)\,\frac{\partial \Theta}{\partial z} + K(\Theta)\right) = \frac{\partial \Theta}{\partial t} \tag{81}$$

(s. a. BOUWER [5]; CHILDS [18]). Die Anfangsbedingung lautet wieder

$$\Theta = \Theta_0\,, \qquad t = 0\,, \qquad x, z \in \Omega\,, \tag{82}$$

wobei Θ_0 der Anfangswassergehalt des Bodens ist.

Je nach Gehalt des Gebietes Ω können die Randbedingungen formuliert werden. Entsprechend dem von BRUCH [8] untersuchten Fall wurde ein Gebiet $\Omega(x, z)$ mit der in Abb. 12 dargestellten Geometrie verwendet. Die Infiltration in dieses am Rand $\overline{ED}$ von einer undurchlässigen Schicht begrenzte Gebiet erfolgt über einen Graben $\overline{BC}$. An allen anderen Randabschnitten werden natürliche Randbedingungen vorgegeben. Damit lauten die Randbedingungen des Problems:

$$\left.\begin{aligned} \Theta &= \Theta_s\,, && \forall\, x, z \text{ auf } \overline{BC}\,;\\ D(\Theta)\frac{\partial\Theta}{\partial x}\,l_x &= 0\,, && \forall\, x, z \text{ auf } \overline{AE} \text{ und } \overline{CD}\,;\\ \left(D(\Theta)\frac{\partial\Theta}{\partial z} + K(\Theta)\right)l_z &= 0\,, && \forall\, x, z \text{ auf } \overline{AB} \text{ und } \overline{DE'}\,, \end{aligned}\right\} \tag{83}$$

wobei l_x und l_z die Richtungskosinus der Normalen sind. Die Bodenart ist „Pachappa loam soil", und die Koeffizientenfunktionen werden von BRUCH [8] wie folgt vorgegeben:

$$\left.\begin{aligned} D(\Theta) &= 1{,}25\cdot 10^{-3}\, e^{27{,}8\,\Theta} && [\mathrm{cm}^2/\mathrm{min}]\,,\\ K(\Theta) &= 6{,}25\cdot 10^{-3}\left(\frac{\Theta - 0{,}04}{0{,}33 - 0{,}04}\right)^6 && [\mathrm{cm}/\mathrm{min}]\,. \end{aligned}\right\} \tag{84}$$

Der Wassergehalt bei Sättigung beträgt $\Theta_s = 0{,}33$, der Anfangswassergehalt liegt bei $\Theta_0 = 0{,}10$.

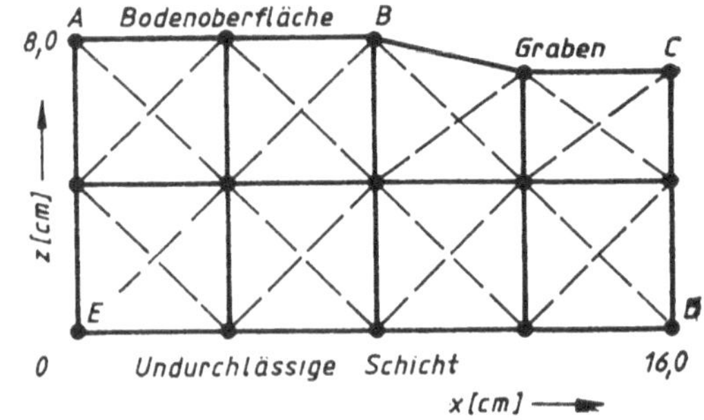

Abb. 12. Strömungsgebiet und FEM-Netz für Infiltration in „Pachappa loam soil"

Die Finite-element-Diskretisierung (s. Abb. 12) für dieses Beispiel erfolgte mit 8 Viereck- bzw. 32 Dreieckelementen. Somit ergab sich eine Gesamtknotenzahl von 77, bei Anwendung der „static condensation"-Technik reduzierte sich die Zahl auf 37. Das FEM-Modell konnte wiederum leicht aus dem für Beispiel 5.2 verwendeten erzeugt werden, da nur die vertikale Richtung hinzuzunehmen war. Dabei ergab sich auch analog zu (58) der Aufbau eines Vektors zur Berücksichtigung der Schwerkraftwirkung. Die Approximation des Wassergehaltes Θ erfolgte durch quadratische, die der Koeffizienten durch lineare Basisfunktionen über den endlichen Elementen.

Abb. 13a, b zeigt den Verlauf der Äquipotentiallinien (Linien gleichen Wassergehalts) für zwei verschiedene Zeitpunkte. Zum Vergleich sind die Ergebnisse von BRUCH [8] eingetragen. Er verwendete ebenfalls eine GA-

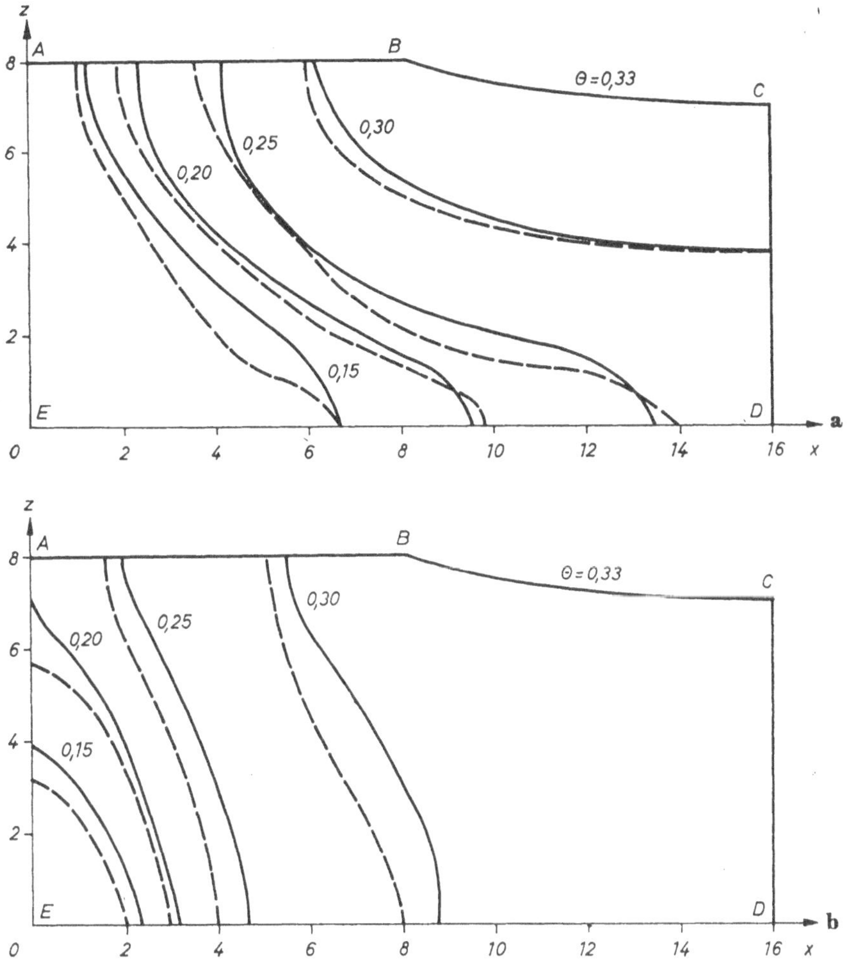

Abb. 13. FEM-Lösungen für Bodenfeuchteverteilung zur Zeit $t = 10$ min (**a**) und $t = 20$ min (**b**); — — — BRUCH [8], ——— GALERKIN-FEM (präs.)

LERKIN-FEM mit quadratischer Interpolation von Θ und linearer Interpolation von D und K. Die Feuchtefront (dargestellt hier durch die ausgewählten Äquipotentiallinien $\Theta = 0{,}15$, $0{,}20$, $0{,}25$, $0{,}30$) bewegt sich in den ersten Zeitschritten auf Grund der Schwerkraftwirkung in vertikaler Richtung nach unten. Nach Sättigung der direkt unter dem Graben gelegenen Zone erfolgt dann eine vorwiegend horizontale Ausbreitung (vgl. auch BRUCE u. WHISLER [7]; HILLEL u. TALPAZ [56]).

Im Vergleich zu der von Bruch [8] demonstrierten Lösung erscheint die vom Verfasser gewählte Variante für die ersten Zeitschritte günstiger (s. Abb. 13a), die Lösung ist glatter. Der Grund dafür ist bei der engeren Ortsdiskretisierung (Bruch verwendete nur 32 Knoten) und der Anwendung der Umschalttechnik zur Zeitdiskretisierung zu suchen. Während Bruch von Anfang an ein Crank-Nicholson-Schema zur Zeitintegration benutzt und durchschnittlich je Zeitschritt 3,6mal iterieren muß, werden bei der hier präsentierten Lösung die Zeitschritte von anfangs 0,4 min auf 1,0 min erhöht, und es sind maximal 2 Iterationen je Δt nötig. Zur Erklärung der Differenzen zwischen beiden Lösungen zur Zeit $t = 20$ min bedarf es weiterer detaillierter Untersuchungen, die im Anschluß an diese Arbeit durchgeführt werden müssen.

Auf Grund ihrer Glattheit und der schnellen Konvergenz beim Iterationsprozeß zeigt die Lösung dieses Problems, daß die angewendete FEM für Aufgaben dieser Art sehr gut geeignet ist. Ein Vergleich der Rechenzeiten für dieses erste Beispiel bestätigt das: Bei 77 Knoten betrug die Rechenzeit je Zeitschritt 7,14 s CPT (0,09 s je Knoten), vergleichsweise benötigte Bruch bei 32 Knoten 3,49 s CPT (0,12 s je Knoten).

Ein weiteres Beispiel für das Infiltrationsproblem (81)—(83) mit einer etwas veränderten Geometrie wird von Selim u. Kirkham [120] behandelt. Dabei ist vor allem das Strömungsgebiet räumlich weiter ausgedehnt und rückt so in die Nähe der für praktische Belange zutreffenden Dimensionen (s. Abb. 14). Im Unterschied zum vorigen Beispiel erfolgt hier die Infiltration nur längs des Randabschnittes $\overline{CD}$. Alle anderen Ränder werden wieder mit natürlichen Randbedingungen belegt.

Die Koeffizientenfunktionen für D und K wurden für die Bodenart „Ida silt loam" von Green u. a. [49] ermittelt:

$$\left.\begin{aligned} D(\Theta) &= 3{,}33 \cdot 10^{-5}\, e^{29{,}34\,\Theta} \quad [\mathrm{cm}^2/\mathrm{min}]\,, \\ K(\Theta) &= 3{,}33 \cdot 10^{-13}\, e^{54{,}11\,\Theta} \quad [\mathrm{cm}/\mathrm{min}]\,. \end{aligned}\right\} \tag{85}$$

Der Anfangswassergehalt im gesamten Strömungsgebiet beträgt $\Theta_0 = 0{,}20$, auf $\overline{CD}$ wird $\Theta_s = 0{,}50$ vorgeschrieben.

Während zuvor die vertikale und die horizontale Bewegung der Feuchtefront aufgezeigt werden konnten, kam es bei diesem Beispiel zusätzlich auf die Simulation der Kapillarwirkung im Bereich oberhalb der Grabensohle an. Abb. 15 zeigt wiederum Äquipotentiallinien zu den Zeitpunkten $t = 10$ min und $t = 50$ min. Deutlich ist auch hier die Zweidimensionalität des Infiltrationsprozesses zu bemerken, wobei die vertikale Bewegung infolge der zusätzlichen Schwerkraftwirkung dominiert. Der kapillare Aufstieg entlang des Grabenrandes $\overline{BC}$ ist ebenfalls gut ausgeprägt. Diese hori-

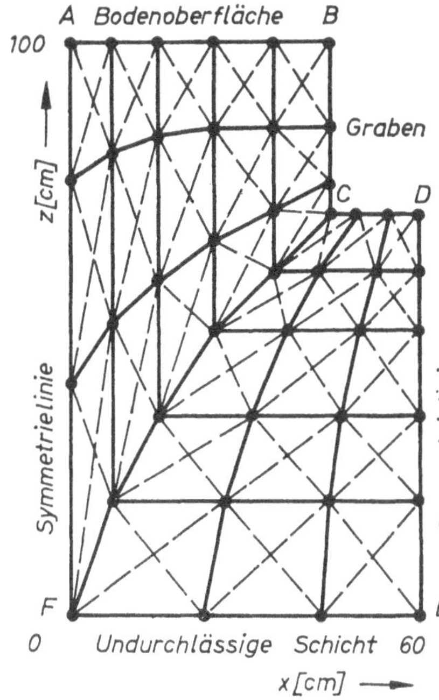

Abb. 14. Schema des Strömungsgebietes (symm.) für Grabeninfiltration (vgl. SELIM u. KIRKHAM [120])

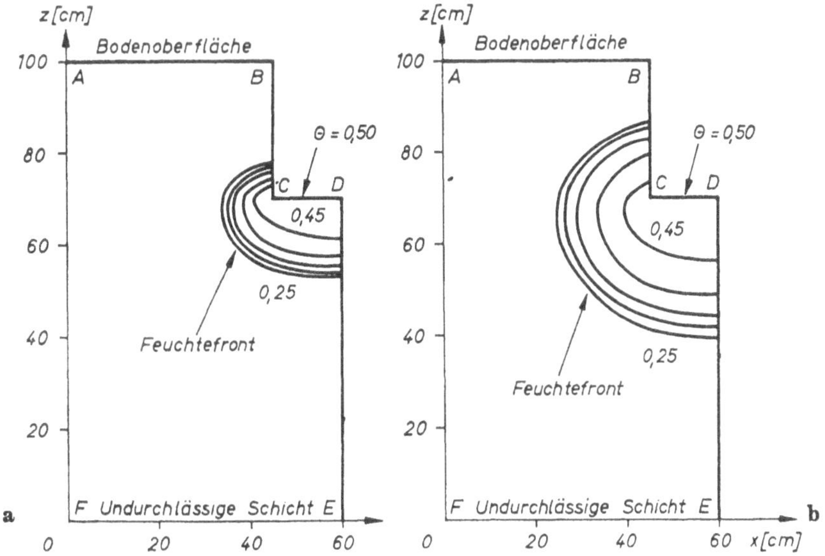

Abb. 15. Bodenfeuchteverteilungen zur Zeit $t = 10$ min (a) und $t = 50$ min (b)

zontal auf den Rand $\overline{BC}$ stoßenden Linien sind in Experimenten von TOKSÖZ u. a. [123] bei ähnlicher Abmessung des Strömungsgebietes gefunden worden.

Gemessen an der Ausdehnung der Feuchtefront, stimmen die hier aufgezeigten Ergebnisse sehr gut mit denen von SELIM u. KIRKHAM [120] überein. Während diese jedoch für die Differenzenmethode mit Schrittweiten von $\Delta x = \Delta z = 2$ cm und $\Delta t = 0{,}2$ min operierten und somit zu sehr großen Gleichungssystemen kamen, waren bei der FEM eine Knotenanzahl von 213 (93 bei „static condensation") und Zeitschritte von 1,0 min und 5,0 min ausreichend. Dabei waren maximal zwei Iterationen je Zeitschritt notwendig.

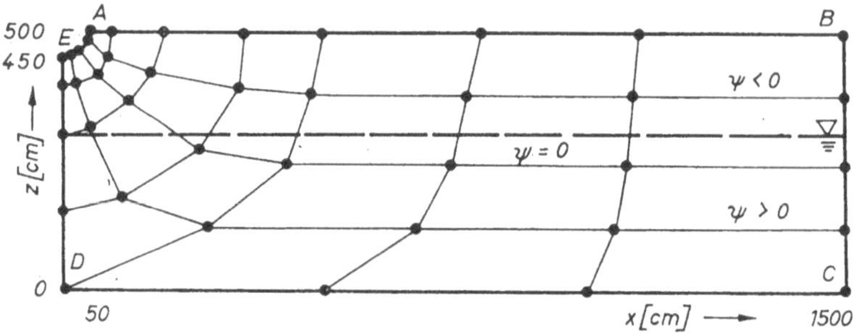

Abb. 16. Schematisiertes Strömungsgebiet für gesättigte/ungesättigte Bodenwasserbewegung

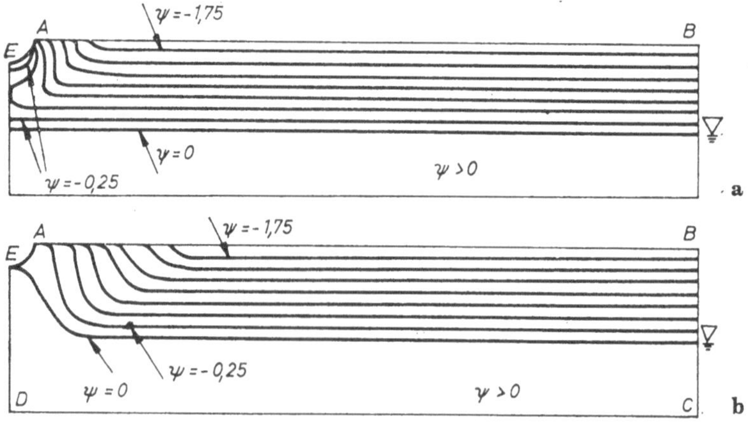

Abb. 17. Feuchtefronten und Äquipotentiallinien für die Saugspannung bei $t = 36$ min (**a**) und $t = 300$ min (**b**)

Nachdem die eben behandelten Aufgaben Beispiele für eine reine ungesättigte Strömung darstellen, soll am Schluß dieses Abschnittes ein Infiltrationsproblem mit der Strömungsgleichung (26a) gerechnet werden. Dabei wird, ausgehend von einem Gebiet mit horizontaler Ausdehnung von 15 m und vertikaler Ausdehnung von 5 m entlang eines Grabens, durch die Bedingung $\psi = 0$ eine Infiltrationswirkung erzeugt. Da in diesem Gebiet weiterhin ein Grundwasserstand von 2 m unter Bodenoberfläche angenommen wird, ist eine gesättigte/ungesättigte Strömung zu simulieren (s. Abb. 16). Die relativ grobe Diskretisierung erscheint gerechtfertigt, da dieses Beispiel nur demonstrativen Charakter haben soll.

Für die Strömungsgleichung (26a) wurden die folgenden Anfangs- und Randbedingungen betrachtet:

$$\psi_0 = 300 - z\,(H = 300)\,, \qquad x, z \in \Omega, t = 0\;; \tag{86a}$$

$$\psi_s = 0\,, \qquad x, z \text{ auf } \overline{EA}, t < 0\;; \tag{86b}$$

$$K(\psi)\frac{\partial \psi}{\partial x} l_x = 0\,, \qquad x, z \text{ auf } \overline{ED} \text{ und } \overline{BC} \text{ oberhalb der Linie } \psi = 0\;; \tag{86c}$$

$$\left(K(\psi)\frac{\partial \psi}{\partial z} + K(\psi)\right) l_z = 0\,, \qquad x, z \text{ auf } \overline{AB} \text{ und } \overline{DC}\;; \tag{86d}$$

$$\psi = \psi_0\,, \qquad x, z \text{ auf } \overline{BC} \text{ unterhalb der Linie } \psi = 0\,. \tag{86e}$$

Als Bodenart für dieses Beispiel wählte der Verfasser den von VACHAUD u. a. [126] für ein ähnlich angelegtes Experiment verwendeten Feinsand mit den Koeffizientenfunktionen $K(\psi)$ [cm/h] und $\Theta(\psi)$ [cm^3/cm^3] in der Gestalt

$$\left.\begin{aligned} K(\psi) &= K_s \frac{A}{A + |\psi|^B} \qquad (A = 359\,720{,}49,\quad B = 4{,}5)\;;\\ \Theta(\psi) &= \Theta_s \frac{\alpha}{\alpha + |\psi|^\beta} \qquad (\alpha = 40000,\qquad \beta = 2{,}9)\,. \end{aligned}\right\} \tag{87}$$

Die Leitfähigkeit des gesättigten isotropen Mediums beträgt dabei $K_s = 40$ cm/h, der Wassergehalt bei Sättigung $\Theta_s = 0{,}3$ cm^3/cm^3. Aus der Sättigungs-Saugspannungs-Beziehung konnte durch Differentiation die Formel für die Funktion der spezifischen Feuchtekapazität abgeleitet werden.

Auf Grund der Undurchlässigkeit der Ränder und des Festhaltens des Grundwasserstandes am rechten Rand durch die Bedingung (86e) muß die Infiltration zu einer Auffüllung und somit zu einer Erhöhung des Niveaus der gesättigten Zone führen (vgl. VAUCLIN u. a. [129]). Begünstigt durch die Anfangsverteilung der Saugspannung (hydrostatisches Equilibrium), erfolgt eine kurze Phase der vertikalen Bewegung der Feuchtefront (s. Abb. 17a), bis sich die beiden Linien mit $\psi = 0$ vereinigt haben. Dann schiebt sich die Front vorwiegend horizontal weiter (Abb. 17b).

Der Effekt dieser Infiltration ist der gleiche, wie er von VAUCLIN u. a. [129] sowohl im Experiment als auch bei der numerischen Simulation erhalten wurde. Bedingt jedoch durch die unterschiedliche Ausdehnung der Strömungsgebiete — in der zitierten Arbeit wird ein Rechteck mit 3 m horizontaler und 2 m vertikaler Kantenlänge verwendet —, durch etwas verschiedene Anfangsbedingungen und letztlich durch eine unterschiedliche Wahl der Randbedingung auf $\overline{EA}$ (VAUCLIN u. a. setzten eine NEUMANNsche Bedingung an), ergaben sich natürlich bei der hier dargestellten Aufgabe andere Werte für Eindringtiefen und Ausbreitungsgeschwindigkeit der Feuchtefronten. Allein wegen der Breite des Gebietes ist die Feuchtebewegung zunächst hauptsächlich in Randnähe zu beobachten. Die dargestellten Ergebnisse zeigen aber, daß mit Hilfe der FEM-Simulation qualitativ gute Lösungen auch für gesättigte/ungesättigte Strömungen mit scharfen Fronten und steilen Gradienten erhalten werden können. Die Rechenzeit betrug bei diesem Problem je Zeitschritt 79 s (247 Knoten), wobei im Durchschnitt 3—4 Iterationen notwendig waren. Weiterhin demonstriert dieses Beispiel, daß auch bei Gl. (26a) Infiltrationsaufgaben mittels Randbedingungen erster Art zu modellieren sind.

5.4. Grabenentwässerung — Beispiel für eine gesättigte/ungesättigte Strömung mit fallender Grundwasseroberfläche

Die von VACHAUD u. a. [126] durchgeführten Experimente zur Entwässerung eines Sandmodells dienten bereits vielfach als Vorlage für die digitale Simulation der beim Versuch beobachteten Strömungsprozesse (VACHAUD u. VAUCLIN [125]; VAUCLIN u. a. [129]; NARASIMHAN [85]). Dies wurde insbesondere durch das gut aufbereitete Datenmaterial und die exakt definierten Anfangswert-Randwert-Bedingungen des Laborversuches möglich. Während bei VACHAUD u. VAUCLIN [125] ein Differenzenschema mit Orthogonalnetz zur Anwendung gelangte, benutzte NARASIMHAN [85] eine integrierte Differenzenmethode. Die vorliegende Aufgabe soll die Anwendbarkeit und Qualität der hier dargestellten FEM bei der Simulation dieser Grabenentwässerung unter Beweis stellen.

Die Maße des Modells im Experiment betrugen: Länge 3 m, Höhe 2 m, Tiefe 0,05 m. Der untere Teil der linken vertikalen Seite war mit einem Behälter verbunden, der für einen konstanten Wasserstand an diesem Rand zu sorgen hatte. Alle anderen Ränder blieben undurchlässig. Der Boden, der für diesen Versuch als poröses Medium diente, war ein feiner Flußsand (Porengrößenverteilung: etwa 50% kleiner als 0,3 mm). Zur Bestimmung der hydraulischen Leitfähigkeit und der Sättigungs-Saugspannungs-Beziehung wurden die experimentell bestimmten Kurven geglättet und mittels einer Regressionsanalyse an die folgenden Koeffizientenfunktionen angepaßt:

$$K = K_s \frac{A}{A + |\psi|^B}, \qquad \Theta = \Theta_s \frac{\alpha}{\alpha + |\psi|^\beta} \tag{88}$$

mit

$$A = 359720{,}49\,, \qquad B = 4{,}5\,, \qquad K_s = 40\ \text{cm/h}\,;$$
$$\alpha = 40000\,, \qquad \beta = 2{,}9\,, \qquad \Theta_s = 0{,}3\ \text{cm}^3/\text{cm}^3$$

(VAUCLIN u. a. [129]).

Nachdem als Anfangszustand ein hydrostatisches Gleichgewicht mit $H_0 = \psi_0 + z = 145$ cm geschaffen wurde (d. h., die Grundwasseroberfläche $\psi = 0$ befindet sich bei $z = 145$ cm), setzte man die linke Randbedingung mit $H_1 = \psi_1 + z = 75$ cm fest (s. Abb. 18). Als Folge davon begann ein Absinken der freien Wasseroberfläche, und das Sandmodell wurde entwässert. Sowohl die Bewegung der „freien Oberfläche“ als auch der kumulative Ausfluß aus dem Modell wurden meßtechnisch erfaßt (s. VACHAUD u. a. [126]).

Zur Simulation dieser gesättigten/ungesättigten Strömung sind zunächst Anfangs- und Randbedingungen aufzustellen. Dabei ist zu beachten, daß sich für $t > 0$ am linken Rand $x = 0$ drei verschiedene Randbedingungen einstellen:

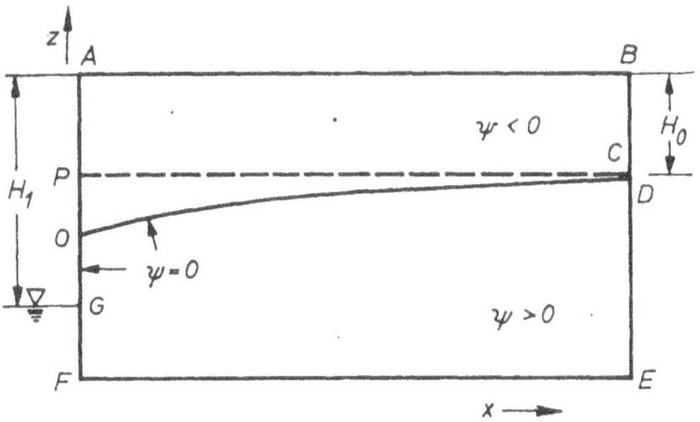

Abb. 18. Schema für Strömungsgebiet mit gesättigter/ungesättigter Strömung im Falle einer Entwässerung über einen Graben

I. der Teil über der freien Grundwasseroberfläche, $\overline{OA}$, auf dem die Saugspannung negativ ist und der keine horizontale Ausströmung aus dem Gebiet zuläßt;

II. der Teil unter dem Wasserspiegel im Graben, $\overline{GF}$; dieses Randstück ist eine Äquipotentiallinie für die Standrohrspiegelhöhe H ($H = 75$ cm) und bedingt, daß keine vertikale Strömung in diesem Bereich auftritt;

III. der mittlere Teil $\overline{OG}$ zwischen Wasseroberfläche im Boden und Wasserspiegel im Graben; dieser Rand ist eine „Sickerlinie" (seepage face) mit dem Potential $\psi = 0$ und sowohl horizontalen als auch vertikalen Komponenten der Strömung.

Da die Länge dieser „Sickerlinie" von der Höhe der Wasseroberfläche $\overline{OD}$ abhängt und somit unbekannt ist, muß bei der Simulation eine spezielle Iterationstechnik angewendet werden. Sie wurde vom Verfasser nach einer Idee von NEUMAN [93] in vereinfachter Form entwickelt. Die Anfangs- und Randbedingungen lauten demnach (vgl. auch VAUCLIN u. a. [129]):

$$\left.\begin{array}{ll}
\psi_0 = H_0 - z\,, & \forall\, x,\ \forall\, z,\ t = 0\,; \\
\psi_1 = H_1 - z\,, & x = 0 \text{ auf } \overline{FG},\ t > 0\,; \\
\psi = 0\,, & x = 0 \text{ auf } \overline{OG},\ t > 0\,; \\
K \dfrac{\partial \psi}{\partial x} l_x = 0\,, & x = 0 \text{ auf } \overline{OA},\ t > 0\,; \\
K \dfrac{\partial \psi}{\partial x} l_x = 0\,, & x = 300 \text{ auf } \overline{BE},\ t > 0\,; \\
\left(K \dfrac{\partial \psi}{\partial z} + K\right) l_z = 0\,, & z = 0 \text{ auf } \overline{FE},\ t > 0\,; \\
\left(K \dfrac{\partial \psi}{\partial z} + K\right) l_z = 0\,, & z = 200 \text{ auf } \overline{AB},\ t > 0\,.
\end{array}\right\} \quad (89)$$

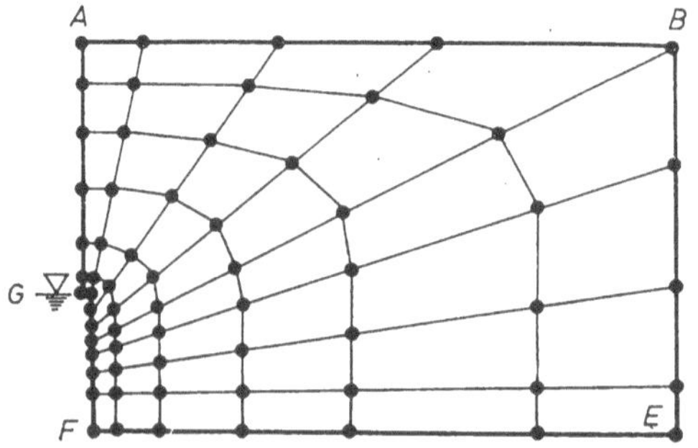

Abb. 19. FEM-Netz

Die Diskretisierung des Strömungsgebietes (s. Abb. 19) trägt vor allem dem Umstand Rechnung, daß die größten Gradienten und Durchflußraten um den Punkt G herum auftreten. Da z. Z. im Programmsystem FLOWER nur die Berücksichtigung topologisch regelmäßiger Netze möglich ist, war die Konstruktion einer Ecke am Punkt G notwendig. Die Linie $\overline{GF}$ ist jedoch nur um 4 cm gegenüber $\overline{AG}$ verschoben, so daß deshalb keine Diskretisierungsfehler zu erwarten sind. Insgesamt wurde das Gebiet durch 48 Viereckelemente diskretisiert, das entspricht 413 Knoten beim vollen System bzw. 173 Knoten bei Anwendung der „static condensation"-Technik.

In Abb. 20 sind die berechneten Linien $\psi = 0$ für drei verschiedene Zeitpunkte der Simulation dargestellt. Zum Vergleich dazu sind die experimentellen und numerischen Ergebnisse von VACHAUD u. VAUCLIN [125] eingezeichnet. Die Abbildung zeigt, daß sich die FEM-Lösung ausgezeichnet an die experimentellen Kurven anpaßt und der von VACHAUD u. VAUCLIN angewendeten FD-Lösung gleichwertig und z. T. überlegen ist. Dies ist vor allem auf die bessere Möglichkeit der lokalen Netzverfeinerung und auf die Approximation mit 192 Dreieckelementen mit quadratischer Interpolation der Unbekannten zurückzuführen; VACHAUD verwendete zum Vergleich eine ADI-Differenzenmethode (s. RUBIN [115]) und insgesamt nur 396 Knotenpunkte. Er benötigte dabei 4 min CPT-Zeit je Zeitschritt bei durchschnittlich 3—4 Iterationen. Die FEM-Lösung dagegen wurde mit der in Abschnitt 3.3 beschriebenen Auslagerungstechnik bei einer Rechenzeit von 134 s CPT und 2,8 durchschnittlichen Iterationen je Zeitschritt erhalten. Der kleinste Zeitschritt bei der FEM-Lösung betrug 1,2 min, VACHAUD gibt Zeitschritte ab 1 s an.

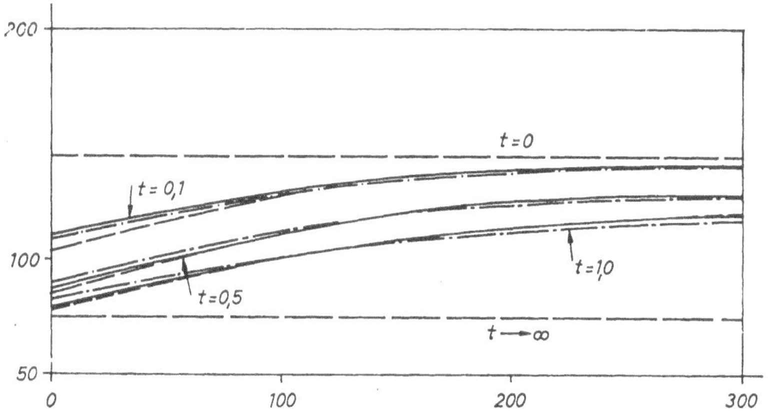

Abb. 20. Berechnete freie Wasseroberfläche ($\psi = 0$) zu den Zeiten $t = 0{,}1$, 0,5 und 1,0 h; zum Vergleich Ergebnisse von VACHAUD u. VAUCLIN [125] (— — — exper., ·—·—· numer.)

6. Schlußbemerkungen

Anhand der gezeigten Ergebnisse der Berechnung linearer und quasilinearer Strömungsprobleme können die Eigenschaften und die Flexibilität des vorgestellten Galerkin-finite-element-Modells verdeutlicht werden. Während es bei den eindimensionalen Aufgaben vorwiegend auf die Validierung des Modells im Vergleich mit analytischen Lösungen ankam — z. B. Untersuchungen der Genauigkeit, Stabilität —, stand bei den zweidimensionalen Problemen der Nachweis der Anwendbarkeit des Modells für praktisch relevante Aufgabenstellungen im Mittelpunkt.

Das im Abschnitt 5.3 gegebene Beispiel einer Infiltrationsströmung zeigt, daß mit dem verwendeten Konzept zur Behandlung ungesättigter bzw. gesättigter Strömung in einem Gebiet Probleme mit sprunghaftem Übergang von der gesättigten zur ungesättigten Zone numerisch gut mit der vorgestellten Finite-element-Technik zu behandeln sind. Insbesondere bei der Simulation des von Vachaud u. a. [126] durchgeführten Entwässerungsexperiments (s. Abschnitt 5.4) werden wichtige Merkmale dieser Methode — z. B. Flexibilität der Gebietsapproximation, Möglichkeit lokaler Netzverfeinerungen, einfache und genaue Realisierung der Anfangs- und Randbedingungen — und die gute Übereinstimmung mit den experimentellen Ergebnissen demonstriert.

Offen gebliebenen Problemen, wie z. B. der Behandlung heterogener, mehrfach geschichteter Böden oder dem Vergleich mit nichtreduzierten Zweiphasenmodellen, sollen zukünftige Arbeiten vorbehalten sein. Darüber hinaus ist das Modell durch Hinzunahme neuer Elementetypen zu erweitern und zu vervollkommnen.

Anhang A: Symbole

Nachfolgend sind die wichtigsten Symbole und ihre Bezeichnungen für diesen Beitrag zusammengestellt, wobei die unmittelbar im Text definierten bzw. nur einmal verwendeten Größen nicht erfaßt wurden. Die Definitionen der bodenphysikalischen Größen sind den Mitteilungen der Internationalen Bodenkundlichen Gesellschaft *49* (1976) 1, Commission I: Soil Physics, Soil Physics Terminology, bzw. der TGL 31222/01 zu entnehmen.

c	spezifische Feuchtigkeitskapazität $[L^{-1}]$
$\boldsymbol{C}$, $\boldsymbol{C}_{mn}$	Kapazitätsmatrix (bei numerischen Formulierungen)

g	Gravitationskonstante $[LT^{-2}]$
h	Standrohrspiegelhöhe $[L]$
K	spezifische Permeabilität $[L^2]$
$\boldsymbol{K}$, $\boldsymbol{K}_{mn}$	Steifigkeitsmatrix (bei numerischen Formulierungen)
K_{ij}	Tensor der gesättigten hydraulischen Leitfähigkeit $[LT^{-1}]$
K_r	relative hydraulische Leitfähigkeit [1]
n	Porosität [1]
$\vec{n}$	Normalenvektor (auf dem Rand positiv nach außen gerichtet)
p_a, p_w	Drücke der fluiden Phasen $[ML^{-1}T^{-2}]$
Q	Quellen-Senken-Term $[LT^{-1}]$
S_a, S_w	Sättigungsgrade der fluiden Phasen [1]
t	Zeit $[T]$
Δt	Zeitschritt $[T]$
$\vec{v}$	DARCY-Geschwindigkeit $[LT^{-1}]$
$\vec{v}_n$	Normalengeschwindigkeit $[LT^{-1}]$
(V_n^i)	vorgeschriebene Normalengeschwindigkeit auf dem Rand i $[LT^{-1}]$
$(V_n^i)_j$	Normalengeschwindigkeitskomponente am Knoten j der Seite i $[LT^{-1}]$
x_i	kartesische Koordinaten $[L]$
Γ	Rand des Strömungsgebietes
Γ_h	diskretisierter Rand
Γ_i	Randabschnitte
μ	dynamische Viskosität $[ML^{-1}T^{-1}]$
Θ	1. volumetrische Feuchte [1] 2. Steuerparameter zur Wahl des Zeitdiskretisierungsverfahrens
λ	Eigenwert
ϱ_w	Dichte des Bodenwassers $[ML^{-3}]$
φ, φ_n	globale Basisfunktion
φ^e, φ_λ^e	lokale Basisfunktion
$\varphi^{(1)}(x_i)$	lineare Basisfunktion
$\varphi^{(2)}(x_i)$	quadratische Basisfunktion
Φ	allg. Ausdruck des totalen Potentials $[L^2T^{-2}]$
ψ	Saugspannung (als Höhenäquivalent) $[L]$
ψ_n	1. Knotenwerte der Saugspannung $[L]$ 2. allg. Ausdruck der Näherungslösung (bei numerischen Formulierungen)
ψ_p	Tensiometerdruckpotential $[L^2T^{-2}]$
Ω	Strömungsgebiet
Ω_e	finites Element
Ω_h	diskretisiertes Gebiet
Π	Polynomausdruck
Δ, Δ^e	Dreiecksfläche
[ ], { }	Matrizen- bzw. Vektorbezeichnung
( )	Skalarprodukt

Anhang B: Elementmatrizen für 6-Knoten-Dreieck

a) Steifigkeitsmatrix $[\boldsymbol{K}_{mn}]$

Infolge der Hilfsbeziehung

$$S_{ij} = \frac{1}{60\,\Delta^e}\,(K_{11}^s\,\eta_i\,\eta_j + K_{33}^s\,\xi_i\,\xi_j) \qquad (i, j = 1, 2, 3)$$

mit η und ξ aus (44) und mittels Integrationsformel für lineare Formfunktionen (s. Zienkiewicz [139]),

$$\iint\limits_{\Omega^e} \varphi_1^a \varphi_2^b \varphi_3^c \, d\Omega^e = \frac{a!\,b!\,c!}{(a+b+c+2)!}\,2\Delta^e$$

berechnen sich die Matrixelemente zu

$$\boldsymbol{K}_{11} = 3S_{11}(3K_{r,1} + K_{r,2} + K_{r,3})\,,$$
$$\boldsymbol{K}_{12} = -S_{12}(2K_{r,1} + 2K_{r,2} + K_{r,3})\,,$$
$$\boldsymbol{K}_{13} = -S_{13}(2K_{r,1} + K_{r,2} + 2K_{r,3})\,,$$
$$\boldsymbol{K}_{14} = S_{11}(3K_{r,1} - 2K_{r,2} - K_{r,3}) + S_{12}(14K_{r,1} + 3K_{r,2} + 3K_{r,3})\,,$$
$$\boldsymbol{K}_{15} = S_{12}(3K_{r,1} - K_{r,2} - 2K_{r,3}) + S_{13}(3K_{r,1} - 2K_{r,2} - K_{r,3})\,,$$
$$\boldsymbol{K}_{16} = S_{11}(3K_{r,1} - K_{r,2} - 2K_{r,3}) + S_{13}(14K_{r,1} + 3K_{r,2} + 3K_{r,3})\,,$$
$$\boldsymbol{K}_{22} = 3S_{22}(K_{r,1} + 3K_{r,2} + K_{r,3})\,,$$
$$\boldsymbol{K}_{23} = -S_{23}(K_{r,1} + 2K_{r,2} + 2K_{r,3})\,,$$
$$\boldsymbol{K}_{24} = S_{12}(3K_{r,1} + 14K_{r,2} + 3K_{r,3}) + S_{22}(-2K_{r,1} + 3K_{r,2} - K_{r,3})\,,$$
$$\boldsymbol{K}_{25} = S_{22}(-K_{r,1} + 3K_{r,2} - 2K_{r,3}) + S_{23}(3K_{r,1} + 14K_{r,2} + 3K_{r,3})\,,$$
$$\boldsymbol{K}_{26} = S_{12}(-K_{r,1} + 3K_{r,2} - 2K_{r,3}) + S_{23}(-2K_{r,1} + 3K_{r,2} - K_{r,3})\,,$$
$$\boldsymbol{K}_{33} = 3S_{33}(K_{r,1} + K_{r,2} + 3K_{r,3})\,,$$
$$\boldsymbol{K}_{34} = S_{13}(-K_{r,1} - 2K_{r,2} + 3K_{r,3}) + S_{23}(-2K_{r,1} - K_{r,2} - 3K_{r,3})\,,$$
$$\boldsymbol{K}_{35} = S_{23}(3K_{r,1} + 3K_{r,2} + 14K_{r,3}) + S_{33}(-K_{r,1} - 2K_{r,2} + 3K_{r,3})\,,$$
$$\boldsymbol{K}_{36} = S_{13}(3K_{r,1} + 3K_{r,2} + 14K_{r,3}) + S_{33}(-2K_{r,1} - K_{r,2} + 3K_{r,3})\,,$$
$$\boldsymbol{K}_{44} = 8\,[S_{11}(K_{r,1} + 3K_{r,2} + K_{r,3}) + S_{12}(2K_{r,1} + 2K_{r,2} + K_{r,3} + {} + S_{22}(K_{r,1} + K_{r,2} + K_{r,3})]\,,$$
$$\boldsymbol{K}_{45} = 8S_{13}(K_{r,1} + 3K_{r,2} + K_{r,3}) - 4(S_{12}K_{r,1} + S_{22}K_{r,2} + S_{23}K_{r,3})\,,$$
$$\boldsymbol{K}_{46} = 8S_{23}(3K_{r,1} + K_{r,2} + K_{r,3}) - 4(S_{11}K_{r,1} + S_{12}K_{r,2} + S_{13}K_{r,3})\,,$$
$$\boldsymbol{K}_{55} = 8\,[S_{22}(K_{r,1} + K_{r,2} + 3K_{r,3}) + S_{23}(K_{r,1} + 2K_{r,2} + 2K_{r,3}) + {} + S_{33}(K_{r,1} + 3K_{r,2} + K_{r,3})]\,,$$

$$K_{56} = 8S_{12}(K_{r,1} + K_{r,2} + 3K_{r,3}) - 4(S_{13}K_{r,1} + S_{23}K_{r,2} + S_{33}K_{r,3}) ,$$
$$K_{66} = 8\,[S_{11}(K_{r,1} + K_{r,2} + 3K_{r,3}) + S_{13}(2K_{r,1} + K_{r,2} + 2K_{r,3}) + + S_{33}(3K_{r,1} + K_{r,2} + K_{r,3})] ,$$

wobei $[K_{ij}] = [K_{ji}]$ ist.

b) Kapazitätsmatrix $[C_{mn}]$

In analoger Weise zur Interpolation von K_r wird die spezifische Feuchtekapazität c linear über Ω^e interpoliert. Daraus folgt mit $q = \Delta^e/1260$

$C_{11} = q(-30c_1 + 6c_2 + 6c_3)$, $C_{12} = q(-4c_1 - 4c_2 + c_3)$,

$C_{13} = q(-4c_1 + c_2 - 4c_3)$, $C_{14} = q(12c_1 - 8c_2 - 4c_3)$,

$C_{15} = q(-4c_1 - 12c_2 - 12c_3)$, $C_{16} = q(12c_1 - 4c_2 - 8c_3)$,

$C_{22} = q(6c_1 - 30c_2 + 6c_3)$, $C_{23} = q(c_1 - 4c_2 - 4c_3)$,

$C_{24} = q(-8c_1 + 12c_2 - 4c_3)$, $C_{25} = q(-4c_1 + 12c_2 - 8c_3)$,

$C_{26} = q(-12c_1 - 4c_2 - 12c_3)$, $C_{33} = q(6c_1 + 6c_2 - 30c_3)$,

$C_{34} = q(-12c_1 - 12c_2 - 4c_3)$, $C_{35} = q(-4c_1 - 8c_2 + 12c_3)$,

$C_{36} = q(-8c_1 - 4c_2 + 12c_3)$, $C_{44} = q(96c_1 + 96c_2 + 32c_3)$,

$C_{45} = q(32c_1 + 48c_2 + 32c_3)$, $C_{46} = q(48c_1 + 32c_2 + 32c_3)$,

$C_{55} = q(32c_1 + 96c_2 + 96c_3)$, $C_{56} = q(32c_1 + 32c_2 + 48c_3)$,

$C_{66} = q(96c_1 + 32c_2 + 96c_3)$,

wobei ebenfalls $[C_{ij}] = [C_{ji}]$ ist.

c) Schwerkraftvektor $\{B_n\}$

Die Elemente dieses Vektors, der ein Teil des Vektors der rechten Seite ist, berechnen sich nach (58) aus

$$\{B_n\} = \iint_{\Omega^e} K_{33}^s K_r \frac{\partial \varphi_n^{(2)}}{\partial x_3}\, d\Omega^e ;$$

mit $r = K_{33}^s/6$ erhält man

$B_1 = r(\xi_1 K_{r,1})$, $B_2 = r(\xi_2 K_{r,2})$, $B_3 = r(\xi_3 K_{r,3})$;

$$B_4 = r(\xi_1(K_{r,1} + 2K_{r,2} + K_{r,3}) + \xi_2(2K_{r,1} + K_{r,2} + K_{r,3})) ,$$
$$B_5 = r(\xi_2(K_{r,1} + K_{r,2} + 2K_{r,3}) + \xi_3(K_{r,1} + 2K_{r,2} + K_{r,3})) ,$$
$$B_6 = r(\xi_1(K_{r,1} + K_{r,2} + 2K_{r,3}) + \xi_3(2K_{r,1} + K_{r,2} + K_{r,3}))$$

mit ξ aus (44).

d) Natürliche Randbedingung $\{D_n\}$

Zur Berechnung des Vektors

$$\{D_n\} = \oint_{\Gamma_2^e} f_2 \varphi_n^{(2)}\, d\Gamma_2^e$$

wird das Linienintegral in eine Summe über die drei Seiten l_1, l_2, l_3 aufgespalten (Abb. 21). Man kann also formulieren:

$$\oint_{\Gamma_2^e} f_2 \varphi_n^{(2)} \, d\Gamma_2^e = \int_{l_1} (f_2^1) \varphi_n^{(2)} \, ds_1 + \int_{l_2} (f_2^2) \varphi_n^{(2)} \, ds_2 + \int_{l_3} (f_2^3) \varphi_n^{(2)} \, ds_3 \, .$$

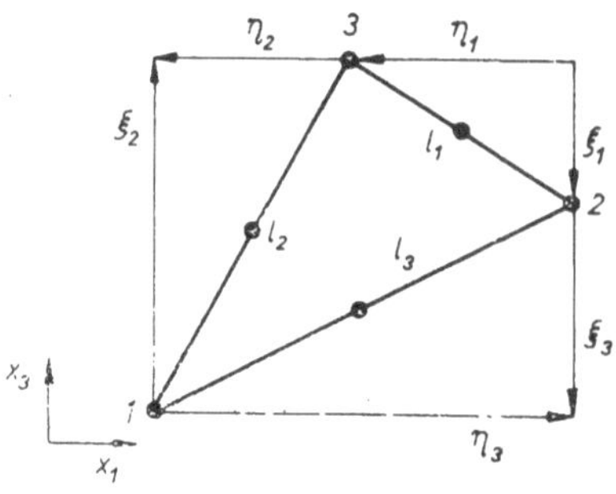

Abb. 21

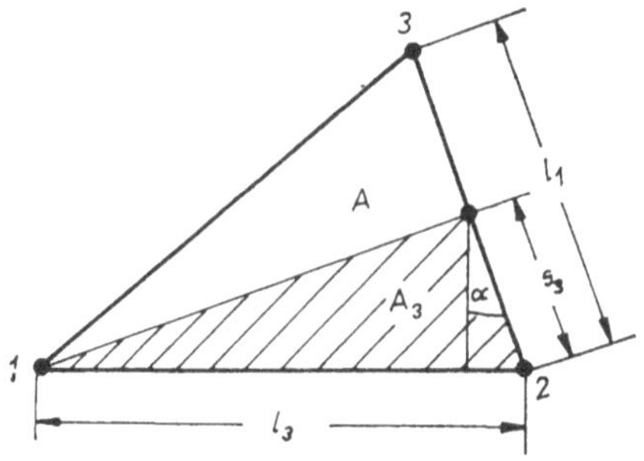

Abb. 22

Entlang der Ränder ist das Vorschreiben einer linearen bzw. konstanten Geschwindigkeitsverteilung sinnvoll, d. h., wenn mit $(V_n^i)_j$ die positiv nach außen gerichtete Normalengeschwindigkeitskomponente auf dem Knoten j der Seite i bezeichnet wird, erhält man die Ansätze

$$(V_n^i) = (V_n^i)_j = (V_n^i)_k$$

$(i, j, k = 1, 2, 3$ in permutativer Vertauschung) für eine konstante und

$$(V_n^i) = (V_n^i)_j + [(V_n^i)_k - (V_n^i)_j] \, \varphi_k^{(1)}$$

für eine lineare Verteilung auf l_i $(i = 1, 2, 3)$.

Zur Substitution von ds_i werden Hilfsbeziehungen hergeleitet (s. Abb. 22). Nach der Definition der $\varphi_i^{(1)}$ (s. Zienkiewicz [139]) gilt z. B.

$$\varphi_3^{(1)} = A_3/A \, ,$$

und wegen

$$A_3 = \frac{1}{2} l_3 \cos \alpha s_1 \, , \qquad A = \frac{1}{2} l_3 \cos \alpha l_1$$

folgt

$$\varphi_3^{(1)} = s_1/l_1$$

und somit

$$d\varphi_3^{(1)} = ds_1/l_1 \, , \qquad ds_1 = l_1 \, d\varphi_3^{(1)} \quad \text{mit} \quad \varphi_1^{(1)} = 0 \, .$$

Daraus folgt dann allgemein die Beziehung

$$ds_i = l_i \, d\varphi_k^{(1)} \quad \text{mit} \quad \varphi_i^{(1)} = 0$$

$(i, k = 1, 2, 3,$ k zyklisch vertauscht).

Wendet man dies auf die Integration bei linearer Verteilung der Geschwindigkeit auf den Elementrändern an, so erhält man für $\{\boldsymbol{D}_n\}$ die Elemente

$$\boldsymbol{D}_1 = \frac{1}{6}\,(l_2(V_n^2)_1 + l_3(V_n^3)_1)\,, \qquad \boldsymbol{D}_4 = \frac{1}{6}\,[2l_3((V_n^3)_1 + (V_n^3)_2)]\,,$$

$$\boldsymbol{D}_2 = \frac{1}{6}\,(l_3(V_n^3)_2 + l_1(V_n^1)_2)\,, \qquad \boldsymbol{D}_5 = \frac{1}{6}\,[2l_1((V_n^1)_2 + (V_n^1)_3)]\,,$$

$$\boldsymbol{D}_3 = \frac{1}{6}\,(l_1(V_n^1)_3 + l_2(V_n^2)_3)\,, \qquad \boldsymbol{D}_6 = \frac{1}{6}\,[2l_2((V_n^2)_3 + (V_n^2)_1)]$$

bzw. bei konstanter Verteilung

$$\boldsymbol{D}_1 = \frac{1}{6}\,(l_2(V_n^2)_1 + l_3(V_n^3)_1)\,, \qquad \boldsymbol{D}_4 = \frac{1}{6}\,(4l_2(V_n^3)_1)\,,$$

$$\boldsymbol{D}_2 = \frac{1}{6}\,(l_3(V_n^3)_2 + l_1(V_n^1)_2)\,, \qquad \boldsymbol{D}_5 = \frac{1}{6}\,(4l_1(V_n^1)_2)\,,$$

$$\boldsymbol{D}_3 = \frac{1}{6}\,(l_1(V_n^1)_3 + l_2(V_n^2)_3)\,, \qquad \boldsymbol{D}_6 = \frac{1}{6}\,(4l_2(V_n^2)_3)\,.$$

e) Quellen-Senken-Term $\{\boldsymbol{Q}_n\}$

Zur Berücksichtigung innerer Quellen und Senken $Q(x, t)$, $x \in \Omega^e$, kann ein Vektor

$$\{\boldsymbol{Q}_n\} = \iint_{\Omega^e} Q\varphi_n^{(2)}\, d\Omega^e$$

je Element gebildet werden. Inhalt und Bedeutung von $Q(x, t)$ sollen hier nicht näher ausgeführt werden. Bei linearem Ansatz über Ω^e,

$$Q = \sum_{i=1}^{3} Q_{r,i}\varphi_i^{(1)}$$

(die $Q_{r,i}$ stellen wieder die Knotenwerte der Größe Q dar), folgt schließlich

$$\boldsymbol{Q}_1 = \frac{\Delta^e}{60}\,(2Q_{r,1} - Q_{r,2} - Q_{r,3})\,, \qquad \boldsymbol{Q}_4 = \frac{\Delta^e}{60}\,(8Q_{r,1} + 4Q_{r,2} + 4Q_{r,3})\,,$$

$$\boldsymbol{Q}_2 = \frac{\Delta^e}{60}\,(-Q_{r,1} + 2Q_{r,2} - Q_{r,3})\,, \qquad \boldsymbol{Q}_5 = \frac{\Delta^e}{60}\,(4Q_{r,1} + 8Q_{r,2} + 4Q_{r,3})\,,$$

$$\boldsymbol{Q}_3 = \frac{\Delta^e}{60}\,(-Q_{r,1} - Q_{r,2} + 2Q_{r,3})\,, \qquad \boldsymbol{Q}_6 = \frac{\Delta^e}{60}\,(4Q_{r,1} + 4Q_{r,2} + 8Q_{r,3})\,.$$

Mittels der Beziehungen a)–e) kann das Gleichungssystem (57) je Dreieckelement aufgebaut werden. Zur Berücksichtigung anisotroper Strukturen, d. h.

$K_{13}^s = K_{31}^s \neq 0$, ist zu $[\boldsymbol{K}_{mn}]$ elementweise ein Ausdruck

$$[\boldsymbol{K}_{mn}^*] = \iint\limits_{\Omega^e} \sum_{i=1}^{3} K_{r,i}\,\varphi_i^{(1)} \left[K_{13}^s \left(\frac{\partial \varphi_n^{(2)}}{\partial x_1}\frac{\partial \varphi_m^{(2)}}{\partial x_3} + \frac{\partial \varphi_n^{(2)}}{\partial x_3}\frac{\partial \varphi_m^{(2)}}{\partial x_1}\right)\right] d\Omega^e$$

hinzuzuaddieren. Dadurch geht allerdings die Symmetrie der Steifigkeitsmatrix verloren.

f) Lumping-Schema für Kapazitätsmatrix

In vielen Fällen würde eine reine Diagonalform der Matrix $[\boldsymbol{C}_{mn}]$ zu einfacher und schneller handhabbaren Lösungsmethoden für (59) führen. Aus diesem Grunde wurde die Anwendung eines sogenannten „mass lumping“ vorgeschlagen, d. h. das Zusammenziehen der Beiträge, die sich aus den Einflüssen der Knoten untereinander ergeben und demzufolge auf den Nebendiagonalen stehen, auf die Knotenwerte in der Hauptdiagonale (Emery u. Carson [32]; Neuman [93]; Marsal [77]; Huyakorn u. a. [62]).

Die Auswirkungen solcher Diagonalisierungen auf Genauigkeit und Konvergenz der Lösungen beispielsweise wurden anhand von verschiedenen Aufgaben untersucht, erbrachten jedoch keine eindeutigen Ergebnisse für oder gegen die Maßnahme (vgl. Fuji [41]). Da aber auf jeden Fall Speicherplatz- und Rechenzeiteinsparungen zu erreichen sind, sollen zwei derartige „lumping“-Schemata aufgeführt werden.

Eine von Neuman [93] verwendete Methode betrachtet die zeitliche Ableitung $\partial\psi_n/\partial t$ als gewogenes Mittel über Ω^e und damit unabhängig vom Galerkin-Prozeß:

$$\frac{\partial \psi_n}{\partial t} = \frac{\iint\limits_{\Omega^e} c\,\frac{\partial \psi_n}{\partial t}\,\varphi_n^{(2)}\,d\Omega^e}{\iint\limits_{\Omega^e} c\varphi_n^{(2)}\,d\Omega^e}.$$

Daraus folgt dann die Form der Diagonalmatrix mit

$$[\boldsymbol{C}_{mn}] = \iint\limits_{\Omega^e} \Big(\sum_{i=1}^{3} c_i\varphi_i^{(1)}\Big)\,\varphi_n^{(2)}\,d\Omega^e \quad \text{für} \quad m = n\,,$$

$$[\boldsymbol{C}_{mn}] = 0 \qquad \text{für} \quad m \neq n\,.$$

Die Diagonalelemente berechnen sich zu

$$\boldsymbol{C}_{11} = \Delta^e/60(2c_1 - c_2 - c_3)\,, \qquad \boldsymbol{C}_{44} = \Delta^e/60(8c_1 + 8c_2 + 4c_3)\,,$$

$$\boldsymbol{C}_{22} = \Delta^e/60(-c_1 + 2c_2 - c_3)\,, \qquad \boldsymbol{C}_{55} = \Delta^e/60(4c_1 + 8c_2 + 8c_3)\,,$$

$$\boldsymbol{C}_{33} = \Delta^e/60(-c_1 - c_2 + 2c_3)\,, \qquad \boldsymbol{C}_{66} = \Delta^e/60(8c_1 + 4c_2 + 8c_3)\,.$$

Da bei linearen Problemen u. U. die Repräsentation der Eckknoten nicht ausreichend ist (bei $c_1 = c_2 = c_3$ werden $\boldsymbol{C}_{11} = \boldsymbol{C}_{22} = \boldsymbol{C}_{33} = 0$), kann besser die von

HUYAKORN u. a. [62] verwendete Form gewählt werden:

$$[C_{mn}] = \Delta^e \frac{\iint\limits_{\Omega^e} c\varphi_m^{(2)}\varphi_n^{(2)}\, d\Omega^e}{\sum\limits_{i=1}^{6} \iint\limits_{\Omega^e} \varphi_m^{(2)}\varphi_n^{(2)}\, d\Omega^e} \quad \text{für } m = n\,,$$

$$[C_{mn}] = 0 \qquad \text{für } m \neq n\,.$$

Damit lassen sich die Elemente der Hauptdiagonalen so ermitteln:

$$C_{11} = \Delta^e/399(15c_1 + 3c_2 + 3c_3)\,, \qquad C_{44} = \Delta^e/399(12c_1 + 12c_2 + 4c_3)\,,$$

$$C_{22} = \Delta^e/399(3c_1 + 15c_2 + 3c_3)\,, \qquad C_{55} = \Delta^e/399(4c_1 + 12c_2 + 12c_3)\,,$$

$$C_{33} = \Delta^e/399(3c_1 + 3c_2 + 15c_3)\,, \qquad C_{66} = \Delta^e/399(12c_1 + 4c_2 + 12c_3)\,.$$

Das einfachste Diagonalisierungsschema besteht darin, daß die Zeilen- bzw. Spaltenelemente der „consistent"-Matrix b) auf das jeweilige Hauptdiagonalelement aufsummiert werden.

Anhang C: Eliminationsschema der „static condensation"-Technik für instationäres Problem

Ausgehend von der Gleichung (67) des vollständig diskretisierten Problems für ein aus vier Dreiecken zusammengekoppeltes Viereckelement, erhält man ein Gleichungssystem der Gestalt

$$([K^*] + [C])\{\psi^{n+1}\} + ([K^{**}] - [C])\{\psi^n\} = \{f\}, \tag{C1}$$

worin $[K^*] = (\Theta[K]\,\Delta t)$ und $[K^{**}] = ((1 - \Theta)\,[K]\,\Delta t)$ bedeuten. Die Matrizen haben (13×13)-, die Vektoren (13×1)-Format.

Der Lösungsvektor $\{\psi^{n+1}\}$ untergliedert sich nun in Knotenwerte, die auch zu anderen Viereckelementen gehören, und in solche, die nur im Innern des Vierecks vorkommen und keinen Einfluß auf andere Subelemente ausüben. Kennzeichnet man die äußeren Knoten und die ihnen zugeordneten Beiträge mit dem Index A (Knoten 1, 2, ..., 8), die inneren mit I (Knoten 9, 10, ... 13), dann läßt sich das System (C1) auftrennen:

$$\begin{bmatrix} ([K^*]_A + [C]_A) & ([\hat{K}^*] + [\hat{C}]) \\ ([\hat{K}^*]^\mathrm{T} + [\hat{C}]^\mathrm{T}) & ([K^*]_I + [C]_I) \end{bmatrix} \begin{Bmatrix} \psi_A^{n+1} \\ \psi_I^{n+1} \end{Bmatrix} +$$

$$+ \begin{bmatrix} ([K^{**}]_A - [C]_A) & ([\hat{K}^{**}] - [\hat{C}]) \\ ([\hat{K}^{**}]^\mathrm{T} - [\hat{C}]^\mathrm{T}) & ([K^{**}]_I - [C]_I) \end{bmatrix} \begin{Bmatrix} \psi_A^{n} \\ \psi_I^{n} \end{Bmatrix} = \begin{Bmatrix} f_A \\ f_I \end{Bmatrix}; \tag{C2}$$

die Formate der Matrizen sind bei $[\ ]_A$ (8×8), bei $[\ ]_I$ (5×5), bei $[\hat{\ }]$ (8×5) und bei $[\hat{\ }]^\mathrm{T}$ (5×8) (vgl. ZIENKIEWICZ [139], S. 122).

Aus diesem System erhält man für die inneren Knoten die Beziehung

$$\begin{aligned}\{\psi_I^{n+1}\} = -([\boldsymbol{K}^*]_I + [C]_I)^{-1}\{([\widehat{\boldsymbol{K}^*}]^\mathsf{T} + [\hat{C}]^\mathsf{T})\{\psi_A^{n+1}\} + \\ + ([\widehat{\boldsymbol{K}^{**}}]^\mathsf{T} - [\hat{C}]^\mathsf{T})\{\psi_A^n\} + ([\boldsymbol{K}^{**}]_I - [C]_I)\{\psi_I^n\} - \{\boldsymbol{f}_I\}\}\,.\end{aligned} \tag{C3}$$

Ebenso kann das für die äußeren Knoten getan werden.
Setzt man dann noch (C3) wieder ein, folgt die Gleichung

$$\begin{aligned}&[([\boldsymbol{K}^*]_A + [C]_A) - ([\widehat{\boldsymbol{K}^*}] + [\hat{C}])\,([\boldsymbol{K}^*]_I + [C]_I)^{-1} \cdot \\ &\cdot ([\widehat{\boldsymbol{K}^*}]^\mathsf{T} + [\hat{C}]^\mathsf{T})]\{\psi_A^{n+1}\} = \\ &= \{\boldsymbol{f}_A\} + ([\widehat{\boldsymbol{K}^*}] + [C])\,([\boldsymbol{K}^*]_I + [C]_I)^{-1}\,. \\ &\cdot \{([\widehat{\boldsymbol{K}^{**}}]^\mathsf{T} - [\widehat{C}]^\mathsf{T})\,\{\psi_A^n\} + ([\boldsymbol{K}^{**}]_I - [C]_I\{\psi_I^n\} - \{\boldsymbol{f}_I\}\} - \\ &- ([\boldsymbol{K}^{**}]_A - [C]_A)\,\{\psi_A^n\} - ([\widehat{\boldsymbol{K}^{**}}]^\mathsf{T} - [\hat{C}]^\mathsf{T})\,\{\psi_I^n\}\,,\end{aligned} \tag{C4}$$

die das System zur Bestimmung der äußeren Knotenwerte darstellt. Ist dieses aufgelöst, dann werden bei der sogenannten Rückelimination die inneren Knotenwerte nach (C3) berechnet. Der für das Eliminationsverfahren benötigte Aufwand ist gerechtfertigt, denn die Einsparung von fast 60% Speicherplatz und damit die Möglichkeit der Berücksichtigung nahezu uneingeschränkter Problemgrößen bringen im praktischen Rechenbetrieb mehr Vorteile als die Rechnung mit dem „vollen" System. Andererseits ist zu erkennen, daß sich der Eliminationsgrad nicht beliebig erhöhen läßt (etwa Verkopplung von 4 Viereckelementen usw.), da der Aufwand zur Invertierung in (C4) sehr rasch steigt und unökonomisch wird, obwohl die Lösung des Systems mit niedriger Ordnung schneller berechnet werden kann. Außerdem ist eine Konsequenz solcher „dynamic condensation"-Technik die Regelmäßigkeit des Elementenetzes, die sich nur bei bestimmten Aufgaben erreichen läßt.

Literatur

[1] AGUIRRE-RAMIREZ, G., u. J. T. ODEN, Finite Element Technique Applied to Heat Conduction in Solids with Temperature Dependent Thermal Conductivity. Internat. J. num. Meth. Engin. **7** (1973), 345–355.

[2] ARGYRIS, J. H., VAZ, L. E., u. K. J. WILLIAM, Higher Order Methods for Transient Diffusion Analysis. Comput. Meth. appl. Mech. and Engin. **12** (1977), 243–278.

[3] BEAR, J., Dynamics of Fluids in Porous Media, Elsevier, New York/Amsterdam 1972.

[4] BEESE, F., VAN PLOEG, R. R., u. B. HOMEYER, Bestimmung der *pF*- und *k*-Beziehungen an wägbaren Griserde-Monolith-Lysimetern und Modellberechnungen der zeitabhängigen Saugspannungsverteilung. Mitt. dt. bodenkdl. Ges. (Göttingen) **22** (1975), 87–100.

[5] BOUWER, H., Unsaturated Flow in Groundwater Hydraulics. J. Hydraul. Div. A.S.C.E. **90** (1964) HY 5, 121–130.

[6] BRAESTER, C., DAGAN, G., NEUMAN, S. P., u. D. ZASLAVSKY, A Survey of the Equations and Solutions of Unsaturated Flow in Porous Media. First Annual Rep., Hydraulic Engin. Lab., Haifa 1971.

[7] BRUCE, R. R., u. F. D. WHISLER, Infiltration of Water into Layered Field Soils. In: Physical Aspects of Soil Water and Salts in Ecosystems, ed. by A. HADAS et al., Springer-Verlag, Berlin/Heidelberg/New York 1973.

[8] BRUCH, J. C. JR., Two-dimensional Unsteady Water Flow in Unsaturated Porous Media. In: Finite Elements in Water Resources, Pentech Press, London/Plymouth 1977, 3.3–3.19.

[9] BRUCH, J. C. JR., u. G. ZYVOLOSKI, A Finite Element Weighted Residual Solution to One-dimensional Field Problems. Internat. J. num. Meth. Engin. **7** (1973), 577–585.

[10] BRUCH, J. C. JR., u. G. ZYVOLOSKI, Transient Two-dimensional Heat Conduction Problems Solved by the Finite Element Method. Internat. J. num. Meth. Engin. **8** (1974), 481–494.

[11] BRUCH, J. C. JR., u. G. ZYVOLOSKI, A Finite Element Solution to a General Two-dimensional Nonsymmetric Parabolic Partial Differential Equation. Comput. and Fluids **3** (1975), 217–224.

[12] BUI, T. D., u. T. R. BUI, Numerical Methods for Extremely Stiff Systems of Ordinary Differential Equations. Appl. math. Modelling **3** (1979), 355–358.

[13] BUSCH, K. F., u. L. LUCKNER, Geohydraulik, VEB Dt. Verlag f. Grundstoffindustrie, Leipzig 1972.

[14] CARSLAW, H. S., u. J. C. JAEGER, Conduction of Heat in Solids, Oxford Univ./Clarendon Press, London 1959.

[15] CAUSSADE, B. H., DOURNES, G., u. G. RENARD, A New Numerical Solution of Unsteady Two-dimensional Flow in Unsaturated Porous Media. Soil Sci. **127** (1979), 193–201.

[16] CHENG, R. T. S., On the Accuracy of Certain C° Continuous Finite Element Representations. Internat. J. num. Meth. Engin. **8** (1974), 649–657.

[17] CHENG, R. T. S., Modeling of Hydraulic Systems by Finite-Element Methods. In: Advances in Hydroscience, Vol. 11, Academic Press, New York/San Francisco/London 1978, 207–284.

[18] CHILDS, E. C., An Introduction to the Physical Basis of Soil Water Phenomena, Wiley, London/New York 1969.

[19] CHILDS, E. C., u. N. COLLIS-GEORGE, The Permeability of Porous Materials. Proc. roy. Soc. A **201** (1950), 392–405.

[20] CHUNG, T. J., Convergence and Stability of Nonlinear Finite Element Equations. AIAA J. **13** (1975), 963–966.

[21] CLAPP, R. B., u. G. M. HORNBERGER, Empirical Equations for Soil Hydraulic Properties. Water Resources Res. **14** (1978), 601–604.

[22] COOLEY, R. L., A Finite-Difference Method for Unsteady Flow in Variably Saturated Porous Media. Water Resources Res. **7** (1971), 1607–1625.

[23] Cryer, C. W., A New Class of Highly-Stable Methods. A_0-Stable Methods. BIT **13** (1973), 153–159.

[24] Cushman, J., u. D. Kirkham, A Two-dimensional Linearised View of One-dimensional Unsaturated-Saturated Flow. Water Resources Res. **14** (1978), 319–322.

[25] Dahlquist, G., A Special Stability Problem for Linear Multistep Methods. BIT **3** (1963), 27–43.

[26] Diersch, H.-J., Finite-Element-Analysis zweidimensionaler und rotationssymmetrischer Potentialströmungen mit freier und ohne freie Oberfläche. Diss. A TU Dresden, Sekt. Wasserwesen 1976.

[27] Donea, J., On the Accuracy of Finite Element Solutions to the Transient Heat Conduction Equation. Internat. J. num. Meth. Engin. **8** (1974), 103–110.

[28] Douglas, J., u. T. Dupont, Galerkin Methods for Parabolic Equations. SIAM J. num. Anal. **7** (1970), 575–626.

[29] Douglas, J., u. T. Dupont, Galerkin Methods for Parabolic Equations with Nonlinear Boundary Conditions. Num. Math. **20** (1973), 213–237.

[30] Douglas, J. Jr., u. H. H. Rachford, On the Numerical Solution of Heat Conduction Problems in Two and Three Space Variables. Trans. amer. math. Soc. **82** (1956), 421–439.

[31] Ehlers, K. D., Berechnung instationärer Grund- und Sickerwasserströmungen mit freier Oberfläche nach der Methode finiter Elemente. Wasserwirtschaft **63** (1973), 35–38.

[32] Emery, A. F., u. W. W. Carson, An Evaluation of the Use of the Finite-Element Method in the Computation of Temperature. J. Heat Transfer 1971, 136–145.

[33] Fairweather, G., Finite Element Galerkin Methods for Differential Equations (Lecture Notes in pure and appl. Math., No. 34), Marcel Dekker, New York/Basel 1978.

[34] Fairweather, G., On the Approximate Solution of a Diffusion Problem by Galerkin Methods. J. Inst. Math. and Appl. **23** (1979), 121–137.

[35] Fairweather, G., u. J. P. Johnson, On the Extrapolation of Galerkin Methods for Parabolic Problems. Num. Math. **23** (1975), 269–287.

[36] Fasano, A., u. M. Primicerio, Liquid Flow in Partially Saturated Porous Media. J. Inst. Math. and Appl. **23** (1979), 503–517.

[37] Feddes, R. A., Kowalik, P., Neuman, S. P., u. E. Bresler, Finite Difference and Finite Element Simulation of Field Water Uptake by Plants. Hydrol. Sci. Bull. **21** (1976), 81–98.

[38] Feddes, R. A., Neuman, S. P., u. E. Bresler, Finite Element Analysis of Two-dimensional Flow in Soils Considering Water Uptake by Roots. 2. Field Applications. Soil Sci. Soc. Amer. Proc. **39** (1975), 231–237.

[39] Finlayson, B. A., The Method of Weighted Residuals and Variational Principles, Academic Press, New York/London 1972.

[40] Fix, J. A., u. B. Neta, Finite Element Approximation of a Nonlinear Diffusion Problem. Comput. and Math. Appl. **3** (1977), 287–298.

[41] FUJI, H., Some Remarks on Finite Element Analysis of Time-Dependent Field Problems. In: Theory and Practice in Finite Element Structural Analysis (Proc. 1973 Tokyo Seminar on Finite Element Analysis), Univ. Tokyo Press, Tokyo 1973, 91–106.

[42] GAMBOLATI, G., Diagonally Dominant Matrices for the Finite Element Method in Hydrology. Internat. J. num. Meth. Engin. **6** (1973), 587–608.

[43] GAMBOLATI, G., Use of the Over-Relaxation Technique in the Simulation of Large Groundwater Basins by the Finite Element Method. Internat. J. num. Meth. Engin. **9** (1975), 219–233.

[44] GEAR, C. W., Numerical Initial Value Problems in Ordinary Differential Equations, Prentice Hall, Englewood Cliffs 1971.

[45] GILDING, B. H., Properties of Solution of an Equation in the Theory of Infiltration. Arch. rat. Mech. and Anal. **65** (1977), 203–225.

[46] GRAY, W. G., u. G. F. PINDER, Galerkin Approximation of the Time Derivate in the Finite Element Analysis of Groundwater Flow. Water Resources Res. **10** (1974), 821–828.

[47] GRAY, W. G., u. G. F. PINDER, An Analysis of the Numerical Solution of the Transport Equation. Water Resources Res. **12** (1976), 547–555.

[48] GRAY, W. G., PINDER, G. F., u. C. A. BREBBIA (eds.), Finite Elements in Water Resources, (Proc. First Internat. Conf. on Finite Elements in Water Resources. Princeton Univ., 1976), Pentech Press, London/Plymouth 1977.

[49] GREEN, R. E., HANKS, R. I., u. W. E. LARSON, Estimates of Field Infiltrations by Numerical Solutions of the Moisture Flow Equation. Soil Sci. Soc. Amer. Proc. **28** (1964), 15–19.

[50] GRESHO, P. M., LEE, R. L., u. R. L. SANI, Advection-Dominated Flows with Emphasizing on the Consequence of Mass Lumping. In: Finite Elements in Fluids, Vol. 3, ed. by R. H. GALLAGHER et al., Wiley, Chichester/New York/Brisbane/Toronto 1978, 335–350.

[51] HANKS, R. J., u. S. A. BOWERS, Numerical Solution of the Moisture Flow Equation for Infiltration into Layered Soils. Soil Sci. Soc. Amer. Proc. **26** (1962), 530–534.

[52] HANTKE, A., Anwendung und Testung mathematischer Modelle auf bodenphysikalischer Grundlage zur Simulation der Bodenfeuchtedynamik. Diss. A AdL der DDR, FZB Müncheberg 1979.

[53] HAYHOE, H. N., Study of the Relative Efficiency of Finite Difference and Galerkin Techniques for Modeling Soil—Water Transfer. Water Resources Res. **14** (1978), 97–102.

[54] HEINRICH, B., Differenzenverfahren und Methode der finiten Elemente. TH Karl-Marx-Stadt, Sekt. Math., Wiss. Inf. **6** (1978).

[55] HILLEL, D., Soil and Water, Academic Press, New York 1973.

[56] HILLEL, D., u. H. TALPAZ, Simulation of Soil Water Dynamics in Layered Soils. Soil Sci. **123** (1977), 54–62.

[57] HORNUNG, U., A Numerical Method for the Simulation of Unsteady Groundwater Flow in Both Saturated and Unsaturated Soils. Soil Sci. **124** (1977), 140–144.

[58] Hornung, U., Numerische Simulation von gesättigt-ungesättigten Wasserflüssen in porösen Medien. In: Numerische Behandlung von Differentialgleichungen . . ., Birkhäuser, Basel/Stuttgart 1978, 214–232.

[59] Hornung, U., Genauigkeit von expliziten und impliziten Verfahren zur numerischen Simulation von Infiltration. Mitt. dt. bodenkdl. Ges. **26** (1978), 175–182.

[60] Hubbert, M. K., The Theory of Groundwater Motion. J. Geol. **48** (1940), 785–944.

[61] Huyakorn, P., Finite Element Solution of Two-Regime Flow toward Wells. Thesis Univ. New South Wales, Water Res. Lab. 1973.

[62] Huyakorn, P., Taylor, C., Lee, P., u. P. Gresho, A Comparison of Mixed-Interpolation Finite Elements in the Velocity-Pressure Formulation of the Navier-Stokes Equations. Comput. and Fluids **6** (1978), 25–36.

[63] Irmay, S., Solutions of the Nonlinear Diffusion Equation with a Gravity Term in Hydrology. In: Water in the Unsaturated Zone (Proc. Wageningen Symp.), Wageningen 1966.

[64] Klute, A., A Numerical Method for Solving the Flow Equation for Water in Unsaturated Materials. Soil Sci. **73** (1952), 105–116.

[65] Kowalik, P., u. H. Zaradny, Mathematical Modeling of the Soil Moisture Dynamics with Regard to Water Transpiration from the Soil Profile. Pol. J. Soil Sci. **1** (1974), 27–37.

[66] Ladyzenskaja, O. A., Kraevye zadači matematičeskoj fiziki, „Nauka“, Moskva 1973.

[67] Ladyzenskaja, O. A., Solonnikov, V. A., u. N. N. Uralceva, Linear and Quasilinear Equations of Parabolic Type. Amer. math. Soc., Transl. math. Monogr. **23** (1968), 648ff.

[68] Lambert, J. D., Computational Methods in Ordinary Differential Equations, Wiley, London 1973.

[69] Lehmann, R., Finite-Element-Methode. TH Karl-Marx-Stadt, Weiterbildungsveranstaltung an der Sekt. Math. 1977.

[70] Luckner, L., Opredelenie vlijanija kapilljarnoj zony pri rabote drenažnych sistem s pomoščju programmy VEREGO. Proc. ICID (Symp. Water in Heavy Soils), Bratislava 1976.

[71] Luckner, L., Beiträge zur digitalen Simulation der Strömungsvorgänge in der Aerationszone. Arch. Acker- u. Pflanzenbau u. Bodenkd. **21** (1977), 311–318.

[72] Luckner, L., Peschke, G., u. G. Schreiber, Digitale Simulation der Strömungsvorgänge in der Aerationszone — Stand und Entwicklungstendenzen in der DDR. Acta hydrophys. **23** (1978), 249–289.

[73] Luckner, L., u. W. M. Schestakow, Simulation der Geofiltration, VEB Dt. Verlag f. Grundstoffindustrie, Leipzig 1975.

[74] Luckner, L., u. G. Schreiber, Anwenderinstruktion für das digitale Rechenprogramm VEREGO. TU Dresden, Sekt. Wasserwesen 1976 (unveröff.).

[75] LUTHIN, J. N., ORHUN, A., u. G. S. TAYLOR, Coupled Saturated-Unsaturated Transient Flow in Porous Media: Experimental and Numeric Model. Water Resources Res. **11** (1975), 973–978.

[76] LYNESS, J. F., OWEN, D. R. J., u. O. C. ZIENKIEWICZ, The Finite Element Analysis of Engineering Systems Governed by a Non-linear Quasiharmonic Equation. Comput. and Structures **5** (1975), 65–79.

[77] MARSAL, D., Die numerische Lösung partieller Differentialgleichungen, Bibliogr. Inst./BI-Wiss.-Verlag, Mannheim/Wien/Zürich 1976.

[78] MEISSNER, U., Die Berechnung ebener und räumlicher Grund- und Sickerwasserströmungen mit verallgemeinerten Variationsverfahren. Mitt. Sonderforsch.-Ber. 79 TU Hannover 1973, H. 2.

[79] MERCER, J. W., u. C. R. FAUST, The Application of Finite-Element Techniques to Immiscible Flow in Porous Media. In: Finite Elements in Water Resources, Pentech Press, London/Plymouth 1977, 121–157.

[80] MICHLIN, S. G., Numerische Realisierung von Variationsaufgaben, Akademie-Verlag, Berlin 1969.

[81] MITCHELL, A. R., u. R. WAIT, The Finite Element Method in Partial Differential Equations, Wiley, New York/Toronto 1977.

[82] MLOSCH, P., u. G. ZUMPE, Grundlagentaschenbuch, VEB Verlag f. Bauwesen, Berlin 1966.

[83] MOLTSCHANOW, I. N., Über ein Programmpaket zur Lösung von parabolischen Gleichungen. Wiss. Z. TH Magdeburg **17** (1973), 77–83.

[84] MUSY, A., Simulation of Groundwater Flow in Unsaturated Porous Media. J. Hydrol. **29** (1975), 1–21.

[85] NARASIMHAN, T. N., A Unified Numerical Model for Saturated-Unsaturated Groundwater Flow. Ph. D. Thesis Univ. California, Dept. of Civil Engin. 1975.

[86] NARASIMHAN, T. N., NEUMAN, S. P., u. A. L. EDWARDS, Mixed Explicit-Implicit Iterative Finite Element Scheme for Diffusion-Typ Problems. II. Solution Strategy and Examples. Internat. J. num. Meth. Engin. **11** (1977), 325–344.

[87] NARASIMHAN, T. N., u. P. A. WITHERSPOON, An Integrated Finite-Difference Method for Analysing Fluid Flow in Porous Media. Water Resources Res. **12** (1976), 57–64.

[88] NARASIMHAN, T. N., u. P. A. WITHERSPOON, Numerical Model for Saturated-Unsaturated Flow in Deformable Porous Media. I. Theory. Water Resources Res. **13** (1977), 657–664.

[89] NARASIMHAN, T. N., u. P. A. WITHERSPOON, Numerical Model for Saturated-Unsaturated Flow in Deformable Porous Media. III. Applications. Lawrence Berkeley Lab. 1978 (submitted to Water Resources Res.).

[90] NARASIMHAN, T. N., WITHERSPOON, P. A., u. A. L. EDWARDS, Numerical Model for Saturated-Unsaturated Flow in Deformable Porous Media. II. The Algorithm. Lawrence Berkeley Lab. 1978 (submitted to Water Resources Res.).

[91] Neta, B., Finite Element Approximation of a Nonlinear Parabolic Problem. Comput. and Math. Appl. **4** (1978), 247–255.

[92] Neuman, S. P., Finite Element Computer Programs for Flow in Saturated-Unsaturated Porous Media. Second Annual Rep., Hydraulic Engin. Lab., Haifa 1972.

[93] Neuman, S. P., Saturated-Unsaturated Seepage by Finite Elements. J. Hydraul. Div. A.S.C.E. **99** (1973) HY 12, 2233–2250.

[94] Neuman, S. P., Theoretical Derivation of Darcy's Law. Acta mech. **25** (1977), 153–170.

[95] Neuman, S. P., Feddes, R. A., u. E. Bresler, Finite Element Analysis of Two-dimensional Flow in Soils Considering Water Uptake by Roots. 1. Theory. Soil Sci. Soc. Amer. Proc. **39** (1975), 224–230.

[96] Neuman, S. P., u. T. N. Narasimhan, Mixed Explicit-Implicit Iterative Finite Element Scheme for Diffusion-Typ Problems. I. Theory. Internat. J. num. Meth. Engin. **11** (1977), 309–323.

[97] Norrie, D. H., u. G. de Vries, A Survey of the Finite Element Application in Fluid Mechanics. In: Finite Elements in Fluids, Vol. **3**, ed. by R. H. Gallagher et al., Wiley, Chichester/New York/Brisbane/Toronto 1978, 363–396.

[98] Nützmann, G., Näherungsweise Berechnung zweidimensionaler Wasserströmungen im gesättigten und ungesättigten Boden mittels einer Galerkin-Finite-Element-Methode. Diss. A AdL d. DDR 1980.

[99] Oden, J. T., u. J. N. Reddy, Variational Methods in Theoretical Mechanics, Springer-Verlag, Berlin/Heidelberg/New York 1976.

[100] Peaceman, D. W., u. H. H. Rachford, The Numerical Solution of Parabolic and Elliptic Differential Equations. SIAM J. **3** (1955), 28–41.

[101] Peschke, G., Gesetzmäßigkeiten und Probleme der Wasserbewegung im ungesättigten Boden. Wiss. Z. TU Dresden **25** (1976), 1001–1008.

[102] Philip, J. R., Numerical Solution of Equations of the Diffusion Type with Diffusivity Concentration Dependent. Austral. J. Phys. **10** (1957), 29–42.

[103] Philip, J. R., Theory of Infiltration. Adv. Hydrosci. **5** (1969), 216–219.

[104] Philip, J. R., Recent Progress in the Solution of Nonlinear Diffusion Equation. Soil Sci. **117** (1974), 257–264.

[105] Philip, J. R., u. J. H. Knight, On Solving the Unsaturated Flow Equation. 3. New Quasi-analytical Technique. Soil Sci. **117** (1974), 1–13.

[106] Pinder, G. F., u. W. G. Gray, Is There a Difference in the Finite Element Method? Water Resources Res. **12** (1976), 105–107.

[107] Ploeg, R. R. van, u. P. Benecke, Unsteady Unsaturated, n-dimensional Moisture Flow in a Soil. A Computer Simulation Program. Soil. Sci. Soc. Amer. Proc. **38** (1974), 881–885.

[108] Prochnow, D., Galerkin-Differenzenmethode zur Lösung zweidimensionaler Boussinesq-Gleichungen. AdW der DDR, Zentralinst. Math. u. Mech., Preprint No. P-17/78, 1978.

[109] Protter, M. H., u. H. F. Weinberger, Maximum Principles in Differential Equations, Prentice Hall, Englewood Cliffs 1967.

[110] REICHARDT, F., NIELSEN, D. R., u. J. W. BIGGAR, Scaling of Horizontal Infiltration into Homogeneous Soils. Soil Sci. Soc. Amer. Proc. **36** (1972), 241–245.

[111] REID, J. K., On the Construction and Convergence of a Finite Element Solution of Laplace's Equation. J. Inst. Math. Appl. **9** (1972), 1–13.

[112] RICHARDS, L., Capillary Conduction of Liquids through Porous Media. Physics **1** (1931), 318–333.

[113] RICHTMYER, R. D., u. K. W. MORTON, Difference Method for Initial-Value Problems, Interscience, New York 1967.

[114] RIECHE, H.-J., Zur numerischen Behandlung parabolischer partieller Differentialgleichungen. Diss. A TH Hannover, Fak. f. Natur- u. Geisteswiss. 1968.

[115] RUBIN, J., Theoretical Analysis of Two-dimensional Transient Flow of Water in Unsaturated and Partly Saturated Soils. Soil. Sci. Soc. Amer. Proc. **32** (1968), 607–615.

[116] SAMARSKIJ, A. A., Vvedenie v teoriju raznostnych schem, „Nauka", Moskva 1971.

[117] SAMARSKIJ, A. A., Moderne numerische Methoden zur Lösung von Aufgaben der mathematischen Physik. Wiss. Z. TH Magdeburg **17** (1973), 21–24.

[118] SCHEIDEGGER, A. E., Hydrodynamics in Porous Media. In: Handbuch der Physik, Bd. VIII/2, Springer-Verlag, Berlin 1963, 625–662.

[119] SELIM, H. M., u. D. KIRKHAM, Unsteady Two-dimensional Flow of Water in Unsaturated Soils above an Impervious Barrier. Soil Sci. Soc. Amer. Proc. **37** (1973), 489–495.

[120] SELIM, H. M., u. D. KIRKHAM, Unsteady State Two-dimensional Water Content Distribution and Wetting Fronts in Soil. Geoderma **11** (1974), 259–274.

[121] STRANG, G., Approximation in the Finite-Element Method. Num. Math. **19** (1972), 81–98.

[122] STRANG, G., u. G. J. FIX, An Analysis of the Finite Element Method, Prentice Hall, Englewood Cliffs 1973.

[123] TOKSÖZ, S., KIRKHAM, D., u. E. R. BAUMANN, Two-dimensional Infiltration and Wetting Fronts. J. Irrig. and Drain. Div. A.S.C.E. **91** (1965) IR 3, 65–79.

[124] VACHAUD, G., GAUDED, J. P., u. V. KURAZ, Air and Water Flow during Ponded Infiltration in a Vertical Bounded Column of Soil. J. Hydrol. **22** (1974), 89–108.

[125] VACHAUD, G., u. M. VAUCLIN, Comments on 'A Numerical Model Based on Coupled One-dimensional Richards and Boussinesq Equations' by Mary F. Pikul, Robert L. Street and Irwin Remson. Water Resources Res. **11** (1975), 506–509.

[126] VACHAUD, G., VAUCLIN, M., u. D. KHANJI, Etude expérimentale des transferts bidimensionnels dans la zone non saturée. Application à l'étude du drainage d'une nappe à surface libre. Houille blanche **1** (1973), 65–74.

[127] VAUCLIN, M., KHANJI, D., u. G. VACHAUD, Experimental and Numerical Study of Transient, Two-dimensional Unsaturated-Saturated Water Table Recharge Problem. Water Resources Res. **15** (1979), 1089–1101.

[128] VAUCLIN, M., u. G. VACHAUD, Transient, Two-dimensional Numerical Analysis of Drainage of Water Table Aquifer Considering the Flow in the Unsaturated and Saturated Zones of Soils. Proc. ICID (Symp. Water in Heavy Soils), Bratislava 1976, Vol. II, 107–119.

[129] VAUCLIN, M., VACHAUD, G., u. D. KHANJI, Two-dimensional Numerical Analysis of Transient Water Transfer in Saturated-Unsaturated Soils. In: Modeling and Simulation of Water Resources Systems, ed. by G. C. VANSTEENKISTE, North-Holland, Amsterdam 1975, 299–322.

[130] WHISLER, F. D., u. A. KLUTE, Analysis of Infiltration into Stratified Soil Columns. Unesco Symp. on Water in Unsaturated Zone, Wageningen 1966.

[131] WHITEMAN, J. R., A Bibliography for Finite Elements, Academic Press, London/New York/San Francisco 1975.

[132] WILSON, E. L., BATHE, K. J., u. W. P. DOHERTY, Direct Solution of Large Systems of Linear Equations. Comput. and Structures **4** (1974), 363–372.

[133] WILSON, E. L., BATHE, K. J., u. F. E. PETERSON, Finite Element Analysis of Linear and Nonlinear Heat Transfer. Nucl. Engin. and Design **29** (1974), 110–124.

[134] WITHUM, D., Elektronische Berechnung ebener und räumlicher Sicker- und Grundwasserströmungen durch beliebig berandete, inhomogene anisotrope Medien. Mitt. Inst. Wasserwirtsch. TU Hannover **10** (1967), 181 bis 232.

[135] WOOD, W. L., Control of Crank-Nicholson Noise in the Numerical Solution of the Heat Conduction Equation. Internat. J. num. Meth. Engin. **11** (1977), 1059–1065.

[136] WOOD, W. L., u. R. W. LEWIS, A Comparison of Time Marching Schemes for the Transient Heat Conduction Equation. Internat. J. num. Meth. Engin. **9** (1975), 679–689.

[137] YON, S. Y., u. W. W. G. YEH, The Galerkin Method for Nonlinear Parabolic Equations of Unsteady Groundwater Flow. Water Resources Res. **11** (1975), 751–754.

[138] ZIENKIEWICZ, O. C., The Finite Element Method in Engineering Science, McGraw-Hill, London 1971.

[139] ZIENKIEWICZ, O. C., Methode der finiten Elemente, VEB Fachbuchverlag, Leipzig 1976.

[140] ZIENKIEWICZ, O. C., The Finite Element Method, 3rd ed., McGraw-Hill, London 1977.

[141] ZIENKIEWICZ, O. C., MAYER, P., u. Y. K. CHEUNG, Solution of Anisotropic Seepage by Finite Elements. J. Engin. and Mech. Div. A.S.C.E. 1966, 111–142.

[142] ZLAMAL, M., On the Finite Element Method. Num. Math. **12** (1968), 394 bis 409.

[143] ZLAMAL, M., Lectures on the Finite-Element Method. TH Karl-Marx-Stadt, Sekt. Math. 1974 (unveröff.).

[144] ZLAMAL, M., Finite Element Methods in Heat Conduction Problems. Proc. Conf. Finite Element Meth., Brunel Univ., Brunel 1975, 85–104.

[145] ZLAMAL, M., Finite Element Multistep Discretizations of Parabolic Boundary Value Problems. Math. Comput. **29** (1975), 350–359.

[146] ZYVOLOSKI, G., u. J. C. BRUCH JR., Finite Element Solution of Two-dimensional Unsteady and Unsaturated Flow in Porous Media. In: Mathematics of Finite Elements and Applications, Vol. 2, ed. by J. R. WHITEMAN, Academic Press, London 1976.

[147] ZYVOLOSKI, G., BRUCH, J. C. JR., u. J. M. SLOSS, Finite Element Solution of the Two-dimensional Unsaturated Flow Equation. Techn. Report Univ. Calif. 1975.

[148] ZYVOLOSKI, G., BRUCH, J. C. JR., u. J. M. SLOSS, Solution of Equation for Two-dimensional Infiltration Problems. Univ. Calif. 1976 (submitted to Soil Sci.).

Acta Hydrophysica, Berlin	Bd. XXVIII	H. 1/2	(1983)	S. 109–172

Ein mathematisches Ökosystemmodell für eutrophe Flachgewässer

Von G. SCHELLENBERGER, H. BEHRENDT, H.-P. KOZERSKI und V. MOHAUPT[1])

Zusammenfassung: Zur Prognose und Kontrolle der Wassergüte in einem System von flachen Berliner Seen, die durch Wasserläufe nicht nur nacheinander, sondern auch quer verbunden sind, wurde ein mathematisches Modell ihrer Ökosysteme aufgestellt. Für jedes Seebecken werden 15 Ökosystemkomponenten berücksichtigt, wovon 9 auf das Pelagial und 6 auf den Bodenbereich entfallen: 3 Phytoplanktongruppen, Detritus, Bakterien, herbivores Zooplankton und Friedfische, Orthophosphat und anorganischer gelöster Stickstoff im Pelagial und Detritus, Phytobenthos, Zoobenthos, Orthophosphat und anorganischer gelöster Stickstoff im Interstitialwasser sowie sorbierte Phosphate im Sediment. Der Phosphor- und Stickstoffgehalt der partikulären organischen Substanzen ist deren Energiegehalt proportional (stöchiometrisches Modell), so daß mit den 15 Komponenten die Nährstoffkreisläufe von Phosphor und Stickstoff sowie der Energiefluß durch das Ökosystem eines Seebeckens beschrieben werden können. Jedes Seebecken wird als vollkommen durchmischt angesehen. Die Transporte zwischen den einzelnen Seen werden durch ein spezielles hydrologisches Submodell berechnet, das auf die Verhältnisse im Berliner Seensystem zugeschnitten ist. Das Gesamtmodell ist als Mehrsegmentmodell genügend allgemein abgefaßt, so daß es prinzipiell auch auf andere Systeme von Flachgewässern anwendbar ist. Die Modellsimulationen wurden mit Messungen der wichtigsten Komponenten im Müggelsee für die Jahre 1976 bis 1979 verglichen, wobei als Eingangsgrößen die Dekadenmittel von Globalstrahlung und Wassertemperatur sowie der Importe von Nährstoffen, Detritus und Algen in die Randseen dienten. Die erreichte Übereinstimmung kann als gut bezeichnet werden. Auch die Berechnungen für die anderen Seen des Berliner Gewässersystems sowie für Änderungen der Belastung des Müggelsees mit Stickstoff und Phosphor zeigten, daß das Modell ein realistisches Bild der im Gewässer ablaufenden Prozesse liefert.

[1]) Dr. rer. nat. GÜNTER SCHELLENBERGER, Dr. rer. nat. HORST BEHRENDT, Dr. rer. nat. HANS-PETER KOZERSKI und Dipl.-Hydrol. VOLKER MOHAUPT, Akademie der Wissenschaften der DDR, Institut für Geographie und Geoökologie, Bereich Hydrologie, DDR-1162 Berlin, Müggelseedamm 260.

Summary: In order to permit prediction and control of water quality in a system of shallow Berlin lakes a mathematical ecosystem model has been set up. In each water basin 15 state variables are taken into account, among which 9 pelagical and 6 benthical components are considered: 3 phytoplankton groups, detritus, herbivorous zooplankton, fish, dissolved available phosphorus and nitrogen in the free water; detritus, phytobenthos, zoobenthos, dissolved phosphorus and nitrogen in the sediment, exchangeable phosphorus sorbed by the sediment. By means of these 15 components it is possible to describe the energy flow through the system and the circulation of the limiting nutrients, phosphorus and nitrogen. The transports between the considered 5 water basins, each of which is thoroughly mixed, are calculated by a special hydrological submodel. The programme of the whole model has been formulated quite universally to ensure its general application to other lake systems. The ecological model is driven by the forcing functions: solar radiation, water temperature, external chemical and biological loads. Simulating the hydroecological dynamics of the considered lake system for the years 1976 to 1979 we used the observed decade means. Testing the model against observed data of the most significant components in L. Müggelsee a fairly good conformity was stated. Computer runs with ranging nutrient loads and calculations for the other basins of the system showed a realistic behaviour of the developed model.

Резюме: За прогноз и контроль качества воды в системе берлинских озер, продольно и поперечно соединяющихся друг за другом, была построена математическая модель их экосистем. Для каждого из этих 5 водоемов учитывались 9 пелагических и 6 бентических, всего 15, компонентов. Экологическая модель одного сегмента включает в качество блоков в толще воды: 3 группы фитопланктона, детрит, бактерии, растительноядный зоопланктон, мирные рыбы, растворенный минеральный фосфор и азот, в донных отложениях: фитобентос, зообентос, детрит, растворенные в интерстициальной воде фосфаты и соединения азота, седименто-сорбированные фосфаты. Посредством этих компонентов возможно описывать круговорот биогенов фосфор а азот и поток энергии через экосистему. Транспорты биогенов, детрита и водорослей между отдельными полностью перемешанными водоемами вычисляются при помощи частной гидрологической подмодели. Общая модель достаточно универсальна, чтобы применить ее и для других систем мелководных водоемов. Модельные симуляции сравнились с измеренными с 1976 г. по 1979 г. в оз. Мюггельзе данными важнейших составляющих. Вкачестве входных данных использовались среднедекадные величины солнечной радиации, температуры воды, расходов воды и поступлений с водосбора органических и биогенных веществ. Соответствие модельных просчетов и наблюдений вообще оказалось удовлетворительным.

1. Zielstellung

Die hohe Beanspruchung der Wasserressourcen der DDR erfordert Maßnahmen zu ihrer rationellen Nutzung. Der anthropogene Einfluß sollte so klein gehalten werden, daß vorgegebene Kriterien der Wassergüte und weiterer Nutzungsparameter nicht überschritten werden. Aus ökonomischer Sicht sind — bei steigender Produktion und erhöhter Wechselwirkung zwischen Gesellschaft und Umwelt — übertriebene Forderungen an eine „Fast-Null-Belastung" der Oberflächengewässer nicht möglich und auch nicht notwendig. Das natürliche Selbstreinigungspotential der Gewässer sollte optimal genutzt werden, so daß eine minimale Beeinflussung der Wassergüte gewährleistet ist. Diese Grenzen bei steigender anthropogener Belastung aufzuzeigen ist anscheinend ohne mathematische Modelle der entsprechenden Ökosysteme nicht möglich.

Da die Gewässer in steigendem Maße einerseits zur Trink- und Brauchwassergewinnung sowie zur Erholung genutzt werden, andererseits auch zur Fischproduktion, richtet sich das Nutzungsoptimum vieler Gewässer nicht nur nach Parametern der Wassergüte, die am ehesten bei einer niedrigen Bioproduktion eingehalten werden können, sondern auch nach der Höhe der Bioproduktion. Das aufzustellende Ökosystemmodell sollte also auch zur Abstimmung der scheinbar konträren wasserwirtschaftlichen und fischereilichen Interessen dienen.

Ein Modell kann und soll nicht alle Einzelheiten des zu untersuchenden Systems enthalten. Es kommt darauf an, die wesentlichsten Zusammenhänge zu erkennen und für die betreffende Problemstellung, für die jeweilige Zielfunktion genügend genau in Form von Gleichungen — bei einem mathematischen Modell — wiederzugeben. Die Kenntnisse über die Funktionsweise von Ökosystemen sind lückenhaft, und diese Mängel beeinträchtigen natürlich die Sicherheit von prognostischen Modellaussagen. Für die Einschätzung der Bedeutung von Modellen muß man auch folgende Tatsachen beachten: Die Modellierung ist eine Möglichkeit der Synthese unserer Kenntnisse über das zu untersuchende natürliche System, gestattet also, weiße Flecken in unserem Wissen aufzuzeigen, und zwingt zu einer Wichtung der einzelnen Vorgänge hinsichtlich ihrer Bedeutung im gesamten Ökosystem. Die Modellierung von Ökosystemen hat also das wissenschaftliche Ziel, unsere Kenntnisse über die Wirkungsmechanismen von Ökosystemen zu vertiefen, wobei sich diese Vertiefung im Wechselspiel zwischen Experiment und Theorie vollzieht. Das Modell dient zur Testung von Hypothesen, die aus Beobachtungen und von Experimentaluntersuchungen angeregt wurden, und zeigt die Stellen auf, die vorrangig zu untersuchen sind, damit wir unserem Ziel näherkommen, zu verstehen, wie sich ein Ökosystem als ein Ganzes verhält.

Entsprechend dieser Zielstellung haben wir mathematische Ökosystemmodelle innerhalb komplexer Forschungsprogramme für ausgewählte Gewässer entwickelt. Das Untersuchungsobjekt war in den Jahren 1971 bis

1975 die Boddenkette südlich von Darß und Zingst (s. [66], [69]), ab 1976 der Berliner Müggelsee und die ihn umgebenden Seen (vgl. [46], [67], [68]).

Mit der Aufstellung ökologischer Modelle haben wir also zu einer Zeit begonnen, als auch international nur wenige entsprechende Arbeiten publiziert waren und wir uns im wesentlichen nur auf die Modelle von Vinberg [84] und Menšutkin [50] stützen konnten. Im vergangenen Dezennium sind inzwischen so viele Modelle von Gewässerökosystemen aufgestellt worden, daß hier nicht der Platz ist, eine Übersicht auch nur näherungsweise zu geben (s. [41]). Als besonders bedeutungsvoll können z. Z. die Modellierungsarbeiten von Park und Mitarbeitern [57], [63] sowie der Gruppe um Jørgensen [42], [49] eingeschätzt werden.

Das in den Modellen akkumulierte Wissen half, die Kenntnisse über einen Teil der Vorgänge zu präzisieren. Die Anzahl der aufgestellten Modelle ist aber bei weitem nicht dem Kenntniszuwachs proportional, da viele Modelle Sekundärmodelle, also aus Teilen anderer Modelle zusammengesetzt sind und auf die besonderen Eigenschaften des zu modellierenden Gewässers sowie auf die betreffende Zielfunktion ausgerichtet wurden. Auch wir haben überprüft, inwieweit in anderen Modellen ganzer Ökosysteme und (vor allem) von Subsystemen besser fundierte Ansätze entwickelt wurden, deren Übertragung sinnvoll und nützlich ist. Viele Ansätze, auch solche, die sich als „Standard“ durchgesetzt haben, sind auch heute noch schwach begründet und nur mehr oder weniger plausibel.

Unsere Modelle haben wir zwar unter Beachtung der morphometrischen und ökologischen Eigenheiten der untersuchten Gewässer aufgestellt, aber doch so allgemein gehalten, daß ihre Anwendung in anderen Gewässern prinzipiell möglich ist und innerhalb eines gewissen Trophiebereichs auch sinnvoll erscheint. Der modellierte Seentyp kann mit dem Begriff „eutrophe Flachgewässer“ umrissen werden; es handelt sich also um Gewässer, die in erster Näherung keine vertikale Schichtung aufweisen. Da das Modell als Mehrsegmentmodell konzipiert ist, können wir horizontale Unterschiede durch die Aufgliederung des Sees bzw. eines Seensystems in mehrere Segmente berücksichtigen, die jeweils vollkommen durchmischt, also homogen sind. Die Bilanzgleichungen für die erfaßten Systemelemente reduzieren sich in diesem Falle auf gewöhnliche Differentialgleichungen mit der Zeitvariablen.

2. Das Berliner Seensystem

Das von uns aufgestellte Modell wurde speziell für die Prognose der Wassergüte im Müggelsee weiterentwickelt und auch an den von diesem Gewässer vorliegenden Beobachtungsreihen getestet. Da der Müggelsee innerhalb eines

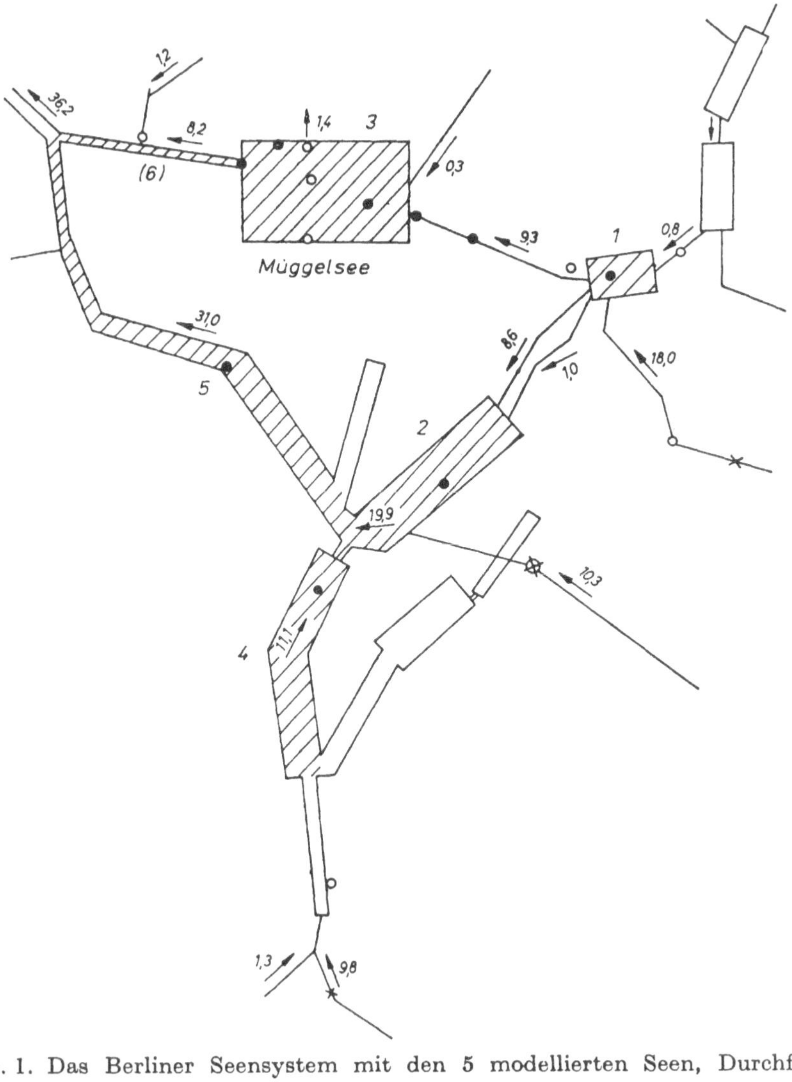

Abb. 1. Das Berliner Seensystem mit den 5 modellierten Seen, Durchflüsse [m^3/s] und Strömungsrichtungen an den Wasserläufen; $\bar{\tau}$ [d] mittlere Verweilzeit: *1* Dämeritzsee 1,7, *2* Seddinsee 13,0, *3* Gr. Müggelsee 43,7, *4* Zeuthener See 6,2, *5* Langer See 5,7 (*6* Müggelspree 1,8); ○ Beschaffenheitsmeßstelle, × Durchflußmeßstelle; *1 2*: 0,2, *1 3*: 0,35

Seensystems liegt, das prinzipiell eine Wasserverteilung der Durchflüsse und der Nährstofftransporte auf zwei Strecken zuläßt, wurde die Analyse auf das gesamte Seensystem erweitert (s. Abb. 1). Im Modell wird dieses

System durch 5 Seen repräsentiert, die durch Einschnürungen oder kurze Fließstrecken miteinander verbunden sind (Tab. 1). Alle Seen liegen in der gleichen Staustufe der kanalisierten Spree sowie ihres Nebenflusses Dahme und weisen nur unbedeutende Niveauunterschiede auf.

Tabelle 1

Hydrologische, morphologische Charakteristika der 5 modellierten Seen

Name	FL Ober-fläche [ha]	VOL Volumen [10^6 m^3]	H Mittlere Tiefe [m]	H MAX Maximale Tiefe [m]	Mittlere Aufent-haltszeit [d]
1. Dämeritzsee	104	2,8	2,6	4,4	1,7
2. Seddinsee	278	10,8	3,9	7,0	13,0*)
3. Gr. Müggel-see	720	35,3	4,9	8,0	43,7
4. Zeuthener See	239	5,9	2,5	4,1	6,2
5. Langer See/ Dahme	414	15,4	3,7	7	5,7

*) Der Berechnung wurde allein der Abfluß des Gosener Kanals zugrunde gelegt.

Der Zufluß in dieses Seensystem betrug in den Jahren 1976 bis 1979 im Mittel 46,0 m^3/s: in den Dämeritzsee durch die Spree 17,5 und das Flakenfließ 1,5 m^3/s, in den Südteil des Seddinsees durch den Oder—Spree-Kanal 11,5 m^3/s und in den Zeuthener See durch die Dahme 13,5 und den Nottekanal 2,0 m^3/s. Der Hauptteil des Zuflusses wird durch die Spree getragen, da ja der Oder—Spree-Kanal nur einen „Mündungsarm" der Spree darstellt (der Verzweigungspunkt bei Fürstenwalde liegt außerhalb des in Abb. 1 wiedergegebenen Gebietes) und auch die Dahme durch einen Umflutkanal Spreewasser erhält. Der Abfluß des Dämeritzsees erfolgt im Mittel praktisch zu gleichen Teilen über die Müggelspree (9,56 m^3/s) in den Müggelsee und über den Gosener Kanal (9,41 m^3/s) in den Seddinsee. Steigt der anteilige Zufluß in den Südteil des Seensystems (durch Oder—Spree-Kanal und Dahme), so wird der Abfluß des Dämeritzsees über den Gosener Kanal geringer und kann in Extremfällen, die bei der bisherigen Bewirtschaftungsstrategie anscheinend noch nicht eintraten, auch sein Vorzeichen umkehren.

Der Große Müggelsee ist ein flacher Grundmoränensee im Berliner Urstromtal und besitzt eine recht einheitliche Seewanne von ellipsoidaler Form

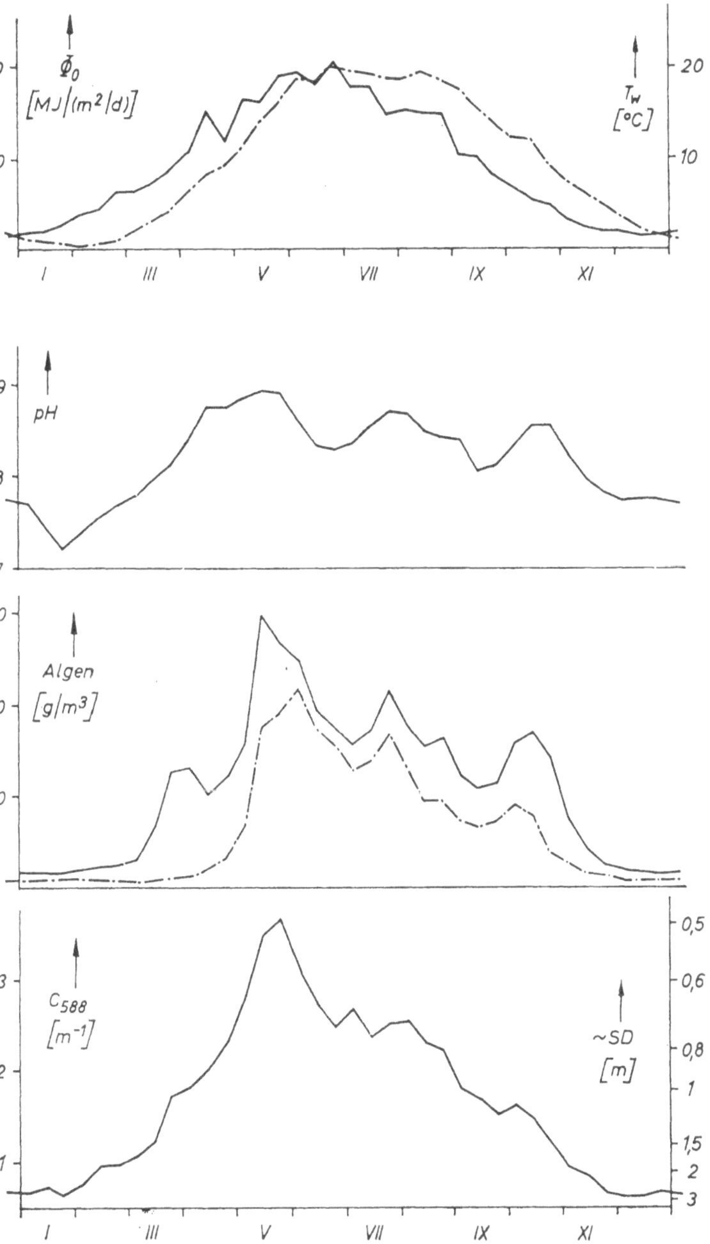

Abb. 2. Dekadenmittel 1976–1979 der Globalstrahlung von Potsdam, der Wassertemperatur, des pH-Wertes (1977–1979), der Algenbiomasse (gestrichelt Blaualgen) und der Lichtextinktion im Müggelsee

ohne größere Buchten. Der See ist im allgemeinen ungeschichtet und weist nur im Sommer bei starker Einstrahlung und geringem Wind eine temporäre Stratifikation auf. Die Trophie des seit längerer Zeit eutrophen Müggelsees ist in den letzten Dezennien angestiegen (s. [47], [64]). Der mittlere Gang der Jahre 1976 bis 1979 für einige Parameter im Müggelsee (Wassertemperatur, Globalstrahlung, Algenbiomasse, Seston und *p*H) ist in Abb. 2 wiedergegeben.

Für das Phytoplankton ist charakteristisch, daß im Winter die Kieselalgen (vor allem *Melosira, Stephanodiscus*) und im Sommer die Blaualgen (besonders Oscillatorien, *Aphanizomenon*) dominieren (s. [35], [74]). Bei einem mittleren Gewichtsverhältnis von Gesamtstickstoff TN zu Gesamtphosphor TP von 15,4 in der zufließenden Müggelspree ist zu erwarten, daß von den Nährstoffen sowohl Phosphor als auch Stickstoff die Primärproduktion limitieren können (vgl. [4]). Wenn auch in einem eutrophen See die Begrenzung des Algenwachstums durch Strahlung und Temperatur maßgeblicher sein kann (s. [12]), so ist im Müggelsee doch im Frühjahr ein Phosphor- und im Sommer ein Stickstoffmangel zu beachten (s. [9]). Da die Fracht von TN gegenüber der von TP die größeren Jahresschwankungen — mit Maximalwerten im Winter — zeigt, ist in der Vegetationsperiode das TN/TP-Verhältnis kleiner als im Jahresdurchschnitt (s. Tab. 2). Aus den Werten

Tabelle 2

Wasserführung, Nährstoffverhältnisse und Phytoplanktonbiomassen des Müggelsees im Sommerhalbjahr (IV—IX) der Untersuchungsjahre 1976 bis 1979

Jahr	Zufluß [m^3/s]	TN/TP im Zufluß	Algenbiomasse im Müggelsee (IV—X) [g FM/m^3]	Davon Blaualgen [%]
1976	5,93	8,5	18,9	91,9
1977	7,72	11,4	13,2	53,7
1978	8,56	11,6	25,0	63,3
1979	9,48	14,7	11,0	21,6

der Tabelle ist weiterhin zu ersehen, daß in Trockenjahren der TN/TP-Quotient besonders klein ist (die Konzentration der Stickstoffkomponenten nimmt in der Spree mit steigender Wasserführung zu, die der Phosphorkomponenten bleibt praktisch konstant) und daß in diesen Jahren Blaualgen (Stickstoffixierer!) besonders häufig auftraten. (Nach den Beobachtungen von Flett [25] tritt in kanadischen Seen eine Stickstoffixierung auf, wenn im Zufluß TN/TP < 10 ist.)

Von den zugeführten Nährstoffen werden im Jahresmittel etwa 16% des Gesamtstickstoffimports und 25% des Gesamtphosphorimports im Müggelsee zurückgehalten, wobei beim Stickstoff unter „Rückhalt" auch die Denitrifikationsverluste eingeschlossen sind. Eine beträchtliche Remobilisierung von P aus dem Sediment ist im Sommer zu verzeichnen; sie führt zu einem Orthophosphatmaximum im Spätsommer und zu einer negativen Phosphorbilanz (Export > Import) in dieser Jahreszeit (vgl. [65]).

3. Modellstruktur

Bei der mathematischen Modellierung eines Ökosystems erfassen wir vorrangig die Komponenten und Prozesse, die unter dem Blickwinkel des Modellierungsziels wesentlich für das ökologische Geschehen in diesem System sind. Im Modell beschreiben wir demnach den Energiefluß durch das System und den Kreislauf von Nährstoffen, die zumindest zeitweise als limitierende Faktoren bei der Primärproduktion auftreten können. Nach den Ausführungen des vorigen Kapitels sind das — wie in vielen eutrophen Gewässern — Phosphor und Stickstoff. In das Modell haben wir also auch den Phosphor- und den Stickstoffkreislauf aufgenommen. Die intrazellulären Nährstoffkonzentrationen nehmen wir als konstant an, da ein nichtstöchiometrischer Modellansatz die dreifache Anzahl der organischen Komponenten bedeuten würde. Das wäre ein Aufwand (auch an zusätzlichen Parametern), der wegen unserer unsicheren Kenntnisse über den Algennährstoffgehalt in den Gewässern nicht gerechtfertigt ist. Bei Gewässerproben wird das gesamte Seston erfaßt, wobei das Phytoplankton im Vergleich zum Detritus im allgemeinen den kleineren Anteil stellt (vgl. [56], [82]). Nichtkonstante Nährstoffgehalte im Seston scheinen in erster Linie von dessen Algenanteil und von seinem Abbaugrad abzuhängen (s. [3], [21], [31]). Für das Bioseston nehmen wir nach GOLTERMAN [30] im Modell an: 1 kJ $\triangleq$ 6 mg N $\triangleq$ 0,45 mg P. (Der Detritus besitzt infolge autolytischer Freisetzungen verringerte Nährstoffkonzentrationen.)

Für die Modellierung des trophischen Netzes wurden folgende Komponenten als wesentlich eingeschätzt, wobei unter Berücksichtigung der Zielfunktion das Schwergewicht auf den niedrigen trophischen Niveaus lag: für den pelagischen Bereich: 3 Phytoplanktongruppen (2 Blaualgengruppen, Kieselalgen), Detritus, Bakterien, (herbivores) Zooplankton, Friedfische; für den Seeboden: Phytobenthos, Bodendetritus, Zoobenthos. Zur Modellierung des Phosphor- und des Stickstoffkreislaufs wurden — außer den in den obigen organischen Komponenten inkorporierten Nährstoffmengen — folgende Komponenten berücksichtigt: Orthophosphat im Pelagial und im

Interstitialwasser; im Sediment adsorptiv gebundenes Phosphat; anorganischer, gelöster Stickstoff (Ammonium + Nitrat) im Pelagial und im Interstitialwasser.

Die Struktur dieses Ökosystemmodells ist in Abb. 3 wiedergegeben, wobei gestrichelte Linien Kopplungen durch Nährstofftransporte, ausgezogene Linien Energie- und Nährstofftransporte und die geknickten Linien reine Energietransporte bedeuten.

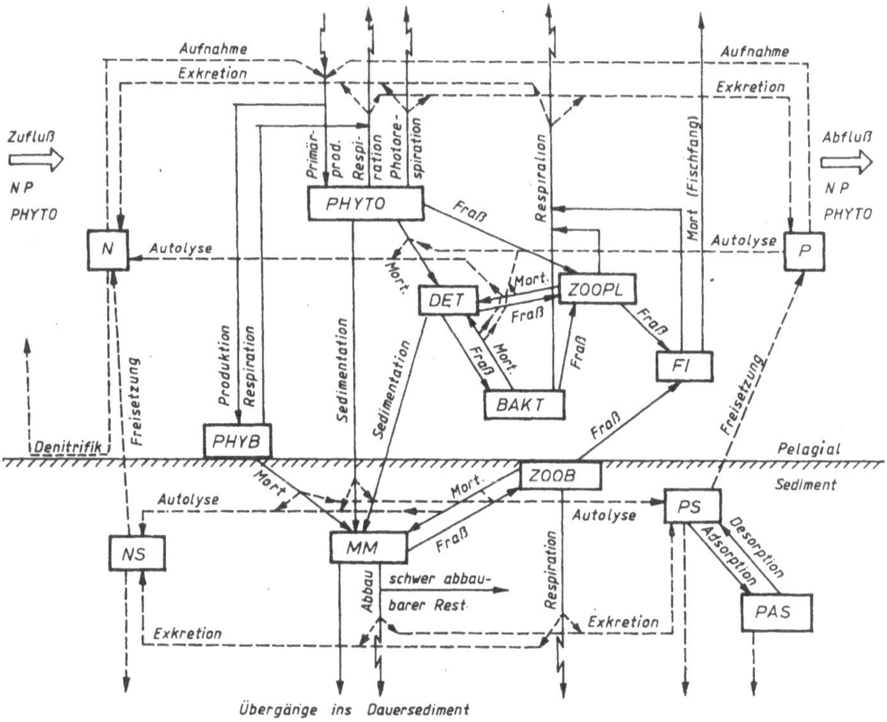

Abb. 3. Ökologisches Modell

Da mit Trophiezunahme in den Gewässern der Detritusweg gegenüber dem Direktfraß immer stärker wird (s. [34], [68]), haben wir in dem Fall, wo es darum ging, allein die Wassergüte des Müggelsees zu betrachten, die höheren trophischen Niveaus (Zooplankton, Zoobenthos, Fische) und das Phytobenthos bei der Modellierung weggelassen.

Für ein System von Flachgewässern setzen wir weiterhin voraus, daß jedes Wasserbecken stets durchmischt ist und alle Inhaltsstoffe homogen verteilt sind. Das ist eine Idealisierung, die in einem Gewässer strenggenommen nicht vorkommen wird; uns genügt es aber hier, wenn diese Bedingung von einer gewissen Mittelungszeit an genügend genau erfüllt ist. So wollen wir mit unserem Modell keine interdiurnen Schwankungen erfassen, da in diesem Falle Konzentrationsänderungen an einer beliebigen Meßstelle eher hydrodynamisch als ökologisch bedingt sein können. Messungen der Wassertrübung in der Oberflächenschicht an 4 verschiedenen Stellen im Müggelsee (täglich am Institutssteg am NW-Ufer, aller 7 Tage an der tiefsten Stelle in der SE-Ecke, im Zu- und Ausfluß), die ab 1979 durchgeführt wurden, ergaben, daß systematische Unterschiede zwischen diesen Meßstellen nur bei derjenigen im Zufluß zu erkennen waren (s. [68]). Auch Vergleiche der Phytoplanktonbiomassen an den beiden Seemeßstellen im Jahre 1979, das sich durch zeitlich gut getrennte Entwicklungen von Algenpopulationen auszeichnete, brachten ein ähnliches Ergebnis: praktisch phasengleiche Entwicklungen bei den Blau- und Kieselalgen, nur bei letzteren teilweise Unterschiede bei der maximalen Biomasse (s. [35]).

Schwierigkeiten für die Modellierung ergeben sich durch temporäre Schichtungserscheinungen, die im Sommer bei geringem Wind und relativ hoher Einstrahlung im Müggelsee auftreten. Produktions- und Destruktionszonen rücken teilweise auseinander, bei verringerten Sauerstoffkonzentrationen in Bodennähe verstärkt sich die Phosphorfreisetzung aus dem Sediment, und die Photosynthese kann bei verbesserten Lichtbedingungen (günstigeres Verhältnis von euphotischer zur Durchmischungsschicht) höhere Werte erreichen. Das sind einige Effekte, die wir mangels eines geeigneten Austauschmodells im Ökosystemmodell noch nicht berücksichtigen konnten.

Die äußeren Steuergrößen Globalstrahlung, Wassertemperatur, Zuflüsse, Nährstoff-, Detritus- und Algenimporte werden als Dekadenmittel vorgegeben. Die aktuellen Tageswerte werden aus den beiden umliegenden Dekadenmitteln linear interpoliert. Die Transporte zwischen den Seen errechnen sich aus den Konzentrationen des „oberen" Wasserbeckens sowie den aktuellen Durchflußmengen und -richtungen, die durch das hydraulische Submodell bereitgestellt werden. Dieses hydraulische Submodell ist im Unterschied zum ökologischen Modell auf die Verhältnisse des Berliner Seensystems zugeschnitten. Das Gesamtmodell ist als Mehrsegmentmodell genügend allgemein geschrieben und ist prinzipiell anwendbar für ein Seensystem, das aus beliebig vielen Wasserbecken (Segmenten) bei beliebiger Verknüpfung besteht. Im speziellen Falle muß die Anzahl der berücksichtigten Wasserbecken vorgegeben und die Hydraulikprozedur (mit der Verknüpfungsstruktur der Segmente) geändert werden.

4. Durchflußmodell

Bei der Berechnung des Durchflusses durch das Berliner Seensystem gehen wir von den gemessenen Randzuflüssen (bei kleineren Zuflüssen werden sie aus Näherungsgleichungen abgeschätzt) aus und legen dabei das in Abb. 4 wiedergegebene räumliche Modell zugrunde. Mit R wollen wir die Wasserführung der Randzuflüsse bezeichnen. Es bedeuten also:

R_0: Zufluß Flakenfließ,
R_1: Zufluß Spree,
R_2: Zufluß Oder – Spree-Kanal,
R_3: Entnahme des Wasserwerks Friedrichshagen,
R_4: Zufluß durch Dahme und Nottekanal,
R_6: Zufluß Erpe (Neuenhagener Mühlenfließ).

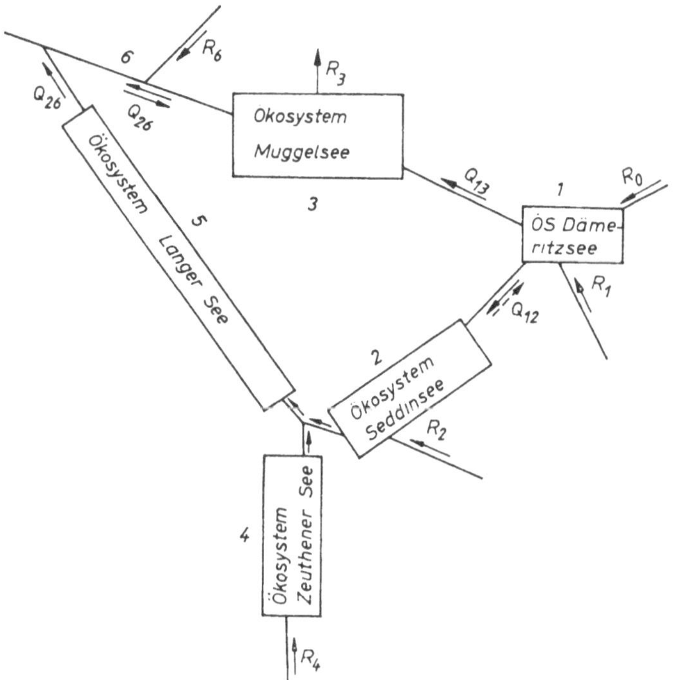

Abb. 4. Hydrologisches Modell des Berliner Seengebietes

Die Durchflüsse bezeichnen wir mit Q, wobei Q_{jk} den Abfluß aus dem See j in das Becken k bedeutet ($j = 1$: Dämeritzsee, $j = 2$: Seddinsee, $j = 3$: Müggelsee, $j = 4$: Zeuthener See, $j = 5$: Langer See; s. Kap. 2). Folgende Elemente dieser Verknüpfungsmatrix sind für das Berliner Seensystem beim Normaldurchfluß von Null verschieden:

Q_{12}: Durchfluß Gosener Kanal + Graben,
Q_{13}: Durchfluß (obere) Müggelspree,

Q_{25}: Abfluß des Seddinsees in den Langen See,
Q_{45}: Abfluß des Zeuthener Sees in den Langen See,
Q_{36}: Abfluß Müggelsee (untere Müggelspree),
Q_{56}: Abfluß Langer See.

Bei Strömungsumkehr im Fließabschnitt kj ist dann $Q_{jk} = 0$ und $Q_{kj} \neq 0$.

Entsprechend der Zeitauflösung des ökologischen Mehrsegmentmodells gehen wir bei der Berechnung des Durchflusses von folgenden Vereinfachungen aus:

- Der Zu- und Durchfluß ist quasistationär: Zuflüsse ändern sich so langsam, daß retentionsbedingte Phasenverschiebungen beim Abfluß zu vernachlässigen sind. Für das System gilt für jeden Zeitpunkt: Abfluß = Zufluß.
- Zusätzliche Quellen und Senken im betrachteten System (z. B. durch Niederschlag, Verdunstung, Austausch mit Grundwasserleitern) gleichen sich aus.
- Für den Durchfluß Q_{jk} gilt das Gesetz von DE CHEZY

$$\Delta h_{jk} = - \operatorname{sign}(Q_{jk}) W_{jk} Q_{jk}^2 ,$$

wobei Δh_{jk} das Spiegelgefälle und W_{jk} den Widerstandsbeiwert des jeweiligen Fließabschnitts bedeuten.

Aus den Bilanzbeziehungen an den einzelnen Knotenpunkten

$$Q_{12} + Q_{13} = R_0 + R_1 ,$$
$$Q_{56} = Q_{25} + Q_{45} = R_2 + R_4 + Q_{12} ,$$
$$Q_{36} = Q_{13} - R_3$$

und der Bedingung, daß beim Umlauf um eine „Masche" die Summe der Höhendifferenzen gleich Null sein muß, ergibt sich eine quadratische Gleichung, die z. B. für Q_{12} folgende Lösung hat:

$$\begin{aligned} Q_{12} = {} & w_{16}(R_0 + R_1) + w_{56}(R_2 + R_4) - w_{36}R_3 - \\ & - SQRT\ \{w_{16}(R_0 + R_1)\ [(w_{16} - 1)\ (R_0 - R_1) + 2w_{56}(R_2 + R_4)] + \\ & \quad + w_{56}(w_{56} + 1)\ (R_2 + R_4)^2 - w_{36}R_3[(1 - w_{36})\ R_3 + \\ & \quad + 2(w_{16} - 1)\ (R_0 + R_1) + 2w_{56}(R_2 + R_4)]\} \end{aligned}$$

mit

$$w_{16} = (W_{13} + W_{36})/W , \qquad w_{56} = W_{56}/W , \qquad w_{36} = W_{36}/W$$

und

$$W = W_{13} + W_{36} - (W_{12} + W_{56}) .$$

Zu beachten ist, daß wir hier die W_{jk} bzw. die dimensionslosen Beiwerte w_{jk} als gerichtete Größen verstehen, die im Normalfall (Abfluß vom Dämeritzsee über Seddinsee, Langen See nach Köpenick bzw. vom Dämeritzsee über

Müggelsee nach Köpenick) positive Werte aufweisen. Die übrigen Durchflußwerte ergeben sich mit Berücksichtigung der Knotenbeziehungen.

Die Unterschiede des hier vorgestellten einfachen Durchflußmodells zu dem Modell NETZ, das von den gleichen Voraussetzungen ausgeht, bestehen in der Beschränkung auf den uns interessierenden Teilbereich und der damit möglichen expliziten Lösung, die in [10], [65] umfassend diskutiert werden.

Der Transport des Wasserinhaltsstoffes $B[i, k]$ aus den Nachbarbecken k in das Becken j berechnet sich dann aus

$$\sum_k Q[k, j]\, B[i, k]\,.$$

Bei einem Randbecken ist für den Gesamtimport zusätzlich der Import „von außen“ zu berücksichtigen. Bei der im nächsten Kapitel erfolgenden Beschreibung der einzelnen Ökosystemkomponenten verzichten wir auf den auf das Becken hinweisenden Index j und bezeichnen die Komponente B_i im allgemeinen mit einer informativen Kurzbezeichnung, z. B. DET für die Detrituskonzentration im gerade betrachteten Becken und DETIN für die mittlere Konzentration im Zufluß bzw. in den Zuflüssen. Statt des ausführlichen obigen Ausdrucks geben wir z. B. den Detritusimport vereinfacht durch $Q \cdot \mathrm{DETIN}$ wieder.

5. Ökologisches Modell

5.1. Detritus

Der Detritus wird durch das Absterben der im Wasser lebenden Organismen und durch deren Ausscheidungen gebildet. Er wird von den Bakterien und vom Zooplankton abgebaut und unterliegt der Sedimentation. Großen Einfluß in flachen Seen besitzt die Aufwirbelung von totem organischem Material vom Gewässergrund, da sie zu zeitweilig sehr starken Erhöhungen des pelagischen Detritusgehaltes beitragen kann. In die Bilanz gehen auch Zu- und Abfluß mit ein. Die Bilanzgleichung lautet:

$$\frac{d}{dt}\mathrm{DET} = \frac{Q}{\mathrm{VOL}}(\underbrace{\mathrm{DETIN}}_{\text{Zufluß}} - \underbrace{\mathrm{DET}}_{\text{Abfluß}}) + \underbrace{\sum_{P,k}\mathrm{MOR}}_{\text{Mortalität}} + \underbrace{\sum_k \mathrm{EX}}_{\text{Exkretion der Konsumenten}} + \underbrace{\mathrm{ZM/H}}_{\text{Aufwirbelung}} - \underbrace{\mathrm{SED_D/H}}_{\text{Sedimentation}} - \underbrace{\mathrm{GRZ_D}}_{\text{Fraß (grazing)}}.$$

DETIN bezeichnet die Detrituskonzentration im Zufluß [kJ/m³], VOL das Seevolumen [m³], H die mittlere Tiefe des Sees [m] und t die Zeit.

Solange der Wasserspiegel der betrachteten Seen nur sehr geringen Schwankungen ausgesetzt ist und Zu- und Abfluß durch definierte Flüsse erfolgen, können VOL = const und Zu- und Abflußwassermenge gleichgesetzt werden, wodurch nur eine Größe Q in der Gleichung auftritt.

Die Glieder für die Mortalität, die Exkretion und den Fraß werden in Zusammenhang mit den lebenden Komponenten und die Aufwirbelung in Zusammenhang mit dem organischen Material im Sediment besprochen.

Für die *Sedimentation* wurde der Ansatz

$$\mathrm{SED_D} = \mathrm{KSED_D} \cdot \mathrm{FTS} \cdot \mathrm{DET} \qquad [\mathrm{kJ/(m^2\,d)}]$$

gewählt. In der Sedimentationsgeschwindigkeit $\mathrm{KSED_D}$ [m/d] sind sämtliche die Sedimentation beeinflussenden Konstanten, wie das spezifische Gewicht und die Größe der Partikeln, der Formbeiwert usw., zusammengefaßt. In der Literatur werden Meßwerte zwischen 0,5 und 3,7 m/d für die Sedimentationsgeschwindigkeit angegeben. Ebenfalls sehr stark streuen die Werte, die durch Versuche mit einem entsprechenden mathematischen Modell nahegelegt werden (0,2 bis 2,4 m/d). Bei der Simulation zeigte sich, daß ein Wert von 0,5 m/d zu guten Modellergebnissen führt.

Mit FTS wird die Temperaturabhängigkeit bezeichnet, die im wesentlichen den Einfluß der Temperatur auf die Viskosität des Wassers widerspiegelt:

$$\mathrm{FTS} = 0{,}5 + T/36 \,.$$

Diese Funktion stimmt gut mit den Experimentalergebnissen von SMAYDA [71] überein.

5.2. Phytoplankton

Zur Beschreibung der gesamten Phytoplanktonbiomasse und zur Erfassung der Algensukzession mit Hilfe des Modells ist eine Unterteilung des Phytoplanktons in mehrere Gruppen notwendig. Aus der Analyse der für die Jahre 1976 bis 1979 durchgeführten Untersuchungen der Biomasse und Artenzusammensetzung des Phytoplanktons (s. [35], [74]) ergibt sich, daß für den Müggelsee mindestens 3 Gruppen von Phytoplankton berücksichtigt werden müssen:

1. Diatomeen (Hauptvertreter: *Melosira granulata, Stephanodiscus astraea*). Diatomeen besitzen eine hohe Sinkgeschwindigkeit. Charakteristische Biomassemaxima treten im Frühjahr, Spätsommer und im Herbst auf.
2. Frühjahrsblaualgen (Hauptvertreter: *Oscillatoria redekei*). Die Sinkgeschwindigkeit dieser Blaualgengruppe ist gering (s. [28]). Charakteristische Maxima werden im Mai beobachtet. Bei hohen Wassertemperaturen und geringen Stickstoffkonzentrationen treten Biomasseverringerungen auf.
3. Sommerblaualgen (Hauptvertreter: *Oscillatoria agardhii, Aphanizomenon flos-aquae, Microcystis aeruginosa*). Von der Sinkgeschwindigkeit kann

man ebenfalls annehmen, daß sie gering ist. Biomassemaxima treten in den Sommermonaten auf. Ein Biomasserückgang bei hohen Temperaturen und geringen Stickstoffkonzentrationen wird nicht beobachtet.

Die in diesen Phytoplanktongruppen erfaßten 6 Algenarten sind die produktionsbestimmenden Phytoplankter im Müggelsee. Der Anteil dieser Arten an der Gesamtbiomasse beträgt für die Vegetationsperioden der Jahre 1976–1979 86% (s. [12]). In anderen eutrophen Flachseen (z. B. Lough Neagh, Loch Leven, Trummen, Bysjön, Norrviken) gehört die Mehrzahl dieser Arten ebenfalls zu den dominanten Phytoplanktern (vgl. [3], [8], [18], [19], [29], [38]).

Für jede Gruppe wurde folgende *Bilanzgleichung* der Biomasse aufgestellt:

$$\frac{d}{dt}\mathrm{PHYT}_i = \underbrace{\frac{Q}{\mathrm{VOL}}\,(\mathrm{PHYTIN}_i}_{\text{Zufluß}} - \underbrace{\mathrm{PHYT}_i)}_{\text{Abfluß}} + \underbrace{\mathrm{PP}_i}_{\text{Bruttoprimärproduktion}} - \underbrace{\mathrm{PRES}_i}_{\text{Photorespiration}} - \underbrace{\mathrm{RES}_i}_{\text{Respiration}} - \underbrace{\mathrm{SED}_i/\mathrm{H}}_{\text{Sedimentation}} - \underbrace{\mathrm{GRZ}_i}_{\text{Fraß}}$$

$$(i = 1, 2, 3)\,.$$

PHYTIN ist die Phytoplanktonkonzentration im Zufluß.

Bei der Formulierung der Ansätze für die populationsinternen Produktions- und Verlustprozesse stützten wir uns auf Modellvorstellungen, die von Behrendt [12] für die Beschreibung der Biomasseänderung von Algenarten entwickelt wurden. Schwerpunkt dieses Modells ist die Erfassung der Temperatur- und Strahlungsabhängigkeit des Wachstums. Die Basis bilden allgemeine Gesetzmäßigkeiten und Modellvorstellungen über enzymatische Prozesse. Das Wachstum einer Phytoplanktonpopulation unter Laborbedingungen wird als das Ergebnis der Bilanz intrazellulärer Prozesse aller Zellen dieser Population aufgefaßt. Auf die Mindestzahl dieser Prozesse wird aus Wachstumsmessungen geschlossen, und es werden die Prozesse ebenfalls auf der Basis von Wachstumsmessungen quantifiziert. Neu ist vor allem die Einbeziehung eines photoexogonen Prozesses der Photorespiration, wodurch gute Modellergebnisse im Vergleich zu gemessenen Wachstumsraten ermittelt werden konnten.

Bei der Übertragung der Modellvorstellungen von Behrendt [12] vom Labor auf die Entwicklung der Algenart im Gewässer werden zusätzlich die Nährstoffabhängigkeiten des Wachstums von Stickstoff und Phosphor berücksichtigt. Die Mortalität wird in diesem Modell in der Biomassebilanz nicht explizit erfaßt. In Analogie zum Wachstumsbegriff wird das Neg-Wachstum als der Ausdruck der negativen zeitlichen Änderung der Biomassebilanz definiert. Wachstum und Neg-Wachstum als verallgemeinerte Prozesse der Population werden als Ergebnis der summarischen Bilanz der intrazellulären Prozesse aller Zellen der Population aufgefaßt und durch diese gesteuert. Erst im Zusammenhang mit der Aufteilung der Stoffflüsse wird die Mortalität in dem Ökosystemmodell berücksichtigt.

Die populationsinternen Prozesse werden durch folgende Gleichungen beschrieben:

Photosynthese bzw. Bruttoprimärproduktion:

$$\mathrm{PP}_i = \mathrm{KP}_i \cdot \mathrm{FN}_i \cdot \mathrm{FP}_i \cdot \mathrm{FJP}_i \cdot \exp(\mathrm{TPP}_i \cdot \mathrm{T}) \cdot \mathrm{PHYT}_i \;;$$

Koeffizient | Phosphorabhängigkeit | Temperaturabhängigkeit | Biomasse

Stickstoffabhängigkeit

Strahlungsabhängigkeit

T ist die Temperatur.

Für die Nährstoffabhängigkeiten wurde die MONOD-Kinetik zugrunde gelegt:

$$\mathrm{FN}_i = \mathrm{N}/(\mathrm{KSN}_i + \mathrm{N}) \;; \qquad \mathrm{FP}_i = \mathrm{P}/(\mathrm{KSP}_i + \mathrm{P})\,.$$

N und P bezeichnen die Konzentrationen gelöster anorganischer Stickstoffverbindungen bzw. des Orthophosphates, KSN, KSP sind Halbsättigungskonstanten für die Nährstoffabhängigkeiten.

Der Formulierung der Lichtabhängigkeit liegt die Annahme zugrunde, daß die Algen im Wasser so intensiv auf und ab bewegt werden, daß sie alle der mittleren Strahlungsintensität der euphotischen Zone ausgesetzt sind (vgl. [12], [14]):

$$\mathrm{FJP}_i = \frac{\mathrm{IM}}{\mathrm{IPP}_i + \mathrm{IM}}\,.$$

IM ist die mittlere wirksame Strahlungsintensität und IPP_i die Halbsättigungskonstante. Die mittlere Strahlungsintensität (IM) wird durch die in das Gewässer eindringende Strahlung und deren Schwächung über die vorhandene Tiefe bestimmt, wobei nur 50% der Globalstrahlung — das Spektrum von etwa 400 bis 700 nm — photosynthetisch wirksam sind und ein jahreszeitlich unterschiedlicher Anteil an der Oberfläche reflektiert wird.

Besondere Bedingungen treten bei Eisbedeckung auf. Es wird angenommen, daß durch das Eis im Mittel 70% des Lichtes zurückgehalten werden; befindet sich auch noch Schnee auf dem Eis, sind es 99%.

Die mittlere Strahlung in der euphotischen Zone ergibt sich unter der Annahme eines tiefenunabhängigen vertikalen Extinktionskoeffizienten zu

$$\mathrm{IM} = \frac{\mathrm{IO}}{\mathrm{EPS} \cdot \mathrm{H}}\,[1 - \exp(-\mathrm{EPS} \cdot \mathrm{H})]\,,$$

wobei IO die photosynthetisch wirksame Strahlung unmittelbar unter der Wasseroberfläche ist.

Der in der Oberflächenschicht vorhandene Einfluß der äußeren Strahlungsverteilung auf den vertikalen Extinktionskoeffizienten bleibt unberücksichtigt. Es wird also angenommen, daß in erster Näherung der vertikale Extinktionskoeffizient ein „echter“ optischer Parameter des Mediums und damit dem Sestongehalt proportional ist.

Aus den Regressionen zwischen Sestongehalt (als Energieäquivalent) und dem physikalischen Extinktionskoeffizienten sowie zwischen physikalischem und vertikalem Extinktionskoeffizienten ergibt sich

$$\mathrm{EPS} = 0{,}3527 + 0{,}00585\,[\sum(\mathrm{KEPS}_i \cdot \mathrm{PHYT}_i) + \mathrm{DET}]\,.$$

Aus dem mittleren Gang der einzelnen Sestonbestandteile im Müggelsee für die Jahre 1976 bis 1978 wurden die Koeffizienten KEPS_i abgeschätzt zu

$$\mathrm{KEPS}_1 = 0{,}45\,, \qquad \mathrm{KEPS}_2 = 0{,}85\,, \qquad \mathrm{KEPS}_3 = 1{,}5\,.$$

Die *Respiration* ist allein eine Funktion der Biomasse und der Temperatur:

$$\mathrm{RES}_i = \mathrm{KR}_i \cdot \exp\,(\mathrm{TR}_i \cdot \mathrm{T}) \cdot \mathrm{PHYT}_i\;;$$

KR_i und TR_i sind Koeffizienten.

Unter *Photorespiration* wird ein temperatur- und strahlungsabhängiger enzymatischer Prozeß verstanden, der in der Biomassebilanz als Verlustprozeß in Erscheinung tritt. Experimentelle Untersuchungen (s. [16], [20], [32], [48], [59]) bestätigen diese allgemeinen Annahmen über diesen Prozeß und weisen nach, daß er bei Algen eine Rolle spielt. Bezüglich seiner Temperaturabhängigkeit kann man davon ausgehen, daß diese ebenfalls wie bei der Photosynthese und der Respiration auf Grund der Beteiligung von Enzymen an diesem Prozeß exponentiellen Charakter besitzt. Da bezüglich seiner Strahlungsabhängigkeit aus den experimentellen Befunden keine zwingenden funktionellen Beziehungen ableitbar sind, wird zunächst angenommen, daß für ihn der Strahlungseinfluß analog zur Photosynthese beschrieben werden kann (s. [12]):

$$\mathrm{PRES}_i = \mathrm{KPR}_i \cdot \mathrm{FJR}_i \cdot \exp\,(\mathrm{TPR}_i \cdot \mathrm{T}) \cdot \mathrm{PHYT}_i\;;$$

KPR_i und TPR_i sind Koeffizienten.

Für die Strahlungsabhängigkeit wurde angenommen

$$\mathrm{FJR}_i = \mathrm{IM}/(\mathrm{IPR}_i + \mathrm{IM})\;;$$

IPR_i ist die Halbsättigungskonstante für die Strahlungsabhängigkeit der Photorespiration.

Für die *Sedimentation* wurde der gleiche Ansatz wie für den Detritus gewählt:

$$SED_i = KSED_i \cdot FTS \cdot PHYT_i .$$

Die Ansätze für den *Fraß* durch Zooplankton werden in Zusammenhang mit dem Modell der Konsumenten behandelt.

Zur Bestimmung der Modellkoeffizienten für die einzelnen Phytoplanktongruppen wurde die Entwicklung jeder Gruppe unabhängig von dem gesamten Ökosystemmodell entsprechend der von BEHRENDT [12] beschriebenen Methode simuliert. Für die Blaualgengruppen konnten wir uns dabei auf Laboruntersuchungen der Temperatur- und Strahlungsabhängigkeit des Wachstums von CONRAD [17], NICKLISCH u. a. [53], [54], FOY u. a. [26], AHLGREN [2] stützen.

Für die dominanten Diatomeenarten fehlen solche komplexen Untersuchungen leider zur Zeit noch, so daß es nicht möglich ist, aus Wachstumsmessungen die wachstumsbestimmenden Prozesse zu berechnen. Um diesen Nachteil zu umgehen, wurde in der Bilanzgleichung der Diatomeen der Prozeß der Photorespiration zunächst vernachlässigt und aus Laboruntersuchungen zur Temperatur- und Strahlungsabhängigkeit das Wachstum von *Asterionella formosa* (s. [13]) und auf der Grundlage des vereinfachten Modells (vgl. [11]) Modellkoeffizienten für diese Phytoplanktongruppe bestimmt. Die Werte dieser Koeffizienten wurden dann bei separaten Modellsimulationen dieser Gruppe präzisiert.

Um die von BEHRENDT [12] erarbeiteten Modellvorstellungen über die Phytoplanktonentwicklung in ein Ökosystemmodell einzubauen, ist es notwendig, die Verluste (innere Verluste der Phytoplanktongruppen PRES und RES) qualitativ zu unterscheiden, d. h. Festlegungen über den Verbleib der bei den Verlusten auftretenden Energie- und Masseströme zu treffen. Qualitativ unterteilt werden die Verluste im Modell in Mortalität MOR und in Verluste zur Aufrechterhaltung der Lebensprozesse, DIS (MOR + DIS = = PRES + RES). Da Aussagen insbesondere zur Mortalität des Phytoplanktons zur Zeit nicht möglich sind, wurden folgende Annahmen getroffen:

1. Je ungünstiger die Lebensbedingungen, desto größer ist der Anteil von absterbenden Zellen und Exkretion an den gesamten Verlusten. Maß für die Lebensbedingungen ist das Verhältnis der Verluste zur Produktion.
2. Der funktionelle Zusammenhang soll durch eine Sättigungskurve beschrieben werden (d. h., ist das Verhältnis (PRES + RES)/PP > 1, so ist die Wachstumsrate negativ, und die Wahrscheinlichkeit für das Absterben der Algenzellen steigt).

Aus diesen Annahmen ergeben sich folgende Gleichungen:

$$VP_i = (PRES_i + RES_i)/PP_i \qquad (i = 1, 2, 3) ;$$

$$MOR_i = [1 - \exp(-KMOR_i \cdot VP_i)] \cdot (PRES_i + RES_i) .$$

Über die Konstanten $KMOR_i$ ist praktisch zur Zeit nichts bekannt. Sie sind die wichtigsten Kopplungskonstanten zwischen dem Phytoplankton-Teilmodell und dem gesamten Ökosystemmodell, da die Mortalität die Größe der Detrituskomponente bestimmt. Die Ermittlung ihres Wertes muß Simulationen mit dem Gesamtmodell vorbehalten bleiben.

5.3. Konsumenten, Destruenten

Die Beschreibung der Bilanzgleichungen für die höheren trophischen Niveaus können wir geschlossen vornehmen, da nicht bloß die Form der Bilanzgleichungen, sondern auch gleiche Abhängigkeiten der einzelnen Bilanzglieder vorausgesetzt werden. Mit dem Versuch, trophoökologische Abhängigkeiten auf Grundschemen zurückzuführen, wollen wir das prinzipielle Verhalten unterschiedlicher Populationen herausstellen und die Mannigfaltigkeit biologischer Beziehungen übersichtlicher gestalten.

Das Ziel dieser Betrachtungsweise ist, daß die populationsspezifischen Koeffizienten nur von der Individuengröße abhängen und so die Anpassung einer Bilanzgleichung an eine zusätzlich oder ersatzweise eingeführte andere Population erleichtert wird oder saisonbedingte Änderungen z. B. in der Alters-/Größenstruktur einer Population wiedergegeben werden können. Empirische Abhängigkeiten von der Individuengröße sind schon oft für anabolische und katabolische Prozesse festgestellt und beschrieben worden (z. B. ODUM [55], VINBERG [79], [80], ZEUTHEN [89], FENCHEL [24], PARKER [58], SUŠČENJA [73]).

In dem vorliegenden Modell haben wir uns vorerst darauf beschränkt, nicht genügend bekannte trophoökologische Parameter aus Individuengrößen abzuschätzen bzw. diese Werte abzusichern. Interessant in diesem Zusammenhang ist die These von J. P. WESLEY, nach der auch für die Mortalität eine Größenabhängigkeit postuliert wird (s. [87]). (Nach WESLEY stirbt ein Organismus, wenn er einen bestimmten Energiebetrag pro Masseneinheit verbraucht hat. Die Lebensdauer ist also von der Freßrate abhängig, die wiederum eine Funktion der Körpergröße ist.)

Die Bilanzgleichung für die berücksichtigten Konsumentengruppen (herbivores Zooplankton, Bakterien, Friedfische, Zoobenthos) lautet:

$$\frac{d}{dt} B_i = \underset{\substack{\text{Freßrate} \\ \text{(Ingestion)}}}{ING_i} - \underset{\text{Exkretion}}{EX_i} - \underset{\text{Dissimilation}}{DIS_i} - \underset{\text{Mortalität}}{MOR_i} - \underset{\text{Fraß}}{GRZ_i} .$$

Mit Ausnahme der Bodentiere [kJ/m²] wird die Biomasse B der übrigen Gruppen in [kJ/m³] angegeben.

Bei der Formulierung der Freßrate gehen wir von experimentellen Befunden aus, die zeigen, daß im Unterschied zum Ansatz von VOLTERRA eine Nahrungsaufnahme nur bis zu einem (körpergrößenabhängigen) Maximalwert INGMAX (maximale Freßrate, Nahrungsbedarf) stattfindet, der bei sehr großen Futterkonzentrationen asymptotisch eingenommen wird (s. [37], [73]). (Der bilineare Ansatz von VOLTERRA, in dem die Freßrate dem Produkt von Räuber- und Beutebiomasse proportional ist, setzt voraus, daß das zufällige Aufeinandertreffen von gleichmäßig verteilten Räuber- und Beuteindividuen für die letzteren stets tragisch endet.)

Diese zunächst von IVLEV für die Ernährung von Fischen gefundene und quantitativ formulierte Abhängigkeit wurde von VINBERG in seinem mathematischen Modell eines aquatischen Ökosystems für Konsumenten allgemein genutzt (s. [84]). Dieser Ansatz wurde von uns verallgemeinert und später nur die exponentielle Abhängigkeit durch eine hyperbolische ersetzt (vgl. [67]). Von den Konsumentenmodellen — speziell für das Zooplankton — der letzten Jahre, in denen ein hyperbolischer MONOD-Ansatz immer mehr bevorzugt wird (s. [41]), unterscheidet sich die von uns benutzte Abhängigkeit durch eine nicht konstante „Halbsättigungskonzentration“:

$$\mathrm{ING}_i = \frac{\sum\limits_j \mathrm{KTR}_{ij} \cdot \mathrm{B}_j}{\mathrm{KSB}_i \cdot \mathrm{INGMAX} + \sum\limits_j \mathrm{KTR}_{ij} \cdot \mathrm{B}_i} \cdot \mathrm{INGMAX}_i ,$$

wobei $\mathrm{INGMAX} = \mathrm{KING} \cdot \mathrm{FTK} \cdot \mathrm{B}$: die maximale Freßrate bedeutet. $\mathrm{FTK} = 0{,}1 + 0{,}05 \cdot \mathrm{T}$ ist die Temperaturabhängigkeit und KING ein artspezifischer, körpergrößenabhängiger Koeffizient. KTR ist die Trophiematrix und $\sum\limits_j \mathrm{KTR}_{ij} \cdot \mathrm{B}_j$ die dem Konsumenten i zugängliche Futtermenge, wobei über alle organischen Ökosystemkomponenten zu summieren ist (die Werte der Trophiematrix sind Null, wenn zwischen den Populationen i und j keine trophischen Beziehungen bestehen). — Unter „Zugänglichkeit“ wollen wir hier sowohl die Merkmale des „Vorzugsfutters“ als auch die spezielle räumliche Zugänglichkeit verstehen (s. [37]).

Unser Ingestionsansatz zeichnet sich dadurch aus, daß die Freßrate nicht nur hyperbolisch von der Futtermenge, sondern auch von der Konsumentenmenge abhängt, d. h., bei hoher Futterkonzentration ist die Freßrate von der Futterkonzentration unabhängig, und bei hoher Konsumentenkonzentration hängt die Freßrate von der Konsumentenkonzentration nicht ab. Im letzteren Falle nimmt also die spezifische Freßrate $\mathrm{ING}_i/\mathrm{B}_i$ auf Null ab:

$$\lim_{\mathrm{B}_i \to \infty} \mathrm{ING}_i/\mathrm{B}_i = 0 .$$

Die Konstante KSB hat die Dimension einer Zeit, und ihr Kehrwert bedeutet den Anteil der Futtermenge, der bei schlechten Ernährungsbedingungen (wenig Futter, viele Konsumenten) pro Tag verbraucht wird. Für

$$\mathrm{INGMAX} \gg \frac{1}{\mathrm{KSB}} \sum_j \mathrm{KTR}_{ij} \cdot \mathrm{B}_j$$

gilt

$$\mathrm{ING}_i \approx \frac{1}{\mathrm{KSB}} \sum_j \mathrm{KTR}_{ij} \cdot \mathrm{B}_j.$$

Nach den publizierten Untersuchungsergebnissen ist die „Halbsättigungskonzentration" $\mathrm{KSB}_i \cdot \mathrm{INGMAX}_i$ von Population zu Population stark verschieden; dafür scheint der Parameter KSB einen von der Konsumentengruppe und damit auch von der Individuengröße unabhängigen Wert anzunehmen (vgl. [37], [73], [84], [88]). Aus Halbsättigungskonzentrationen, die in der Literatur angegeben werden, schätzen wir für KSB Werte ab, die zwischen 7 und 10 Tagen liegen. Da diese Gruppen sowohl Bakterien als auch Fische einschließen, Gruppen also, die wegen stark differierender Assimilationsweisen und Körpergewichte (10^{-12} g bis $10^2/10^3$ g) einen Vergleich kaum zuzulassen scheinen, verblüfft eine solche Übereinstimmung und fordert eine detaillierte, grundlegende Untersuchung heraus. In bestimmten Fällen wurden auch Simulationen mit einem Ingestionsansatz durchgeführt, bei dem auch eine minimale, nicht nutzbare Futterkonzentration berücksichtigt wurde. Da aber zur Überprüfung der Ergebnisse für die höheren trophischen Niveaus in unserem Untersuchungsgebiet keine quantitativen Angaben vorliegen, wurde diese Erweiterung nicht allgemein vorgenommen, um zusätzliche unbekannte Koeffizienten zu vermeiden. Aus diesen Gründen begnügten wir uns bei der Formulierung der übrigen Bilanzposten mit einfachen Ansätzen.

Die Exkretion EX wurde der Freßrate linear proportional gesetzt, d. h., der Assimilationsquotient KASS = (ING − EX)/ING wurde als konstant angenommen. Die benutzten Werte — wie auch bei den übrigen Parametern — wurden vor allem der Übersicht von SUŠČENJA [73] und dem Sammelband „Allgemeine Grundlagen des Studiums von aquatischen Ökosystemen" [83] entnommen.

Die Dissimilation DIS ist der Biomasse der betrachteten Gruppe proportional:

$$\mathrm{DIS}_i = \mathrm{KDIS}_i \cdot \mathrm{FTK} \cdot \mathrm{B}_i\,.$$

Ein ähnlicher Ansatz wurde auch für die (natürliche) Mortalität vorgenommen:

$$\mathrm{MOR}_i = \mathrm{KMOR}_i \cdot \mathrm{FTS} \cdot \mathrm{B}_i\,,$$

wobei hier eine geringere Abhängigkeit von der Temperatur angesetzt wurde:

$$\mathrm{FTS} = 0{,}5 + \mathrm{T}/36 .$$

Zu den Mortalitätskoeffizienten ist zu bemerken, daß dafür in der Literatur nicht so sichere Angaben vorliegen wie bei der Dissimilation.

Der Fraß GRZ ergibt sich aus dem Ingestionsansatz, da er für eine bestimmte Gruppe j die Summe der partiellen Freßraten des Konsumenten i darstellt:

$$\mathrm{GRZ}_j = \sum_i \left(\frac{\mathrm{KTR}_{ij} \cdot \mathrm{INGMAX}_i}{\mathrm{KSB}_i \cdot \mathrm{INGMAX}_i + \sum_j \mathrm{KTR}_{ij} \cdot \mathrm{B}_j} \right) \cdot \mathrm{B}_j .$$

Für die trophischen Verbindungen wurde angenommen, daß sich die Bakterien nur vom Detritus ernähren und das Zoobenthos, das im Müggelsee zu einem großen Teil durch Chironomidenlarven (*Chironomus plumosus*) repräsentiert wird, nur vom Bodendetritus (s. [40], [47]). Für die Friedfische wurde vorausgesetzt, daß sie sich sowohl vom Zooplankton als auch vom Zoobenthos ernähren. Das Zooplankton, dessen Zusammensetzung aus Rotatorien, Cladoceren und Copepoden bei unserer Einordnung in eine Gruppe als konstant angesetzt werden muß, ernährt sich vom Detritus, von Bakterien und von allen drei Algengruppen. Infolge ungenügender Hinweise sind die angenommenen Elektivitätskoeffizienten als unsicher einzustufen, wobei wir folgende Reihung vornahmen (s. [83]): geringe Vorliebe der vorherrschenden Mikrofiltrierer für Blaualgen (Oszillatorien, *Aphanizomenon*), KTR = 0,1, ein etwas größeres für Diatomeen (*Melosira*, *Stephanodiscus*), wobei bei den Zellgrößen dieser Arten das angenommene KTR = 0,5 im Vergleich zu den Blaualgen zu groß sein kann. (Da im Müggelsee Nannoplankter und Chlorophyceen nur schwach vertreten sind, werden diese — allgemein als „Lieblingsfutter" eingeschätzten — Gruppen im Modell nicht berücksichtigt.)

Eine bessere Zugänglichkeit wird für den Detritus mit KTR = 0,75 eingeschätzt, wobei hier berücksichtigt wurde, daß im wesentlichen nur „junger" Detritus assimiliert wird. Angaben über den schwer abbaubaren, „alten" Detritusanteil, der wegen verminderter Energiegehalte in unserem „Energiemodell" sicherlich eine geringere Rolle als in einem „Gewichtsmodell" spielt, liegen für den Müggelsee nicht vor. Unsicher sind auch die Angaben für den Gesamtdetritus, der aus der Differenz zwischen Sestonmessungen (nach Literaturwerten aus Trockengewichten umgerechnete Energiegehalte) und Algenbiomasse-Bestimmungen (nach Literaturwerten aus Biovolumen umgerechnete Energiewerte) ermittelt wurde (vgl. [7], [40]). Eine volle Zugänglichkeit mit KTR = 1 wurde für die Bakterien angenommen.

5.4. Gelöste Nährstoffe

Phosphor

Diese Komponente enthält alle von den Algen assimilierbaren P-Verbindungen. Da entgegen früheren Modellversionen (s. [66]) eine Komponente der nichtassimilierbaren gelösten Phosphate aus Gründen der Vereinfachung nicht mehr enthalten ist, gehen in diese eine P-Komponente auch alle P-Ströme mit ein, die aus dem Abbau organischen Materials, aus Exkretion und Autolyse stammen. Es liegt also die Annahme zugrunde, daß die Remineralisierung ein ständiger und relativ schneller Prozeß ist und die Menge der nicht assimilierbaren Phosphorverbindungen im Wasser als P-Speicher keine wesentliche Rolle spielt. Die bisherigen Untersuchungen am Müggelsee widersprechen diesen Annahmen nicht. Die Bilanzgleichung lautet

$$\frac{d}{dt}\mathrm{P} = \frac{Q}{\mathrm{VOL}}(\underbrace{\mathrm{PIN}}_{\text{Zufluß}} - \underbrace{\mathrm{P}}_{\text{Abfluß}}) + \mathrm{SP}\,[\underbrace{\mathrm{LY}\cdot\sum \mathrm{MOR}}_{\text{Autolyse}} + \underbrace{\mathrm{LY}\cdot\sum \mathrm{EX}}_{\text{Exkretion}} - \underbrace{\sum \mathrm{PP}}_{\text{Produktionsverbrauch}} +$$

$$+ \underbrace{\sum \mathrm{DIS}}_{\text{Dissimilation}} - \underbrace{\mathrm{LY}\cdot\mathrm{GRZ_D}}_{\text{Fraß an Detritus}}] + \underbrace{\mathrm{ZP/H}}_{\text{Freisetzung aus dem Sediment}}\,.$$

LY ist der aus abgestorbenem Material autolytisch freisetzbare Anteil der Nährstoffe, SP der spezifische Phosphorgehalt der Biomasse; er beträgt nach GOLTERMAN [30] 0,45 mg P/KJ.

Eine sehr wichtige Quelle gelöster Nährstoffe stellt die autolytische Freisetzung aus abgestorbenen Hydrobionten und aus nichtassimiliertem Futter (bei Konsumenten) dar, die durch den Term $\mathrm{LY}\cdot(\sum \mathrm{MOR} + \sum \mathrm{EX})$ repräsentiert wird. Nach Untersuchungen von TESSENOW [76] ist der autolytisch (d. h. sehr schnell) freisetzbare Anteil von in den lebenden Organismen vorhandenen Phosphaten etwa 75%. Der Koeffizient LY hat somit den Wert LY = 0,75. Dieser Wert wurde auch für Stickstoff verwendet, wobei hier aber ein relativ hohes Maß an Unsicherheit vorhanden ist. — Dem obigen Modellansatz liegt die Annahme zugrunde, daß die Autolyse sehr schnell verläuft, also dem Absterben proportional ist.

Da in einem stöchiometrischen Modell der Nährstoffgehalt der Hydrobionten konstant bleibt, wird bei der Dissimilation der anteilige Nährstoffgehalt mit ausgeschieden. Bei den Primärproduzenten sind diese Ausscheidungen der Dissimilation direkt proportional ($\mathrm{SP} * \mathrm{DIS}$), bei Konsumenten, die sich auch von Detritus ernähren, der in unserem Modell geringere Nährstoffkonzentrationen enthält, muß ein Korrekturglied berücksichtigt werden: $\mathrm{SP} * [\mathrm{DIS} - \mathrm{LY} * \mathrm{GRZ_D}]$. (Die effektive Nährstoffaufnahme der Primärproduzenten ist also der Nettoprimärproduktion PP — DIS proportional.)

Stickstoff

Wie beim Phosphor ist auch beim Stickstoff nur eine gelöste Komponente modelliert. Die Bilanzgleichung lautet

$$\frac{d}{dt}N = \underbrace{\frac{Q}{VOL}(NIN}_{\text{Zufluß}} - \underbrace{N)}_{\text{Abfluß}} + SN\,[\underbrace{LY \cdot \sum MOR}_{\text{Autolyse}} + \underbrace{LY \cdot \sum EX}_{\text{Exkretion}} - \underbrace{\sum PP}_{\text{Produktionsverbrauch des Phytoplanktons}} +$$

$$+ \underbrace{\sum DIS}_{\text{Dissimilation}} - \underbrace{LY \cdot GRZ_D}_{\text{Fraß an Detritus}}] + \underbrace{ZN/H}_{\text{Freisetzung aus dem Sediment}} - \underbrace{DENIT/H}_{\text{Denitrifikation}}$$

SN ist der spezifische Stickstoffgehalt der Biomasse; er beträgt nach GOLTERMAN ca. 6 mg N/KJ.

Zusätzlich zur Bilanz des Phosphors ist nur der Term für die Denitrifikation enthalten, ein Prozeß, der am oder im Sediment stattfindet, aber von der NO_3- oder O_2-Konzentration des Wassers gesteuert wird. Obwohl die Vorstellungen über den Denitrifikationsprozeß qualitativ schon recht gut sind (siehe KAMP-NIELSEN u. ANDERSEN [44]), reichen insbesondere die quantitativen Angaben über die einzelnen beteiligten Faktoren noch nicht aus, gesicherte Modelle aufzubauen (vgl. [27]). Die bisher in der Literatur angegebenen Modelle tragen stark hypothetischen Charakter. Da die Denitrifikation aber eine für die meisten Seen sehr wesentliche Stickstoffsenke ist, konnte auch bei diesem Modell auf die Einbeziehung der Denitrifikation nicht verzichtet werden. Es wurden die aus zahlreichen Versuchen von ANDERSEN [5] am dänischen Bryrup Langsø hervorgegangenen empirischen Beziehungen

$$\text{DENIT [mg N/(m}^2\text{ d)]} = 39 \cdot \text{N [mg N/l]}^{0,85} \qquad \text{für den aeroben Fall}$$

und

$$\text{DENIT [mg N/(m}^2\text{ d)]} = 143 \cdot \text{N [mg N/l]}^{0,75} \qquad \text{für den anaeroben Fall}$$

verwendet. Als Kriterien für den Sauerstoffzustand wird das Verhältnis von Sauerstoffverbrauch und -zufuhr verwendet (siehe „Abbau des organischen Materials").

Da für die Denitrifikation von gelösten anorganischen Stickstoffverbindungen lediglich das Nitrat entscheidend ist, das Modell aber diese Fraktion nicht separat berechnet, wurde ein fester Anteil von Nitrat am gesamten anorganisch gelösten N in die Gleichungen eingeführt. Aus den Beobachtungen der letzten Jahre ergab sich ein Anteil von 65% für den Müggelsee (s. [65]). Der Ansatz für die Denitrifikation enthält damit also 5 Koeffizienten, von denen 4 aus den Untersuchungen am Bryrupsø und einer vom Müggelsee stammen.

5.5. Der Sedimentbereich

Das Sediment vieler flacher eutropher Seen besteht aus zum Teil meterdicken Ablagerungen, von denen nur eine dünne Oberflächenschicht in direktem Kontakt mit dem Freiwasser steht. In dieser Schicht laufen die intensiven Abbauprozesse ab, hier siedeln Benthosorganismen, und die Eigenschaften dieser Schicht sind für die Austauschprozesse mit dem Freiwasser bestimmend. Die rückführbaren Nährstoffvorräte der Oberflächenschicht stehen dem gesamten Ökosystem zur Verfügung. Damit ist die Dicke dieser Schicht von ganz besonderem ökologischem Interesse.

In der Literatur wird allerdings meist nur auf solche Kriterien wie Eindringtiefe bestimmter Materialien und Lage von Gradienten eingegangen. Die entsprechenden Angaben reichen von 1 bis 300 mm, wobei die meisten relevanten Werte zwischen 5 und 50 mm liegen. Auf Grund von Modellierungserfahrungen (SCAVIA [63], KOZERSKI [45]) wurde ein Wert von 20 mm = = 0,02 m verwendet.

5.5.1. Organisches Material im Sediment

Das organische Material des Sedimentes stammt in erster Linie aus dem Freiwasser; nur ein geringer Teil wird in stark eutrophen Seen im Benthal produziert. Es unterliegt einer Vielzahl von Umwandlungen und ist hinsichtlich seiner Zusammensetzung, physikalischen Beschaffenheit und seiner Abbaubarkeit keineswegs als homogen zu betrachten. In verschiedenen Modellen wurde deshalb auch versucht, diese Unterschiede zu erfassen (z. B. MEJER et al. [49]), was zu recht umfangreichen Gleichungen führt.

Den größten Einfluß auf die Dynamik des Stoffhaushaltes des Ökosystems hat dabei zweifellos das leicht abbaubare organische Material. Die schwer abbaubaren Stoffe machen zwar die Hauptmasse des organischen Materials in den Bodenablagerungen aus, spielen aber im Stoff- und Energiehaushalt eines Sees eine relativ geringe Rolle, weil

1. die sehr geringen Umsatzraten von weniger als $5 \cdot 10^{-4}\,d^{-1}$, verbunden mit der festeren Konsistenz des Materials, nur einen geringen Einfluß auf die Nährstoff-Freisetzungen und den Sauerstoffverbrauch zulassen,
2. das ältere Material auf Grund der fortschreitenden Konsolidierung kaum aufgewirbelt wird,
3. die jahreszeitlichen Schwankungen bei dieser Fraktion auf Grund des großen Vorrates im Sediment und der geringen Umsätze recht gering sind.

Im Modell wird nur das leicht abbaubare Material berücksichtigt; der schwer abbaubare Anteil erscheint nur indirekt als Rest beim Abbau des leicht abbaubaren Materials (DEM · ETA). Die Bilanzgleichung lautet:

$$\frac{d}{dt} M = (\underbrace{SED_D^- + \sum SED_i}_{\text{Sedimentationen}} + \underbrace{\sum EX_i}_{\text{Exkretion der Bodenorganismen}} + \underbrace{\sum MOR_i}_{\text{Absterben der Bodenorganismen}} -$$

$$- \underbrace{ZM}_{\text{Aufwirbelung}} - \underbrace{UM}_{\text{Übergang in das Dauersediment}} - \underbrace{GRZ_M}_{\text{Fraß durch Bodenorganismen}})/D - \underbrace{DEM}_{\text{Abbau}} ;$$

D bezeichnet die Dicke der betrachteten Sedimentoberschicht.

Abbau des organischen Materials

Bei der Modellierung des Abbaus gehen wir von der Überlegung aus, daß der Anteil des organischen Materials, der vom Sauerstoff erreicht wird, mit maximaler Rate aerob abgebaut wird. Der Anteil, für den die Sauerstoffzufuhr nicht ausreicht, wird mit verminderter Rate anaerob abgebaut. Der Verminderungsfaktor ANO liegt nach Angaben von BACHOFEN [6] (ANO = = 0,7), TESSENOW [76] (ANO = 0,12) und SJÖBERG et al. [70] (ANO = 0,5) im Bereich um ANO = 0,5.

Wenn ausreichend Sauerstoff zur Verfügung steht, ist der maximal mögliche Abbau durch die Abbaurate KDEM [d^{-1}], durch die Temperaturfunktion FTM und durch die Menge leicht abbaubaren organischen Materials M [KJ/m^3] bestimmt:

$$DEM_{max} = KDEM \cdot FTM \cdot M .$$

DEM ist der Abbau leicht abbaubaren organischen Materials [$kJ/m^3/d$], FTM die Temperaturabhängigkeit nach MEJER et al. [49] ($FTM = 1{,}091^{(T-10)}$) und T die Temperatur [°C].

Die Bedingung, daß ausreichend Sauerstoff zur Verfügung steht, ist erfüllt, wenn die Sauerstoffzufuhr durch die Sedimentoberfläche größer ist als der unter dieser Fläche stattfindende Sauerstoffverbrauch, d. h.:

$$Z \cdot OXW > DEM_{max} \cdot (1 - ETA) \cdot D \cdot FAK .$$

Hier bedeuten Z die Austauschgeschwindigkeit durch die Sedimentoberfläche [m/d], OXW die Sauerstoffkonzentration im überstehenden Wasser [g O_2/m^3], FAK den Sauerstoffverbrauch je kJ organischen Materials, (1 − ETA) die Verminderung des effektiven Sauerstoffverbrauches durch Übriglassen schwer abbaubaren organischen Materials und D die Dicke der Sedimentschicht. In diesem Fall wird $DEM = DEM_{max}$ gesetzt.

Reicht die Sauerstoffzufuhr nicht aus, d. h., wenn die obige Bedingung *nicht* erfüllt ist, dann wird nur der Teil des organischen Materials aerob abgebaut, für den die Sauerstoffzufuhr ausreicht. Der aerobe Abbau ergibt sich also zu

$$\mathrm{DEM_{ae}} = \frac{\mathrm{Z \cdot OXW}}{(1 - \mathrm{ETA}) \cdot \mathrm{D} \cdot \mathrm{FAK}}$$

und der Gesamtabbau bei Sauerstoffmangel zu

$$\mathrm{DEM} = \frac{\mathrm{Z \cdot OXW}}{(1 - \mathrm{ETA}) \cdot \mathrm{D} \cdot \mathrm{FAK}} (1 - \mathrm{ANO}) + \mathrm{ANO \cdot KDEM \cdot FTM \cdot M} .$$

Bis auf den Parameter OXW, die Sauerstoffkonzentration im überstehenden Wasser, die vom betrachteten Gewässer abgeleitet werden kann, müssen alle anderen Parameter des Abbaumodells aus Literaturdaten abgeschätzt werden.

KDEM: Für die Abbaurate wird in der Literatur ein sehr weites Spektrum von 0,002 bis 2,8 d^{-1} angegeben, aus dem sich nur sehr schwer ein einziger Wert für das Modell ableiten läßt. Relevant für uns sind insbesondere die Angaben von ULEN [78] zu den Phytoplanktongruppen Diatomeen (0,02 d^{-1}), Grünalgen (0,03—0,08 d^{-1}), Blaualgen (0,02—0,05 d^{-1}) und von STRAŠKRABOVÁ-PROKEŠOVÁ [72] zum Talsperren-Seston (0,092—0,115 d^{-1}), wodurch sich der Bereich auf 0,02—0,115 d^{-1} einschränkt. Der Mittelwert liegt bei etwa 0,06 d^{-1} und stimmt praktisch mit den Untersuchungsergebnissen von BIKBULATOV u. BIKBULATOVA [15] überein.

Z: Für die Austauschgeschwindigkeit, die auch in die Ansätze für die Nährstoff-Freisetzungen und die Aufwirbelung eingeht, findet man nur relativ wenige Messungen und Abschätzungen. Den Messungen von REIMERS u. KÖLMEL [61] und von TESSENOW [76] zufolge liegt die Austauschgeschwindigkeit zwischen $0{,}4 \cdot 10^{-3}$ und $14 \cdot 10^{-3}$ m/d. Die Berechnungen wurden zuerst einmal mit dem Wert $Z = 4 \cdot 10^{-3}$ m/d durchgeführt, der in der gleichen Größenordnung liegt wie die Angaben von KAHL [43] über die Ostsee und die Bodden. Dieser Wert entspricht auch der theoretischen Orbitalgeschwindigkeit der „Wasserpartikeln" infolge von Windwellen bei Windgeschwindigkeiten von 3 m/s in 5 m Tiefe. Bei dem Mittelwert der Windgeschwindigkeit für 1976—1978 von 3,9 m/s am Müggelsee ergibt sich allerdings schon ein Wert

$$Z = 40 \cdot 10^{-3}\ \mathrm{m/d} .$$

Wie spätere Simulationen zeigten, können die Modellergebnisse im Hinblick auf den P-Haushalt deutlich verbessert werden, wenn man beim P- und N-Austausch von höheren Werten ausgeht als von $4 \cdot 10^{-3}$ m/d.

FAK: Dieser Wert ist sehr unsicher festzulegen, weil der Abbau organischen Materials nur zum Teil mit dem Verbrauch von Sauerstoff verbunden ist. Es können auch Sulfate und Nitrate reduziert und lösliche bzw. gasförmige oxydierbare Stoffe gebildet werden, die keinen Sauerstoffverbrauch im

Sediment verursachen. FALLON et al. [23] gaben z. B. für den Lake Mendota an, daß 54% des sedimentierten C aus dem Sediment als Methan abgegeben werden. Der theoretische Sauerstoffverbrauch ergibt sich nach ROMANENKO u. KUZNECOV [62] zu

$$\text{FAK} = 0{,}0825 \text{ g } O_2/\text{kJ} .$$

Von diesem Wert ist der Anteil oxydierbarer Zwischenprodukte abzuziehen, den FILLON u. MORLOF (1972) sowie OSUNROMB u. DOBBINS (1970) mit 20% bei aerobem Abbau und MARTIN u. BELLA (1971) (alle zitiert bei HELBIG [33]) sogar mit nahezu 100% besonders für den anaeroben Fall angeben.

Der Übergang ins Dauersediment

Da die betrachtete aktive Oberschicht volumenkonstant ist, muß sich die Ablagerung von Material am Gewässerboden durch einen Übergang dieses Materials ins Dauersediment ausdrücken. Unter Vernachlässigung von Konsolidierungs- und Verdichtungsprozessen ergibt sich aus der Bedingung des konstanten Volumens:

ins Dauersediment übergehendes Volumen =
= sedimentiertes Volumen − Volumen des abgebauten
und resuspendierten Materials ,

$$U = \frac{10^{-6}}{(1 - \text{WAS})} \times$$

$$\times \left(\frac{\text{IMEX}}{\text{ROHIM}} + \frac{\text{SED}_D + \sum \text{SED}_i + \sum \text{Ex}_i + \sum \text{MOR}_i - \sum \text{GRZ}_i}{18 \cdot \text{ROHM}} \right).$$

U ist die Übergangsgeschwindigkeit ins Dauersediment (Sedimentaufhöhung) [m/d], 10^{-6} der Umrechnungsfaktor von m^3 in cm^3 [m^3/cm^3], 18 der Umrechnungsfaktor von Trockenmasse in Energie [kJ/g TM], WAS der Wassergehalt (Volumenanteil des Wassers). Aus Messungen folgt unter Einbeziehung der anschließend genannten Rohdichte ein Wassergehalt für das Müggelseesediment von 93 Vol.-%, also: WAS = 0,93. ROHIM ist die Rohdichte des mineralischen Materials [g/cm^3] (entsprechend den Dichten wichtiger Gesteine legen wir einen Wert von 2,5 g/cm^3 zugrunde, s. [36]), ROHM die Dichte des organischen Materials [g/cm^3] (nach den Angaben von SMAYDA (1970, zit. bei SCAVIA [63]) wird ein Wert von 1,1 g TM/cm^3 verwendet), IMEX die Import-Export-Bilanz mineralischen Materials [g/m^2/d]. Diese Größe ist ein Maß für die Sedimentation minus Resuspension mineralischen Materials und wurde für den Müggelsee aus den vorhandenen Meßdaten der Seston-Aschemasse im Zu- und Abfluß (Mai/Juli 1979) des IGG abgeschätzt. Es ergab sich IMEX = 0,31 g TM/m^2/d. Allein aus der mineralischen Belastung ergibt sich somit eine Sedimentaufhöhung von 0,65 mm im Jahr, die in realistischer Größenordnung liegt. Schließlich bedeuten ZM die Aufwirbelung organischen Materials [$kJ/m^2/d$], SED die Sedimentation der einzelnen Komponenten [$kJ/m^2/d$] und DEM (1 − ETA) den Substanzverlust durch Abbau org. Materials [$kJ/m^2/d$].

Für den Übergang organischen Materials ergibt sich:

$$\mathrm{UM} = \mathrm{U} \cdot \mathrm{M}\,.$$

Die Aufwirbelung

Obwohl die Auswirkungen der Aufwirbelung vielerorts (u. a. [60], [75]) beschrieben werden, sind die Kenntnisse darüber und die entsprechenden Modelle immer noch sehr unvollkommen (vgl. [44]). Hier wird der sehr stark vereinfachte Ansatz

$$\mathrm{ZM} = \mathrm{Z} \cdot (\mathrm{M} - \mathrm{DET})$$

verwendet, bei dem von der Annahme ausgegangen wird, daß mit der schon beim Sauerstofftransport diskutierten Austauschgeschwindigkeit Z = = 0,004 m/d Volumenelemente des Sedimentes mit solchen des freien Wassers vertauscht werden.

Die Terme für die Sedimentation bzw. für die Tätigkeit der Bodenorganismen wurden bereits in Zusammenhang mit den pelagischen Komponenten bzw. den Benthosorganismen erklärt.

5.6.2. Nährstoffhaushalt des Sedimentes

Im Schlammwasser gelöste Phosphate

Die im Schlammwasser gelösten Phosphate entstehen durch Autolyse und infolge des Abbaus organischen Materials durch Bakterien oder andere Bodenorganismen. Sie stehen mit sorptiv gebundenen Phosphaten in Wechselbeziehung und werden durch diffusionskontrollierte Prozesse wieder in das Freiwasser zurückgeführt:

$$\frac{d}{dt}\mathrm{PS} = \frac{1}{\mathrm{WAS}}\Big[\mathrm{SP}\cdot\mathrm{LY}\cdot\underbrace{\sum \mathrm{SED}_i/\mathrm{D}}_{\text{Autolyse der sedimentierten und absterbenden Algen}} + \mathrm{SP}\,(1-\mathrm{ETA})\cdot\underbrace{\mathrm{DEM}}_{\text{Abbau des organischen Materials}}\cdot(1-\mathrm{LY})\Big] +$$

$$+\,\mathrm{SP}\cdot\Big(\mathrm{LY}\cdot\underbrace{\sum \mathrm{MOR}}_{\text{Autolyse absterbender Bodenorganismen}} + \mathrm{LY}\cdot\underbrace{\sum \mathrm{EX}}_{\text{Exkretion der Bodenorganismen}} + \sum \mathrm{DIS} - \mathrm{LY}\cdot\underbrace{\mathrm{GRZ_M}}_{\text{Nährstoff-Freisetzung durch Lebenstätigkeit der Bodenorganismen}} -$$

$$-\,\underbrace{\mathrm{PP_M}}_{\text{Produktionsverbrauch des Phytobenthos}}\Big)/\mathrm{D} + \underbrace{\mathrm{DES}}_{\text{Desorption}} - \underbrace{\mathrm{ADS}}_{\text{Adsorption}} - \underbrace{\mathrm{ZP/D}}_{\text{Freisetzung ins Freiwasser}} - \underbrace{\mathrm{UPS/D}}_{\text{Übergang ins Dauersediment}}\,.$$

WAS bezeichnet hier den Wassergehalt des Sedimentes. Dem Modell liegt die Annahme zugrunde, daß die sedimentierten Algen infolge des geringen Lichtangebotes nicht weiterleben, sondern innerhalb kürzester Zeit absterben und einen großen Teil der Nährstoffe durch Autolyse an das Schlammwasser abgeben (1. Term der Bilanzgleichung).

Für die turbulente Freisetzung von Phosphaten ins Freiwasser wurde analog zur Sauerstoffzufuhr und zur Aufwirbelung der einfache Austauschansatz

$$ZP = Z \cdot (PS - P)$$

verwendet, worin Z die Austauschgeschwindigkeit [m/d] ist. Der Übergang ins Dauersediment ergibt sich zu

$$UPS = U \cdot PS\,.$$

Eine besonders wichtige Erscheinung im P-Haushalt des Sedimentes und des gesamten Gewässers ist die speichernde Wirkung der P-Bindung. Viele in der Vergangenheit entwickelte Modelle versuchten deshalb die Wirkung der verschiedenen chemischen und physikochemischen Prozesse insbesondere in ihrer Abhängigkeit vom Redoxzustand zu erfassen. Dies geschah meist in sehr grober Form. In Anlehnung an frühere Arbeiten wurde hier eine nichtlineare Kennlinie für die Beziehung zwischen gelöster und fester P-Phase gewählt (s. [45], [49]). Die Adsorptionsisotherme von LANGMUIR, die sich sowohl kinetisch als auch thermodynamisch herleiten läßt und in Sorptions- und Desorptionsterm zerlegt werden kann, wurde verwendet.

Die Sorptionsfähigkeit wird hier durch die Anzahl noch freier Plätze am Sorbent bestimmt. Die Geschwindigkeiten der Sorption und der Desorption sind relativ hoch und von den Konzentrationen abhängig. Die Sorptionsgleichung lautet:

$$ADS = KADS \cdot PS \cdot (IS \cdot A - PAS)\,.$$

ADS ist die Sorption [mg P/(m^3 d)], KADS der Sorptionskoeffizient [m^3/(mg P d)], IS die maximale Sorptionskapazität, A die Konzentration der Sorbenten [mg/m^3] und PAS die Konzentration der sorbierten Phosphate [mg P/m^3]. Für die Desorption gilt:

$$DES = KDES \cdot PAS$$

mit dem Desorptionskoeffizienten KDES.

Der Redoxzustand wirkt sich, wenn man als Sorbenten Eisenverbindungen in Betracht zieht, hauptsächlich auf die Sorptionskapazität IS aus, aber auch die Geschwindigkeit, mit der Phosphate desorbiert werden, wird als veränderlich betrachtet. Es werden deshalb die Koeffizienten ISO und ISR bzw. KDESO und KDESR für den oxydierten bzw. reduzierten Zustand eingeführt. Als Kriterium für den Redoxzustand wurde, wie schon beim Abbau organischen Materials erläutert, das Verhältnis von Sauerstoffverbrauch und Sauerstoffzufuhr verwendet.

Die mathematische Formulierung wird unter Einführung der Hilfsfunktion ROX vorgenommen, die hier bei aeroben Bedingungen den Wert 1 und bei anaeroben den Wert 0 besitzt:

$$\mathrm{ROX} = \begin{cases} 1 \text{ für } \underbrace{\mathrm{OXW} \cdot \mathrm{Z}}_{\text{Sauerstoffzufuhr}} \geqq \underbrace{\mathrm{DEM} \cdot \mathrm{D} \cdot (1 - \mathrm{ETA}) \cdot \mathrm{FAK}}_{\text{Sauerstoffverbrauch}}\,, \\ 0 \text{ für } \mathrm{OXW} \cdot \mathrm{Z} < \mathrm{DEM} \cdot \mathrm{D} \cdot (1 - \mathrm{ETA}) \cdot \mathrm{FAK}\,. \end{cases}$$

Der Sauerstoffverbrauch der Konsumenten im Boden wurde hier vernachlässigt.

Es steht dann für die Desorption:

$$\mathrm{DES} = \mathrm{PAS} \cdot [\mathrm{ROX} \cdot \mathrm{KDESO} + (1 - \mathrm{ROX}) \cdot \mathrm{KDESR}]$$

und für die Sorption:

$$\mathrm{ADS} = \mathrm{KADS} \cdot \mathrm{PS} \cdot [(\mathrm{ROX} \cdot \mathrm{ISO} + (1 - \mathrm{ROX}) \cdot \mathrm{ISR}) \cdot \mathrm{A} - \mathrm{PAS}]\,.$$

Bei der Wahl der Koeffizienten für diese Gleichungen wird besonders deutlich, wie wenig über die einzelnen Prozesse und Komponenten bekannt ist, zumal für die betrachteten Gewässer noch keine gezielten Untersuchungen durchgeführt wurden.

Als Sorbenten wollen wir hier nur das Eisen betrachten, dessen Gehalt im Müggelseesediment infolge der Einleitung stark eisenreicher Tagebauabwässer im Einzugsgebiet der Spree relativ hoch ist.

Der Anfangswert für die Berechnung von PAS wurde aus dem Gesamt-P-Gehalt abzüglich des organischen Anteils zu $\mathrm{PAS}_0 = 270\ \mathrm{g\ P/m^3}$ abgeschätzt. Die weiteren Parameter der Gleichungen wurden — ausgehend von abgeschätzten Gleichgewichtswerten, Analogiebeziehungen aus der Literatur und Annahmen — ermittelt und teilweise durch Kalibrierung verbessert.

Die unten gezeigten Simulationen wurden mit den Werten $\mathrm{KADS} = 9 \cdot 10^{-6}\ \mathrm{m^3/mg\ P/d}$, $\mathrm{KDESO} = 1{,}5 \cdot 10^{-3}\ \mathrm{d^{-1}}$, $\mathrm{KDESR} = 3{,}8 \cdot 10^{-3}\ \mathrm{d^{-1}}$, $\mathrm{ISO} = 211\ \mathrm{mg\ P/g\ Fe}$, $\mathrm{ISR} = 32\ \mathrm{mg\ P/g\ Fe}$ durchgeführt.

Sorbierte Phosphate

Neben der Sorption und Desorption geht in die Bilanz nur noch der Übergang in die tieferen Sedimentschichten (Dauersediment) mit ein:

$$\frac{d}{dt}\mathrm{PAS} = \mathrm{ADS} - \mathrm{DES} - \mathrm{UPAS/D}\,, \qquad \mathrm{UPAS} = \mathrm{U} \cdot \mathrm{PAS}\,.$$

Im Schlammwasser gelöste Stickstoffverbindungen

Die Stickstoffverbindungen unterliegen den gleichen Prozessen wie die Phosphate, nur daß hier die sorptive Bindung vernachlässigbar ist:

$$\frac{d}{dt}\mathrm{NS} = \frac{1}{\mathrm{WAS}}\,[\mathrm{SN}\cdot\mathrm{LY}\cdot\sum \mathrm{SED}_i/\mathrm{D} + \mathrm{SN}\cdot(1-\mathrm{ETA})\cdot\mathrm{DEM}\cdot(1-\mathrm{LY}) +$$

Autolyse; Abbau

$$+\,\mathrm{SN}\cdot(\mathrm{LY}\cdot\sum \mathrm{MOR} + \mathrm{LY}\cdot\sum \mathrm{EX} + \sum \mathrm{DIS} - \mathrm{LY}\cdot\sum \mathrm{GRZ}_{\mathrm{M}} -$$

Autolyse absterbender Bodenorganismen; Exkretion der Bodenorganismen; Nährstoff-Freisetzung durch Lebenstätigkeit der Bodenorganismen

$$-\,\mathrm{PP}_{\mathrm{M}})/\mathrm{D} - \mathrm{ZNS}/\mathrm{D} - \mathrm{UNS}/\mathrm{D}\,.$$

Produktionsverbrauch Phytobenthos; Freisetzung ins Freiwasser; Übergang ins Dauersediment

Gegenüber den Formulierungen beim Phosphat gibt es hier keine Unterschiede.

5.5.3. Phytobenthos (Submerse)

In einem flachen eutrophen See spielen Submerse — zumindest in einem gewissen trophischen Bereich — eine große Rolle. Wir haben in einem speziellen Submodell versucht, auch diese Komponente modellmäßig zu erfassen. Da aber in den Gewässern des Berliner Seensystems submerse Wasserpflanzen praktisch seit 10 Jahren verschwunden sind, bestehen z. Z. keine Möglichkeiten zur Anpassung und Testung dieses Submodells. Wir wollen daher hier nur unser prinzipielles Herangehen zur mathematischen Modellierung dieser Komponente verbal beschreiben.

Das Wachstum von Submersen wird vor allem von den Lichtbedingungen beeinflußt. Für die Entwicklung kommen nur Bodenflächen in einem gewissen Tiefenbereich in Frage. Die maximale Wachstumstiefe hängt von den Extinktionswerten der darüberliegenden Wassermasse ab. Die Minimaltiefe ist eine Funktion der Wellentätigkeit, also der Seegröße (mittlere Windstreichlänge) und den Windgeschwindigkeiten proportional.

Der Wachstumstiefenbereich vergrößert sich entsprechend der vorhandenen Phytobenthos-Biomasse: die Minimaltiefe wegen der wellendämpfenden Wirkung bereits vorhandener Submersenbestände, die Maximaltiefe, weil die assimilationsintensivsten Makrophytenteile (teilweise beträchtlich) über der jeweiligen Bodenfläche liegen. Auf diese Weise kann erreicht werden, daß nach ausreichend klarem Wasser im Frühjahr bei steigender (algenbedingter) Wassertrübung im Sommer sprossende Submersenbestände mit den Algen konkurrieren können. Die Submersenentwicklung setzt erst bei einer bestimmten Minimaltemperatur ein, fraßbedingte Direktverluste sind zu vernachlässigen, und nur die abgestorbenen Pflanzenteile werden als Detritus von den Bodenorganismen als Nahrung genutzt. Die Hauptabsterbephase liegt in der Zeit abnehmender Wassertemperaturen. Im Winter verbleibt die akkumulierte Energie einschließlich der Nährstoffe in den Rhizoiden.

6. Modellsimulationen

6.1. Anpassung

Der Nachweis der Realitätsnähe von Ökosystemmodellen ist im allgemeinen schwer zu führen. Schon einfache Modelle enthalten zahlreiche wenig bekannte Koeffizienten, die durch Vergleich von simulierten und beobachteten Zeitreihen festgelegt werden müssen und so auch mit unrealistischen Modellvorstellungen eine „zufriedenstellende" Simulation im Vergleichszeitraum ermöglichen können. Der erstrebenswerte Zustand, diese Parameter in separaten Experimenten zu bestimmen, ist nur teilweise erreichbar. Die Richtigkeit von Modellvorstellungen wird erhärtet, wenn es gelingt, nicht bloß im Kalibrierungszeitraum (und für besonders intensiv untersuchte Prozesse), sondern darüber hinaus eine gute Übereinstimmung zwischen Messung und Berechnung zu erhalten.

Da jedes Modell nur ein relativ grobes Abbild der Natur darstellt, kann man nicht erwarten, daß es stets genaue Prognosen liefert: Es brauchen nur Vorgänge, die wegen ihrer im allgemeinen geringeren Bedeutung im Modell nicht erfaßt wurden, vorübergehende Bedeutung zu gewinnen. Aus unserer Sicht ist es nicht notwendig, die Anpassung an Meßreihen sehr genau vorzunehmen, da diese meist mit einem unbekannten Fehler behaftet sind.

Die Parameter des Modells wurden soweit möglich aus Messungen, Laborexperimenten bzw. der Literatur entnommen. Die Anpassung der übrigen Parameter und Sensitivitätsuntersuchungen erfolgte im Vergleich der wichtigsten Submodelle (Phytoplankton bzw. Pelagial, Sediment) mit Meßergebnissen. Die Modellvorstellungen über das Wachstum von Phytoplanktonpopulationen (BEHRENDT [12]) wurden anhand von Laboruntersuchungen bei veränderlicher Strahlung und Temperatur getestet. Auf der Grundlage der aus Laborexperimenten ermittelten Koeffizienten war eine recht gute Simulation der Entwicklung einer dominanten Phytoplanktonart (*Oscillatoria redekei*) im Gewässer möglich, die eine der von uns erfaßten drei Algengruppen verkörpert. Unter Vorgabe der gemessenen Nährstoffgänge wurden nun im Teilmodell „Pelagial" vorher nicht ermittelbare Parameter angepaßt.

Testobjekt für das Sedimentmodell war zunächst der Laborversuch zur P-(Si- und Fe-)Abgabe aus dem Sediment von TESSENOW [76]. Dabei untersuchte er auch die Reaktion auf die Zufuhr organischen Materials. Neben der Parameteranpassung war dieser Versuch auch geeignet zum Studium der Parametersensitivität des Modells. Dieses Submodell wurde auf den Müggelsee übertragen, wobei zunächst der Sedimentimport (Biomasse mit entsprechender Sinkgeschwindigkeit) vorgegeben wurde. Es gelang, die pelagische Phosphorkonzentration mit guter Übereinstimmung zu berechnen.

Testdaten für die Berliner Seen lagen im wesentlichen nur vom Müggelsee für die Jahre 1976–1979 vor. Daher wurden das Gesamtmodell und insbesondere die mit den Submodellen „Phytoplankton" und „Sediment" nicht erfaßten Modellteile an die Meßreihen für den Müggelsee in den Jahren 1977 und 1978 angepaßt. Die Güte des Modells wurde anhand durchgehender Computersimulationen 1976–1979 festgestellt.

Die Berechnung der einzelnen Komponenten erfolgt (im hydroökologischen Modell) für jedes Ökosystem getrennt, wobei die Umsetzungen in den oberen Seebecken von den vorgegebenen Nährstofftransporten von außen gesteuert werden, die in den unteren, wie z. B. für den Müggelsee, durch die berechneten Transporte aus den oberen Becken.

Aus den ungenügenden Daten für die übrigen Seen und die Vorgänge im und am Sediment ergaben sich folgende Schlußfolgerungen für die Modellierung und Gütebetrachtung der Ergebnisse:

1. Das für den Müggelsee erarbeitete Modell wird auf die anderen Seen übertragen, wobei (nur) die veränderte Morphometrie Berücksichtigung findet.
2. Die Modellergebnisse können zur Zeit nur mit Routinemessungen im Pelagial des Müggelsees umfassend verglichen werden.
3. Aus dem Vergleich aller Seen untereinander und mit vereinzelten Meßwerten kann grob angegeben werden, wie sich die Berliner Seen in einigen Parametern unterscheiden (trophischer Status, Nährstoffbelastung).

6.2. Simulationsergebnisse am Müggelsee 1976–1979

6.2.1. Phytoplankton

Die Diatomeen (Abb. 5) werden mit zweigipfligem Jahresgang modelliert. Die Maxima liegen im Frühjahr bei 60 kJ/m³, im Herbst bei 40 kJ/m³. 1977 bis 1979 jeweils im Mai und August beobachtete sekundäre Maxima werden nicht oder nur ansatzweise realisiert. Diese Abweichungen dürften an den in dieser Zeit „zu hoch modellierten" Cyanophyceen liegen, die den Licht- und Nährstoffgenuß der Diatomeen schmälern. Die Schwierigkeiten der Parameterwahl, die Ungenauigkeiten der Eingabedaten (Temperatur, Strahlung) und die Fehler in der Modellierung der anderen Komponenten

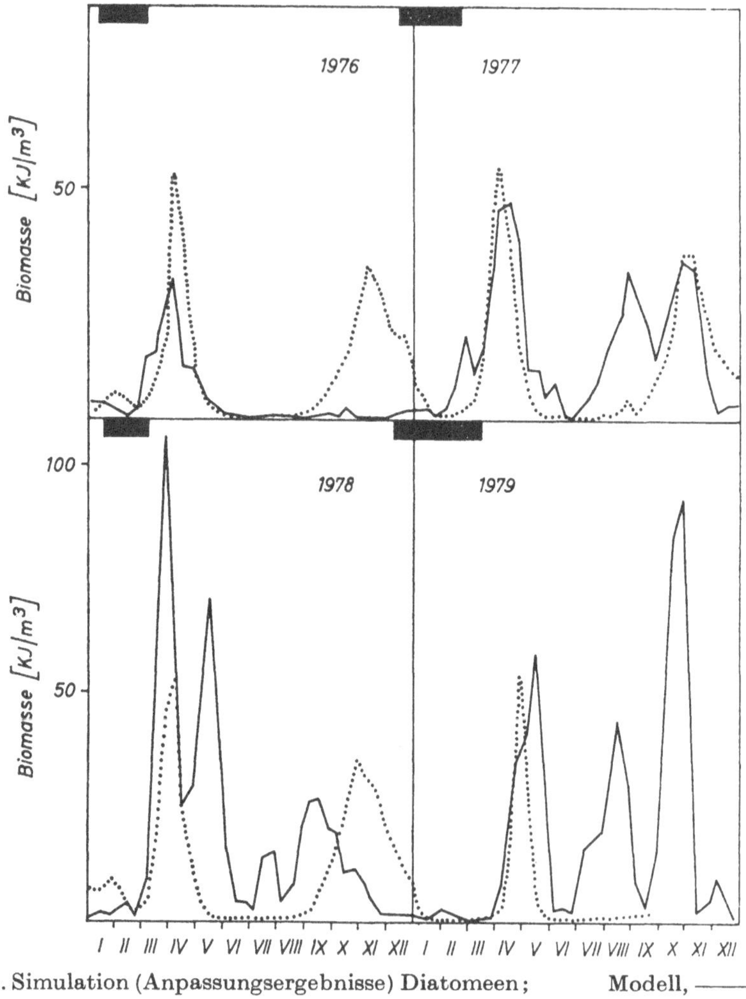

Abb. 5. Simulation (Anpassungsergebnisse) Diatomeen; .... Modell, ——— Messung IGG (Bootssteg 1976/77; Steg und tiefste Stelle 1978/79); schwarze Balken: Dauer der Vereisung

(Nährstoffe, konkurrierende Algen) bewirken im Modell die Abweichungen von den Meßwerten.

Es muß darauf hingewiesen werden, daß es Parameterunterschiede unter den in einer Gruppe zusammengefaßten Phytoplanktern gibt. Die Parameterwahl orientierte sich an den Hauptvertretern der jeweiligen Gruppe. Erst wenn wir die Abhängigkeit der Algenarten von ihren Umweltfaktoren genauer kennenlernen, erscheint es sinnvoll, die Gruppen sukzessive weiter aufzuspalten bzw. die Grenzen unter den Gruppen neu festzulegen.

Die Dynamik Diatomeen — Silizium wurde nicht berücksichtigt. Im Frühjahr werden das Maximum und der Abbruch der Diatomeenpopulation im Modell zum richtigen Zeitpunkt durch die Phosphatlimitation erreicht. Im Herbst ist keine Nährstofflimitation vorhanden. Wir vertreten deshalb die Meinung, daß es anscheinend nicht erforderlich ist, eine weitere Nährstoffkomponente (Si) einzuführen.

Die Sedimentation sowohl lebender als auch toter Diatomeen spielt eine große Rolle bei der Intensität des Abbaus im Sediment. Es liegt die Vermutung nahe, daß Zeitpunkt und Energiegehalt des Sedimentationsstoßes im Frühjahr steuernd auf die internen Nährstoffversorgungsprozesse des Müggelsees innerhalb einer Vegetationsperiode einwirken.

Wir modellieren den Energiegehalt der Algen, die Messungen sind aber auf die Masse (umgerechnet aus dem Volumen) gerichtet. Deshalb ist es notwendig, einen Umrechnungsfaktor festzulegen. Wir benutzten einheitlich für alle Algenarten 3,6 kJ/g FM (18 kJ/g TM). In der Literatur gibt es widersprüchliche Hinweise für die Gültigkeit eines einheitlichen Faktors. Bast [8] fand für Cyanophyceen 19 kJ/g TM, für Diatomeen aber nur 13 kJ/g TM. Ein ähnliches Bild geben die Aschegehalte von 0,05—0,07 g/g TM für Cyanophyceen bzw. 0,58 g/g TM für Diatomeen (s. [40]). Die Übernahme der Werte von Bast würde z. B. die Meßergebnisse für Diatomeen um 1/3 verringern.

Das Ergebnis für die Cyanophyceensimulation (Abb. 6) ist ebenfalls zufriedenstellend. Die maximale Biomasse von nahezu 100 kJ/m^3 wird realisiert. Es fällt auf, daß 1977, z. T. auch 1978, eine überhöhte Entwicklung im Spätsommer modelliert wird. Daß in dieser Zeit in Wirklichkeit Diatomeen und nicht Cyanophyceen vorherrschten, verdeutlicht unsere noch unsicheren Kenntnisse über die Abgrenzung verschiedener Gruppen hinsichtlich der Wachstumsparameter.

Die Modellergebnisse für Cyanophyceen und Seston sind 1979 bedeutend höher als die Messungen. Besondere — vom langjährigen Mittel stark abweichende — Witterungsverhältnisse in der ersten Jahreshälfte führten in diesem Jahr zu einer veränderten Sestonentwicklung. Im Winter kam es infolge einer 100 Tage andauernden Eisbedeckung mit Schnee auf dem Eis zu stark gehemmtem Algenwachstum durch den sehr geringen Lichtgenuß. Die Diatomeen kompensierten diese Verluste durch übernormales Wachstum, sobald die Schneedecke abgetaut war. Dabei ist zu beachten, daß 1979 überwiegend *Diatoma* und nicht, wie sonst üblich, *Melosira* auftrat. Bei den Cyanophyceen setzte sich das unternormale Wachstum aus uns noch größtenteils unbekannter Ursache auch nach dem Ende der Eisbedeckung

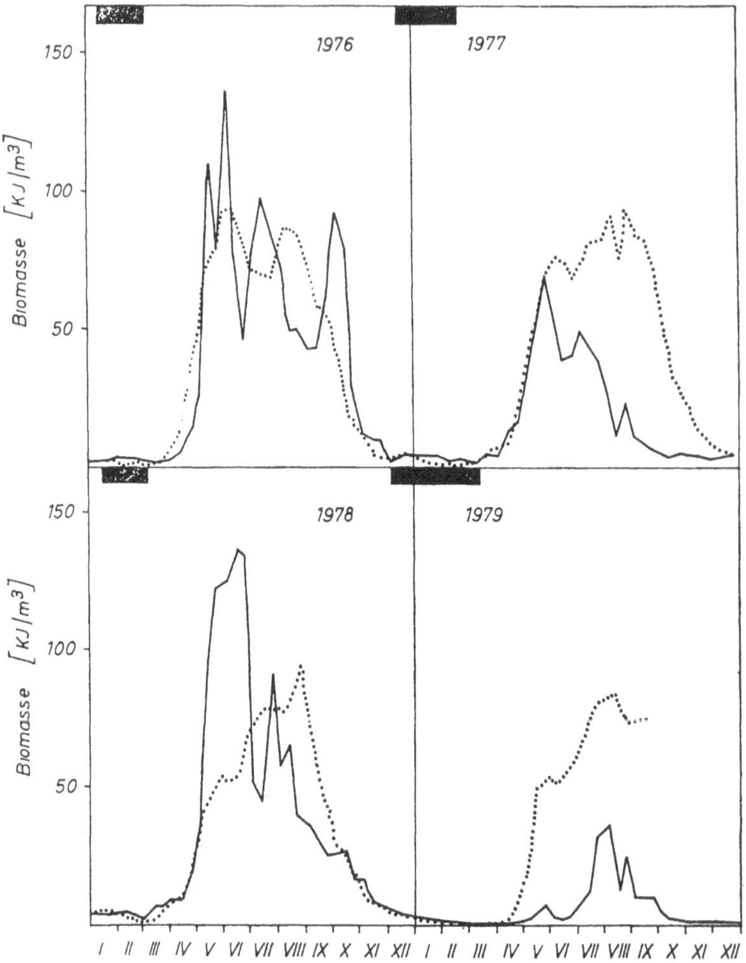

Abb. 6. Simulation Cyanophyceen; Modell, —— Messung IGG

fort. Die modellierten Wachstumsraten für Cyanophyceen sind zu dieser Zeit (April) viel zu hoch. Der weitere Jahresverlauf wird qualitativ gut, aber auf einem um 50 kJ/m³ erhöhten Niveau wiedergegeben.

Im Müggelsee sporadisch — besonders in strahlungsreichen, windarmen Wetterlagen — auftretende Schichtungserscheinungen konnten wir noch nicht in die Modellierung einbeziehen. Schichtung bewirkt aber, daß die Dicke der Durchmischungsschicht abnimmt. In derartigen Situationen ist also die mittlere photosynthetisch aktive Strahlung in der trophogenen Zone

IM (vgl. Abschnitt 5.2) höher als im Modell berechnet. Hier zeigt sich eine Fehlerquelle der Strahlungsabhängigkeit besonders des Cyanophyceenwachstums.

6.2.2. Nährstoffe

Nährstoffkompoenten sind in unserem Modell der anorganische gelöste Stickstoff ($N = NH_4^+\text{-}N + NO_3^-\text{-}N$, kurz Stickstoff genannt) und das

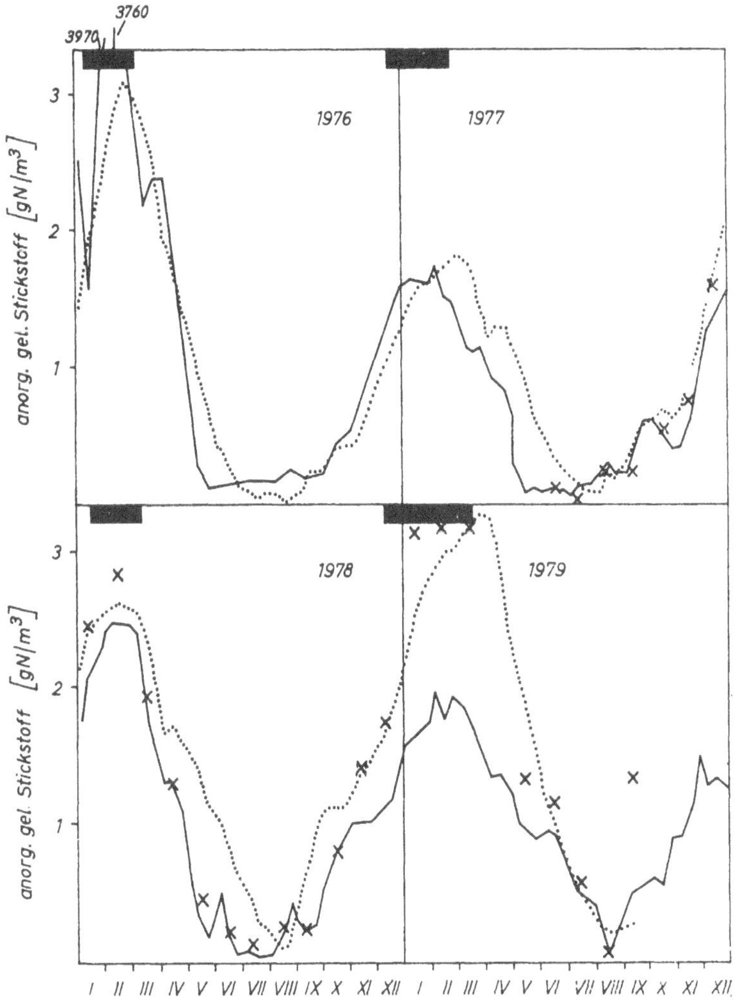

Abb. 7. Simulation anorganischer gelöster Stickstoff; ······ Modell, ——— Messung, × Messung (Spreetunnel)

Orthophosphat ($P = PO_4^{-}$-P, kurz Phosphat genannt). Für den Nährstoffgehalt der lebenden Biomasse wurden Umrechnungsfaktoren nach GOLTERMAN [30] benutzt:

$$1\ \text{kJ} \triangleq 6\ \text{mg N} \triangleq 0{,}45\ \text{mg P}\,.$$

Es ergeben sich keine Widersprüche durch das Weglassen der übrigen gelösten Nährstoffkomponenten.

Der simulierte Stickstoffgang stimmt mit den Messungen gut überein (Abb. 7). Abweichungen im Winter 1978/79 können auf Meßfehlern be-

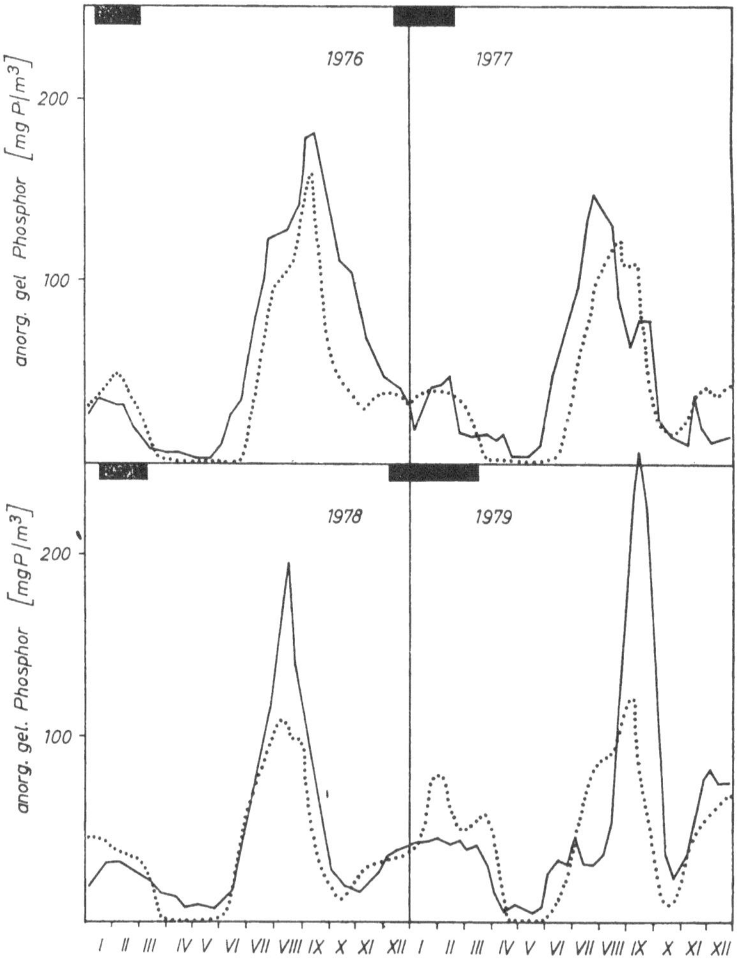

Abb. 8. Simulation Orthophosphat; .... Modell, ——— Messung

ruhen. Daraus ist ersichtlich, daß die seeinternen Vorgänge (pelagischer Nährstoffkreislauf, Denitrifikation, N-Freisetzung) summarisch richtig wiedergegeben werden.

Im Frühjahr ist der Stickstoffverbrauch der Hydrobionten stets etwas zu gering. Das deckt sich mit in diesem Zeitraum zu gering simulierten Biomassen und dem verspäteten Sestonmaximum. Hier bestehen noch Reserven für eine verbesserte Anpassung der biologischen Entwicklung.

Die Phosphatsimulation bot einige Schwierigkeiten, da sie sehr stark von der Nährstoffdynamik Sediment — Pelagial abhängt. Erst nach der Annahme bedeutend höherer Austauschgeschwindigkeiten, als sie aus der Literatur für andere Gewässertypen bekannt sind, konnten die vorgestellten sehr guten Ergebnisse erreicht werden. Nachteil dieser Lösung war die Notwendigkeit, den Zeitschritt des Modells zu verkleinern und damit Rechenzeit und -kosten erheblich zu steigern. Bei geringeren Austauschgeschwindigkeiten werden insbesondere die Freisetzungen im Sommer unzureichend realisiert. Das hat aber nur geringen Einfluß auf die Entwicklung der Sestonkomponenten, da zu dieser Zeit Phosphat nicht mehr primär limitierender Nährstoff ist.

Die Messung der Komponente Orthophosphat und die Definition als „algenverfügbares Phosphat" sind nicht ohne Probleme. Es werden durch die Meßmethode oft Phosphate miterfaßt, die eigentlich dieser Definition nicht entsprechen, und somit liegt der Meßwert über der ökologisch relevanten P-Menge (s. [22]).

6.2.3. Seston und Sichttiefe

Die Lichtextinktion der einzelnen Sestonkomponenten und damit ihr Einfluß auf das mittlere Strahlungsregime sind unterschiedlich. Wir erfassen hier nur das optisch wirksame Seston.

Zooplankton wird vernachlässigt, weil es aus relativ großen Partikeln mit geringer Lichtbeeinflussung besteht; Bakterien, weil sie zum großen Teil auf Detrituspartikeln haften können. Die Vergleichswerte für den Müggelsee (Abb. 9) wurden aus Trockenmassebestimmungen abfiltrierbarer Stoffe und aus Extinktionswerten gewonnen. In den äußeren Zuflüssen mußte — außer für 1979, wo Meßwerte vorlagen — das Seston aus partikulärem Stickstoff und Phosphor abgeschätzt werden.

Im allgemeinen gelingt die Simulation gut. Es muß allerdings festgestellt werden, daß die Sestonanstiege im Frühjahr jeweils zu spät erfolgen. Im Mai wird die besonders in den Jahren 1977 und 1978 aufgetretene zweite Diatomeenpopulation nicht simuliert. Dadurch sind zu diesem Zeitpunkt die Detritusbildung durch absterbende Algen und das Aussinken des Detritus mit relativ hohen Geschwindigkeiten noch nicht genügend aufeinander abge-

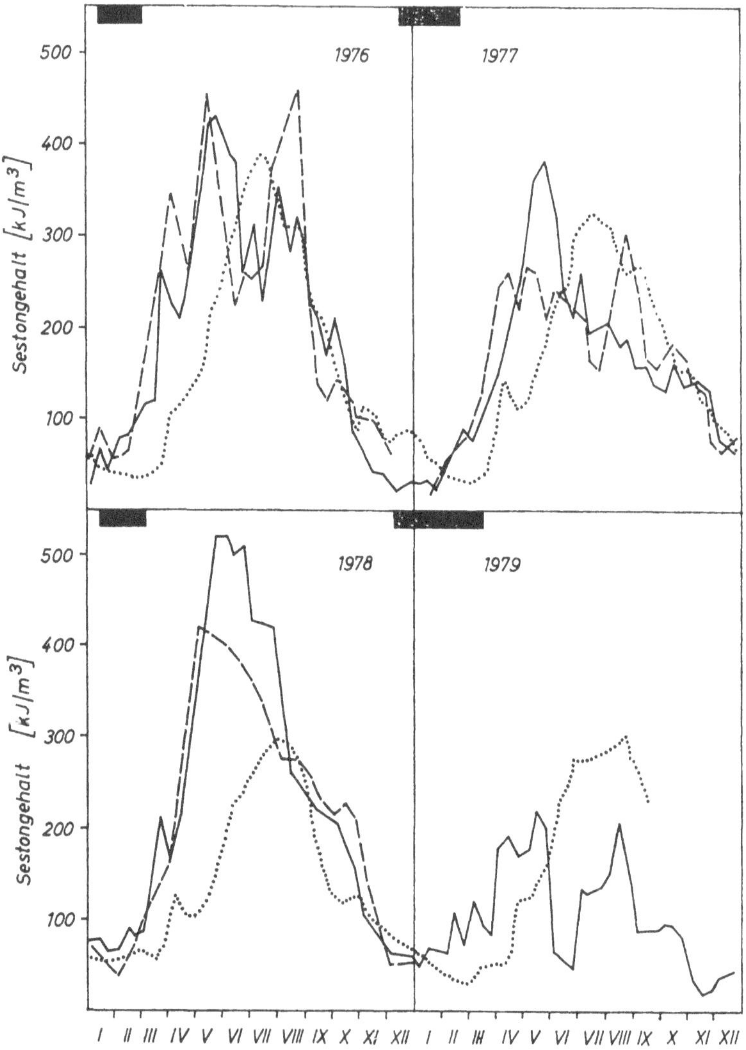

Abb. 9. Simulation Sestongehalt; ········ Modell, ——— Abschätzung aus Extinktionsmessungen, – – – Abschätzung aus Trockenmassebestimmungen

stimmt. Hohe Aussinkverluste sind aber anscheinend notwendig für die ausreichende Versorgung des Sediments mit abbaubarem Material.

Die „populäre" Größe Sichttiefe wird in Abb. 10 vorgestellt. Die Modellberechnung erfolgte aus der modellierten Extinktion mittels der aus eigenen

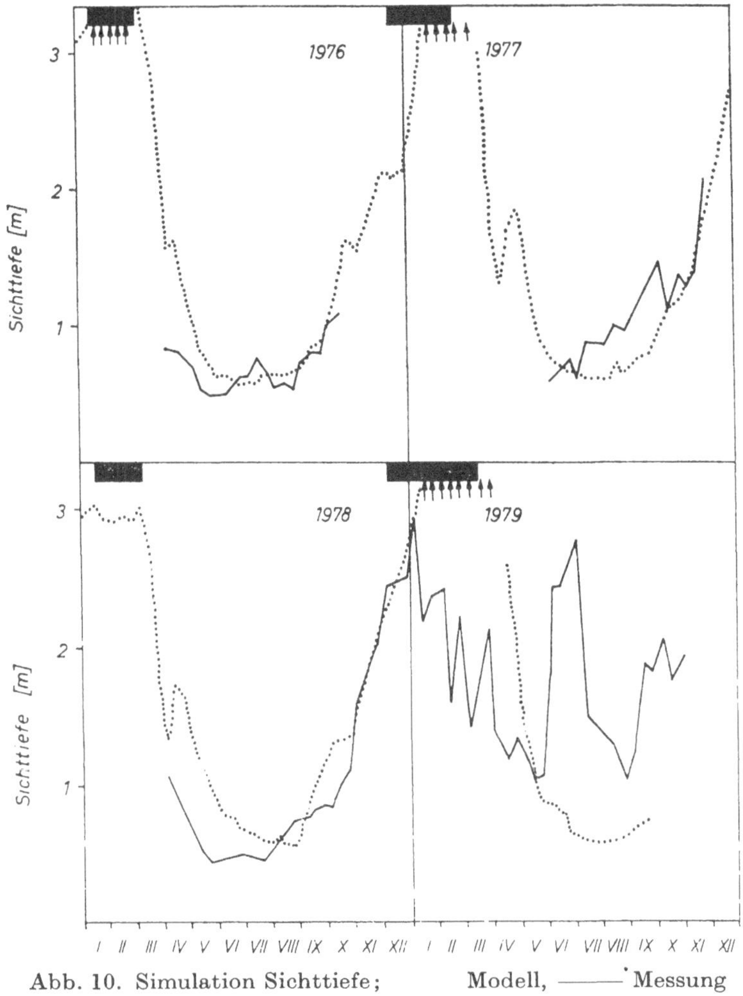

Abb. 10. Simulation Sichttiefe; ...... Modell, ——· Messung

Beobachtungen abgeleiteten mittleren Beziehung

$$SD = 1{,}5/EPS\,.$$

Die Ergebnisse für das Jahr 1979 weichen – wie beim Seston auch – aus schon früher aufgeführten Gründen von den Meßwerten ab.

6.2.4. Höhere trophische Niveaus

Quantitative Untersuchungen über die heterotrophen *Bakterien* im Müggelsee liegen nicht vor. VINBERG [81], [82] gibt für belorussische Seen mittlere

Bakterienbiomassen von 3–10 g FM/m³ an. In diesen Seen, die hinsichtlich Morphologie und Trophie dem Müggelsee ähneln, ergibt sich ein fast konstanter und jahreszeitlich unabhängiger Bakterienanteil am Gesamtseston von 3–8%. Die errechneten Bakterienbiomassen stehen mit diesem Anteil in Einklang.

Die modellierten *Zooplanktonbiomassen* schwanken zwischen 4 kJ/m³ im Februar/März und 20–30 kJ/m³ im Juli. Es wurden auch Simulationen mit Doppelmaxima im Mai und September gefunden. Als Vergleichswerte liegen für den Sommer 1976 (vgl. [47]) und für 1978/79 (s. [52]) Abundanzen vor. Da die Aufspaltung in Altersklassen weitgehend unterblieb und auch keine Aufteilung in Herbi-, Carni- und Omnivore erfolgte, ist die Abschätzung der Biomasse des friedlichen Zooplanktons problematisch. Außerdem wird auf die Wahrscheinlichkeit größerer horizontaler und vertikaler Inhomogenitäten hingewiesen, die die Übertragung der Meßergebnisse auf das gesamte Seevolumen erschweren. Unser „Modellzooplankton" entspricht den Herbivoren, die ökologisch enger mit Phytoplankton und Detritus verbunden sind als die übrigen Zooplanktonfraktionen.

Es soll noch auf Ergebnisse aus anderen Gewässern hingewiesen werden. Für einige belorussische Seen gibt Vinberg [81], [82] Jahresmittel zwischen 4 und 10 g FM/m³ an, wobei die Zooplanktonbiomassen 12–27% der Algenbiomasse erreichen. Bast [8] gibt für den Barther Bodden 4,6 g FM/m³ als Jahresmittel an. Dagegen stellt Herzig [34] fest, daß in flachen Seen ($H < 5$ m) ein asymptotischer Zooplanktonwert von ca. 0,8 g TM/m³ schon bei Algenbiomassen von 5 g FM/m³ erreicht wird.

„Das beherrschende Element im *Zoobenthos* sind Larven der *Chironomus-plumosus*-Gruppe" (Barthelmes [47]). Sie erreichen Biomassen zwischen 5 und 20 g FM/m². Die modellierten Zoobenthosmengen zeigen eine starke Abhängigkeit von der Futtergrundlage Bodendetritus (M), für den Meßwerte nicht zur Verfügung stehen.

Die *Makrophytenbestände* (insbesondere die Unterwasserpflanzen) spielen derzeit in den Berliner Seen keine Rolle (s. [47]).

Um auch die fischereiliche Nutzung berücksichtigen zu können, wurde die Komponente *Friedfisch* aufgenommen. Die Raubfischbeeinflussung wurde nicht explizit erfaßt. Der Fischfang ist in der Mortalität enthalten. Den steigenden Ertrag aus dem Fischfang in den letzten Jahren der Trophiesteigerung unterstreichen Barthelmes u. Waldow [47]. Sie geben einen Ertrag von 100 kg/ha/a an, wobei die Raubfischanteile mit 31% sehr hoch sind. Es sind keine Bestandsaufnahmen vorhanden, die mit den Ergebnissen unserer Modellierung vergleichbar wären. Der angegebene Ertrag ist im Modell realisierbar. Die Ernährungsquellen der Fische sind im Modell zur Hälfte pelagisch (Zooplankton), zur anderen Hälfte benthisch (Zoobenthos). Biomanipulationen mit algenfressenden Fischen wären leicht simulierbar durch Änderung der entsprechenden Einlesewerte in der Trophiematrix.

6.3. Simulationsergebnisse an den anderen Berliner Seen

Es liegen keine Meßwerte vor, die für die Anpassung des ökologischen Modells an die anderen Seen ausreichend wären.

Das Modell realisiert einen höheren Eutrophierungsgrad im Langen und besonders im Zeuthener See. Abb. 11 zeigt dies anhand der mittleren simulierten Gänge des Sestons. Das in der Wachstumszeit um ein Vielfaches höhere Phosphatangebot kann — da Phosphor in dieser Zeit nicht limitiert — nicht mit gleicher Effektivität wie im Müggelsee in Biomasse umgesetzt werden.

Die Freisetzung und damit die interne Phosphorversorgung spielt in den anderen Seen nicht die Rolle wie im Müggelsee. Der Phosphatimport der

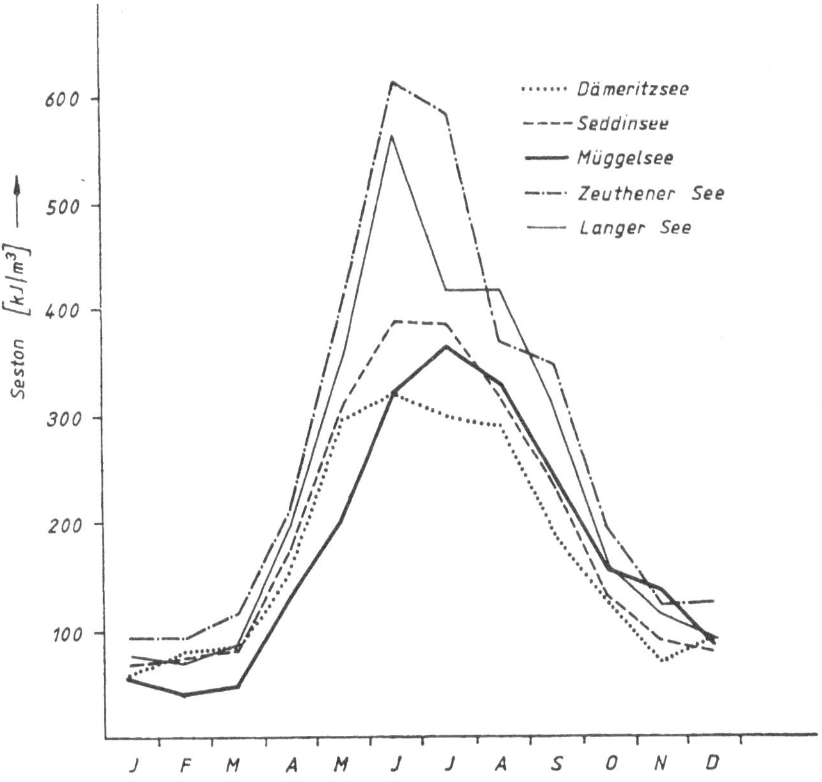

Abb. 11. Vergleich von Modellergebnissen für das Seensystem

Dahme besitzt außerdem bereits das für anaerobe Freisetzungen typische Spätsommerpeak. Die Chlorophyllmessungen am Zeuthener See, vereinzelte Sichttiefemessungen, die stets im Zeuthener See geringere Sichttiefen ergaben, und für die Seen ermittelte Stoffbilanzen zeigen die prinzipielle Richtigkeit dieser Aussagen.

6.4. Simulationen mit veränderter Belastung

Neben dem detaillierteren Einblick in die Prozesse innerhalb des Ökosystems muß ein Ökosystemmodell auch zur umfassenden Beurteilung von Systemveränderungen als Folge besonderer Bedingungen geeignet sein. Das hydroökologische Modell wurde daher auch genutzt, um die Auswirkung folgender belastungsverändernder Maßnahmen zu prognostizieren:

- Verringerung der Belastung durch Sanierungen im Einzugsgebiet (z. B. Phosphatfällung in Kläranlagen, geringere Düngernutzung),
- verstärkte Eutrophierung durch vergrößerte Belastungen,
- Durchflußsteuerung außerhalb und innerhalb des Systems mit dem Ziel, die Belastung des Müggelsees zu minimieren,
- ökologische Auswirkungen verstärkter Wasserentnahme aus dem System.

Neben dem Vergleich mit Meßwerten ist deshalb zu prüfen, ob die Modellreaktion auf Belastungsveränderungen mit empirisch gewonnenen Erfahrungen übereinstimmt.

Als Simulation einer möglichen Einzugsgebietssanierung wurden die Seston- und Nährstoffkonzentrationen der Systemzuflüsse, wie sie 1976–1979 festgestellt wurden, bis auf ein Viertel reduziert. Das Ökomodell reagiert mit

- einer bedeutenden Abnahme der Sestonmengen,
- Verschiebung der Sestonmaxima in den Spätsommer,
- weiterhin Dominanz von Cyanophyceen im Hochsommer und Diatomeen in den übrigen Jahreszeiten,
- sofortiger Beendigung anaerober Freisetzungen.

Als Vergleich können die sehr spärlichen Abundanzmessungen des Planktonhaushaltes 1908–1914 und 1934/35 (s. [86]) herangezogen werden. Diese Messungen symbolisieren einen weniger eutrophen Zustand des Müggelsees, obwohl über die damals herrschenden Nährstoffbelastungen nichts ausgesagt wird. Sie zeigen, daß das Modell die Änderungen des Sestonhaushaltes qualitativ richtig erfaßt.

Ein sofortiger Abbruch der anaeroben Phosphatfreisetzungen ist nicht zu erwarten. Freisetzungen unter anaeroben Bedingungen sind bereits aus den

Angaben von Vorkastner [86] für die Jahre 1934 und 1935 ableitbar, während sie 1912 bis 1914 wohl (noch) nicht auftraten. Zuflußsanierungen an anderen, mit dem Müggelsee vergleichbaren Seen waren wegen weiter anhaltender P-Freisetzungen oft erfolglos bzw. benötigten längere Zeit zur Oligotrophierung. Beispiele dafür sind die Seen Trummen, Norrviken, Lillesjön (alle Schweden) und Lake Shagawa (USA) (vgl. [51]).

Auf Erhöhung der Belastung reagiert das Modell mit allmählichem Übergang zur Sättigung, die etwa bei 5facher Belastung erreicht wird. Die Beschattung durch die zufließenden und die seeintern produzierten Sestonmengen führt zur strahlungslimitierten Produktion. Die Nährstoffkonzentrationen nehmen dementsprechend mehr als linear zu. Es werden Veränderungen des Algenbestandes simuliert. So treten die Diatomeen im Herbst zugunsten von Cyanophyceen (*Osc. redekii*) zurück.

Der festgestellte Maximalwert der seeinternen Primärproduktion liegt in der gleichen Größenordnung wie die Werte, die von Uhlmann [77] auf Grund von Untersuchungen an Laborexperimenten und Seen abgeschätzt wurden. Die Ergebnisse von Cronberg [19] am Trummen belegen den Übergangsbe-

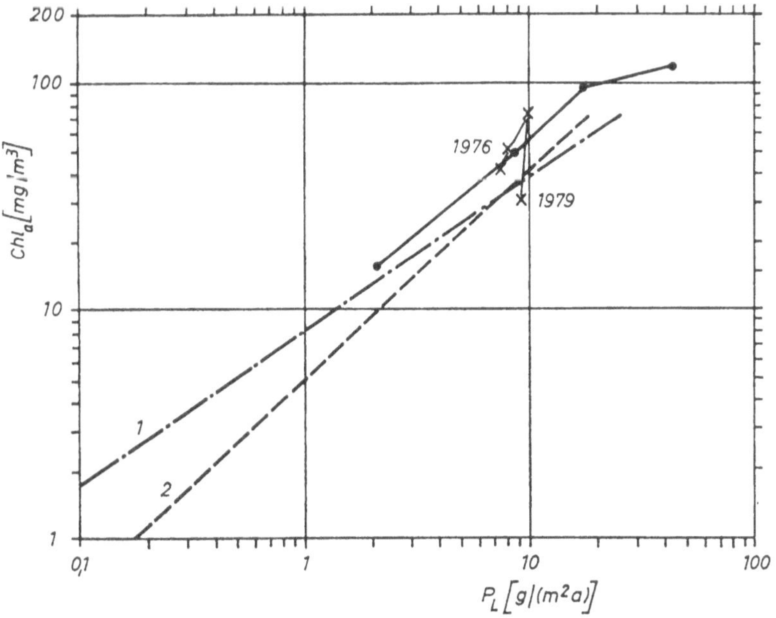

Abb. 12. Mittlere Chlorophyll-a-Konzentration in Abhängigkeit von der Gesamtphosphorbelastung P, *1* nach Ahl [1], *2* nach Vollenweider [85]; × Müggelseeverhältnisse 1976–1979, ●—● Modellreaktion auf Belastungsveränderungen

reich, in dem noch annähernd lineare Reaktion auf Belastungsänderungen zu erwarten ist.

Zum Vergleich wurden empirische Beziehungen zwischen der mittleren Chlorophyll-a-Konzentration ($\overline{Chl_a}$) und der Phosphorbelastung (P_L) von Seen auf den Müggelsee angewandt und mit Meßwerten sowie Modellsimulationen verglichen (Abb. 12). Für Müggelseeverhältnisse ergeben sich folgende Abhängigkeiten:

AHL [1]:

$$\overline{Chl_a} = 8{,}16 \cdot P_L^{0{,}662}$$

(Verhältnis von Stickstoff- und Phosphorbelastung 13,5:1);

VOLLENWEIDER [85]:

$$\overline{Chl_a} = 5{,}06 \cdot P_L^{0{,}91}$$

(mittlere Tiefe = 4,91 m, Aufenthaltszeit 43 d).

Die am Müggelsee gemessenen und simulierten Werte liegen innerhalb der Grenzen 95%iger Sicherheit, die VOLLENWEIDER nur graphisch angibt.

Anhang A

Das Gleichungssystem

Eine Übersicht über den Aufbau des Modells vermittelt Abb. 3. Die verwendeten Symbole sind in der Symbolliste erklärt. Alle Koeffizienten sind zusammen mit ihren Wertangaben und Angaben zu ihrer Herkunft in einer Koeffizientenliste zusammengefaßt. Erläuterungen zu den einzelnen Gleichungen und Koeffizienten werden im Text (Kap. 5) gegeben. Die einzelnen Bilanzposten werden nur einmal beschrieben, in der Regel hinter der Bilanzgleichung der lebenden Komponente bzw. der Komponente, von der der betreffende Strom ausgeht.

Pelagischer Detritus

$$\frac{d}{dt}\,\mathrm{DET} = Q/\mathrm{VOL} \cdot (\mathrm{DETIN} - \mathrm{DET}) + \Sigma\,\mathrm{MOR} + \Sigma\,\mathrm{EX} + \mathrm{ZM/H} - \mathrm{SED_D/H} - \\ - \mathrm{GRZ_D}$$

$$\mathrm{SED_D} = \mathrm{KSED_D} \cdot \mathrm{FTS} \cdot \mathrm{DET}$$

$$\mathrm{FTS} = 0{,}5 + \mathrm{T}/36$$

Phytoplankton (i = 1: Diatomeen, i = 2, 3: Blaualgen (Übergangs- bzw. Sommerform))

$$\frac{d}{dt}\,\mathrm{PHYT}_i = \mathrm{PP}_i - \mathrm{PRES}_i - \mathrm{RES}_i - \mathrm{SED}_i/\mathrm{H} - \mathrm{GRZ}_i$$

Photosynthese:

$$PP_i = KP_i \cdot FN_i \cdot FP_i \cdot FJP_i \cdot \exp(TPP_i \cdot T) \cdot PHYT_i$$

Strahlungsabhängigkeit:

$$FJP_i = IM/(IPP_i + IM)$$

$$IM = IO \cdot [1 - \exp(-EPS \cdot H)]/(EPS \cdot H)$$

Extinktionskoeffizient:

$$EPS = 5{,}85 \cdot 10^{-3}(DET - \Sigma\, KEPS \cdot PHYT_i) + 0{,}353$$

Stickstoffabhängigkeit:

$$FN_i = N/(KSN_i + N)$$

Phosphorabhängigkeit:

$$FP_i = P/(KSP_i + P)$$

Photorespiration:

$$PRES_i = KPR_i \cdot FJR_i \cdot PHYT_i \cdot \exp(TPR_i \cdot T)$$

Strahlungsabhängigkeit

$$FJR_i = IM/(IPR_i + IM)$$

Sedimentation:

$$SED_i = KSED_i \cdot FTS \cdot PHYT_i$$

Respiration:

$$RES_i = KR_i \cdot PHYT_i \cdot \exp(TR_i \cdot T)$$

Mortalität:

$$MOR_i = [1 - \exp(-KMOR \cdot VP_i)] \cdot (PRES_i + RES_i)$$

$$VP_i = (PRES_i + RES_i)/PP_i$$

Dissimilation:

$$DIS_i = PRES_i + RES_i - MOR_i$$

Konsumenten/Destruenten ($i = 4$: Bakterien, $i = 5$: Zooplankton, $i = 6$: Fisch, $i = 7$: Zoobenthos)

$$\frac{d}{dt} B_i = ING_i - EX_i - DIS_i - MOR_i - GRZ_i$$

Freßrate:

$$ING_i = \sum_j (KTR_{ij} \cdot B_j)/(KSB_i \cdot INGMAX_i + \sum_j KTR_{ij} \cdot B_j) \cdot INGMAX_i$$

Maximale Freßrate:

$$INGMAX_i = KING_i \cdot FTK \cdot B_i$$

$$FTK = 0{,}1 + 0{,}05 \cdot T$$

Dissimilation:

$$\mathrm{DIS}_i = \mathrm{KDIS}_i \cdot \mathrm{FTK} \cdot \mathrm{B}_i$$

Mortalität:

$$\mathrm{MOR}_i = \mathrm{KMOR}_i \cdot \mathrm{FTS} \cdot \mathrm{B}_i$$

Fraß:

$$\mathrm{GRZ}_i = \mathrm{B}_i \cdot \sum_j \frac{\mathrm{KTR}_{j,i} \cdot \mathrm{INGMAX}_j}{\mathrm{KSB}_j \cdot \mathrm{INGMAX}_j + \sum_i \mathrm{KTR}_{j,i} \cdot \mathrm{B}_i}$$

Orthophosphat

$$\frac{d}{dt}\mathrm{P} = Q/\mathrm{VOL} \cdot (\mathrm{PIN} - \mathrm{P}) + \mathrm{SP} \cdot [\mathrm{LY} \cdot \Sigma\,\mathrm{MOR} + \mathrm{LY} \cdot \Sigma\,\mathrm{EX} - \Sigma\,\mathrm{PP} + \Sigma\,\mathrm{DIS} - \mathrm{LY} \cdot \mathrm{GRZ}_\mathrm{D}] + \mathrm{ZP}/\mathrm{H}$$

Freisetzung aus dem Sediment:

$$\mathrm{ZP} = \mathrm{Z} \cdot (\mathrm{PS} - \mathrm{P})$$

Anorganisch gelöster Stickstoff

$$\frac{d}{dt}\mathrm{N} = (\mathrm{NIN} - \mathrm{N}) \cdot Q/\mathrm{VOL} + \mathrm{SN} \cdot [\mathrm{LY} \cdot \Sigma\,\mathrm{MOR} + \mathrm{LY} \cdot \Sigma\,\mathrm{EX} - \Sigma\,\mathrm{PP} + \Sigma\,\mathrm{DIS} - \mathrm{LY} \cdot \mathrm{GRZ}_\mathrm{D}] + \mathrm{ZN}/\mathrm{H} - \mathrm{DENIT}/\mathrm{H}$$

Freisetzung aus dem Sediment:

$$\mathrm{ZN} = \mathrm{Z} \cdot (\mathrm{NS} - \mathrm{N})$$

Denitrifikation:

aerob ($\mathrm{ROX} = 1$) $\quad \mathrm{DENIT} = 39 \cdot (\mathrm{N}/1000)^{0,85}$

anaerob ($\mathrm{ROX} < 1$) $\quad \mathrm{DENIT} = 143 \cdot (\mathrm{N}/1000)^{0,75}$

Organisches Material im Sediment

$$\frac{d}{dt}\mathrm{M} = (\mathrm{SED}_\mathrm{D} + \Sigma\,\mathrm{SED} + \sum_{(\mathrm{M})}\mathrm{EX} + \sum_{(\mathrm{M})}\mathrm{MOR} - \mathrm{ZM} - \mathrm{UM} - \mathrm{GRZ})/\mathrm{D} - \mathrm{DEM}^{*)}$$

Aufwirbelung:

$$\mathrm{ZM} = \mathrm{Z} \cdot (\mathrm{M} - \mathrm{DET})$$

Abbau:

aerob: $\mathrm{DEM} = \mathrm{KDEM} \cdot \mathrm{FTM} \cdot \mathrm{M}$

anaerob: $\mathrm{DEM} = \mathrm{ANO} \cdot \mathrm{KDEM} \cdot \mathrm{FTM} \cdot \mathrm{M} + \mathrm{OXW} \cdot \mathrm{Z}/[\mathrm{D} \cdot (1 - \mathrm{ETA}) \cdot \mathrm{FAK}]$

Temperaturabhängigkeit:

$$\mathrm{FTM} = 1{,}091^{(\mathrm{T}-10)}$$

---

*) (M) beim Summenzeichen weist darauf hin, daß über alle Gruppen benthischer Organismen zu summieren ist. Ein Summenzeichen ohne Hinweis auf den zu erfassenden Bereich bedeutet Summierung über pelagische Komponenten.

Übergang ins Dauersediment:

$$U = \frac{10^{-6}}{1 - \text{WAS}} \cdot \Bigg[\frac{\text{IMEX}}{\text{ROHIM}} +$$

$$+ \frac{\text{SED}_D + \Sigma\,\text{SED} + \sum_{(M)}\text{EX} + \sum_{(M)}\text{MOR} - \sum_{(M)}\text{GRZ} - \text{ZM} - \text{DEM} \cdot (1 - \text{ETA}) \cdot D}{18 \cdot \text{ROHM}}\Bigg]$$

$$\text{UM} = U \cdot M$$

Gelöster Stickstoff im Schlammwasser

$$\text{WAS} \cdot \frac{d}{dt}\text{NS} = \text{SN} \cdot \text{LY} \cdot \Sigma\,\text{SED}/D + \text{SN} \cdot (1 - \text{ETA}) \cdot \text{DEM} \cdot (1 - \text{LY}) +$$

$$+ \text{SN} \cdot (\text{LY} \cdot \sum_{(M)}\text{MOR} + \text{LY} \cdot \sum_{(M)}\text{EX} + \sum_{(M)}\text{DIS} - \text{LY} \cdot \text{GRZ}_M -$$

$$- \text{PP}_M)/D - \text{ZN}/D - \text{UNS}/D$$

Übergang ins Dauersediment:

$$\text{UNS} = U \cdot \text{NS}$$

Gelöster Phosphor im Schlammwasser

$$\text{WAS} \cdot \frac{d}{dt}\text{PS} = \text{SP} \cdot \text{LY} \cdot \Sigma\,\text{SED}/D + \text{SP} \cdot (1 - \text{ETA}) \cdot \text{DEM} \cdot (1 - \text{LY}) + \text{SP} \times$$

$$\times (\text{LY} \cdot \sum_{(M)}\text{MOR} + \text{LY} \cdot \sum_{(M)}\text{EX} + \sum_{(M)}\text{DIS} - \text{LY} \cdot \text{GRZ}_M - \text{PP}_M)/D +$$

$$+ \text{DES} - \text{ADS} - \text{ZP}/D - \text{UPS}/D$$

$$\text{UPS} = U \cdot \text{PS}$$

Sorption:

$$\text{ADS} = \text{KADS} \cdot \text{PS} \cdot [(\text{ROX} \cdot \text{ISO} + (1 - \text{ROX})\,\text{ISR}) \cdot A - \text{PAS}]$$

Desorption:

$$\text{DES} = \text{PAS} \cdot [\text{ROX} \cdot \text{KDESO} + (1 - \text{ROX}) \cdot \text{KDESR}]$$

Sauerstoffabhängigkeit:

$$\text{ROX} = \begin{cases} 1 \text{ für } \text{OXW} \cdot Z \geqq \text{DEM} \cdot D \cdot (1 - \text{ETA}) \cdot \text{FAK} \\ 0 \text{ für } \text{OXW} \cdot Z < \text{DEM} \cdot D \cdot (1 - \text{ETA}) \cdot \text{FAK} \end{cases}$$

Adsorbierte Phosphate im Sediment

$$\frac{d}{dt}\text{PAS} = \text{ADS} - \text{DES} - \text{UPAS}/D$$

$$\text{UPAS} = U \cdot \text{PAS}$$

Anhang B

Symbol- und Koeffizientenliste

Da bei den Koeffizienten auch Angaben zur Größe und Herkunft notwendig sind, wurden diese in einer gesonderten Liste zusammengestellt.

Symbole

ADS	[mg/(m³ d)]	Sorption von Phosphaten im Sediment
B_i		allgemeine Bezeichnung für die Konzentration der Ökosystemkomponente i, speziell:
	[kJ/m³]	Biomasse von pelagischen Konsumenten
	[kJ/m²]	Biomasse von Bodenorganismen
DEM	[kJ/(m³ d)]	Abbau organischen Materials im Sediment
DENIT	[mg N/(m² d)]	Denitrifikation
DES	[mg P/(m³ d)]	Desorption von Phosphaten im Sediment
DET	[kJ/m³]	Konzentration des Detritus im Pelagial
DETIN	[kJ/m³]	Konzentration des Detritus im Zufluß
DIS_i	[kJ/(m³ d)]	Dissimilation
EPS	[m^{-1}]	vertikaler Extinktionskoeffizient
EX_i	[kJ/(m³ d)]	Exkretion des Konsumenten i
FJP_i	[–]	Strahlungsabhängigkeit der Primärproduktion der Algengruppe i
FJR_i	[–]	Strahlungsabhängigkeit der Photorespiration der Algengruppe i
FN_i	[–]	Stickstoffabhängigkeit der Primärproduktion der Algengruppe i
FP_i	[–]	Phosphorabhängigkeit der Primärproduktion der Algengruppe i
FTK	[–]	Temperaturabhängigkeit der Konsumentenassimilation
FTM	[–]	Temperaturabhängigkeit des Abbaus im Sediment
FTS	[–]	Temperaturabhängigkeit der Sedimentation/Konsumentenmortalität
GRZ_i	[kJ/(m³ d)]	Fraß der Biokomponente i
GRZ_D	[kJ/(m³ d)]	Fraß von Detritus im Wasser
GRZ_M	[kJ/(m³ d)]	Fraß von Bodendetritus
IM	[MJ/(m² d)]	mittlere photosynthetisch wirksame Strahlung im Gewässer
ING_i	[kJ/(m³ d)]	Freßrate der Konsumentengruppe i
$INGMAX_i$	[kJ/(m³ d)]	maximale Freßrate der Konsumentengruppe i
IO	[MJ/(m² d)]	Globalstrahlung
M	[kJ/m³]	Konzentration leicht abbaubaren organischen Materials im Sediment

MOR	[kJ/(m³ d)]	Mortalität
N	[mg N/m³]	Konzentration der gelösten anorganischen Stickstoffkomponenten im Pelagial (NO_3, NO_2, NH_4)
NIN	[mg N/m³]	Konzentration von N im Zufluß
NS	[mg N/m³]	Konzentration von N im Schlammwasser des Sediments
P	[mg P/m³]	Konzentration des Orthophosphats im Pelagial
PAS	[mg P/m³]	Konzentration adsorbierter Phosphate im Sediment
$PHYT_i$	[kJ/m³]	Biomasse der Algengruppe i
$PHYTIN_i$	[kJ/m³]	Biomasse der Algengruppe i im Zufluß
PIN	[mg P/m³]	Konzentration des Orthophosphats im Zufluß
PP_i	[kJ/(m³ d)]	Bruttoprimärproduktion der Algengruppe i
(PP_M	[kJ/(m² d)]	Bruttoprimärproduktion des Phytobenthos)
$PRES_i$	[kJ/(m³ d)]	Photorespiration der Algengruppe i
PS	[mg P/m³]	Konzentration gelöster Phosphate im Sedimentwasser
Q	[m³/d]	gesamter Wasserzufluß in ein Wasserbecken
Q_{jk}	[m³/d]	Abfluß von Becken j in k
R_j	[m³/d]	(äußerer) Wasserzufluß in Becken j
RES_i	[kJ/(m³ d)]	Respiration der Algengruppe i
ROX	[−]	Funktion zur Charakterisierung der Sauerstoffversorgung des Sediments
SED_i	[kJ/(m² d)]	Sedimentation der Algengruppe i
SED_D	[kJ/(m² d)]	Sedimentation des Detritus
T	[°C]	Temperatur des Freiwassers
U	[m/d]	Geschwindigkeit des Übergangs ins Dauersediment (Sedimentaufhöhung)
UM	[kJ/(m² d)]	Übergang von Bodendetritus ins Dauersediment
UNS	[mg N/(m² d)]	Übergang gelöster anorganischer Stickstoffverbindungen ins Dauersediment
UPAS	[mg P/(m² d)]	Übergang sorbierter Phosphate ins Dauersediment
UPS	[mg P/(m² d)]	Übergang gelöster Phosphate ins Dauersediment
VP_i	[−]	Verhältnis der Verlustprozesse zur Bruttoproduktion der Algengruppe i
W_{jk}	[d²/m⁵]	hydraulischer Widerstandsbeiwert der Fließstrecke jk
w_{jk}	[−]	relativer hydraulischer Widerstandsbeiwert der Fließstrecke jk
ZM	[kJ/(m² d)]	Aufwirbelung von Bodendetritus
ZN	[mg N/(m² d)]	N-Freisetzung aus dem Sediment
ZP	[mg P/(m² d)]	P-Freisetzung aus dem Sediment
Δh_{jk}	[m]	Pegeldifferenz der Fließstrecke jk
Δt	[d]	Zeitschritt

Bezeichnung	Dimension		Wert		Bedeutung	Quelle
A	[g Fe/m³]		9700		Konzentration von Adsorbentien im Sediment	Messung
ANO	[–]		0,5		Verminderung der Abbaugeschwindigkeit bei Sauerstoffmangel	Literatur
D	[m]		0,02		Dicke der betrachteten Sedimentoberschicht	Literatur
ETA	[–]		0,1		Anteil schwer abbaubaren Materials	Literatur
FAK	[g O_2/kJ]		0,06		oxykalorischer Koeffizient im Sediment	Anpassung
H_j	[m]	$j = 1$	2,6		mittlere Tiefe der Wasserbecken von Dämeritzsee, Seddinsee, Müggelsee, Zeuthener See, Langer See	Messung
		2	3,9			
		3	4,9			
		4	2,5			
		5	3,7			
IMEX	[g TM/(m^2 d)]		0,31		Ablagerung mineralischen Materials	Messung
IPP_i	[MJ/(m^2 d)]	$i = 1$	2	3	Strahlungshalbsättigungswert der Primärproduktion	Labormessungen/ Anpassung
		0,15	0,25	1,6		
IPR_i	[MJ/(m^2 d)]	0	0,67	3,0	Strahlungshalbsättigungswert für die Photorespiration	Labormessungen/ Anpassung

ISO	[mg P/g Fe]		211			maximale Adsorptionskapazität am oxydierten Eisen	grobe Abschätzung
ISR	[mg P/g Fe]		32			maximale Adsorptionskapazität am reduzierten Eisen	sehr grobe Abschätzung
KADS	[m³/(mg P d)]		$9 \cdot 10^{-6}$			Adsorptionskoeffizient	sehr grobe Abschätzung
$KASS_i$	[–]	$i = 4$	5	6	7	Assimilationsquotient	Literatur
		1	0,6	0,7	0,7		
KDEM	[d^{-1}]		0,06			Abbaurate für das frische organische Material im Sediment bei 10 °C und Anwesenheit von Sauerstoff	Literatur
KDESO	[d^{-1}]		$1{,}5 \cdot 10^{-3}$			Desorptionskoeffizient im oxydierten Zustand	sehr grobe Abschätzung
KDESR	[d^{-1}]		$3{,}8 \cdot 10^{-3}$			Desorptionskoeffizient im reduzierten Zustand	Anpassung
$KDIS_i$	[d^{-1}]	$i = 4$	5	6	7	Dissimilationskonstante	Literatur
		1	0,2	0,01	0,06		
$KEPS_i$	[–]	$i = 1$	2	3		artspezifischer Extinktionsfaktor	grobe Abschätzung
		0,45	0,85	1,5			

Bezeichnung	Dimension	Wert				Bedeutung	Quelle
$KING_i$	[d^{-1}]	$i = 4$	5	6	7	Ingestions-koeffizient	Literatur
		3	0,9	0,025	0,25		
$KMOR_i$	[d^{-1}]	0,25	0,1	0,004	0,012	Mortalitätskoeffizient	Anpassung/ Literatur
$KMOR_i$	[–]	$i = 1$	2	3		Mortalitäts-koeffizient	Anpassung
		1,5	0,5	0,7			
KP_i	[d^{-1}]	0,25	0,15	0,35		Primärproduktionsrate des Phytoplanktons bei 0 °C	Anpassung
KPR_i	[d^{-1}]	0	0,044	0,035		Photorespirations-rate bei 0 °C	Laborunter-suchungen
KR_i	[d^{-1}]	0,05	0,041	0,077		Respirationsrate bei 0 °C	Laborun-tersuchun-gen
KSB_i	[d]	$i = 4$	5	6	7	Futterhalbwertszeit	Literatur
		7	7	10	8		
$KSED_i$	[m/d]	$i = 1$	2	3		Sedimentationsge-schwindigkeit der Algen	Literatur/ Anpassung
		0,65	0,03	0,05			
$KSED_D$	[m/d]		0,5			Sedimentationsge-schwindigkeit des Detritus	Literatur/ Anpassung
KSN_i	[mg N/m^3]	$i = 1$	2	3		N-Halbsättigungs-wert der Algen	Anpassung
		15	50	10			

KSP_i	[mg P/m³]		2	0,75	0,25		P-Halbsättigungswert der Algen	Anpassung
		$i =$	4	5	6	7		
KTR_{ik}	[–]	$j =$ DET	0,75	0,75	–	–	Trophiematrix	grobe Abschätzung
	[–]	1	–	0,5	–	–		
	[–]	2	–	0,1	–	–		
	[–]	3	–	0,1	–	–		
	[–]	4	–	1	–	–		
	[–]	5	–	–	1	–		
	[m⁻¹]	7	–	–	1/H	–		
	[m]	M	–	–	–	D		
LY	[–]			0,75			Anteil autolytisch freisetzbarer Nährstoffe aus dem absterbenden Material	Literatur
OXW	[g O_2/m³]			7			Sauerstoffkonzentration im überstehenden Wasser	Messungen
ROHIM	[g/cm³]			2,5			Rohdichte des mineralischen Materials	Literatur
ROHM	[g/m³]			1,1			Dichte des organischen Materials	Literatur
SN	[mg N/kJ]					6,0	spezifischer N-Gehalt der Organismen	Literatur
SP	[mg P/kJ]					0,45	spezifischer P-Gehalt der Organismen	Literatur
TPP_i	[grd⁻¹]	$i =$	1	2	3		Temperaturkoeffizient Primärproduktion	Labormessungen
			0,077	0,129	0,101			

Bezeichnung	Dimension	Wert			Bedeutung	Quelle
TPR_i	[grd^{-1}]	–	0,166	0,174	Temperaturkoeffizient Photorespiration	Labormessungen
TR_i	[grd^{-1}]	0,127	0,129	0,083	Temperaturkoeffizient Respiration	Labormessungen
VOL_j	[10^6 m^3]	$j = 1$	2,8		Volumen der Wasserbecken	Messungen
		2	10,8		von Dämeritzsee,	
		3	35,3		Seddinsee, Müggelsee,	
		4	5,9		Zeuthener See, Langer	
		5	15,4		See	
WAS	[–]		0,93		Wassergehalt des Sedimentes	Messungen
Z	[m/d]				Austauschgeschwindigkeit zwischen Wasser und Sediment	Literatur/ Anpassung
			0,004		für Partikeln	
			0,4		für gelöste Stoffe	

Koeffizienten

Für die Indizierung der Biokomponenten verwenden wir: $i = 1$: $PHYT_1$ (Diatomeen), $i = 2$: $PHYT_2$ (Übergangsblaualgen), $i = 3$: $PHYT_3$ (Sommerblaualgen), $i = 4$: Bakterien, $i = 5$: Zooplankton, $i = 6$: Friedfische, $i = 7$: Zoobenthos.

Literatur

[1] AHL, T., Effects of Man-induced and Natural Loading of Phosphorus and Nitrogen on the Large Swedish Lakes. Verh. internat. Verein. Limnol. **19** (1975), 1125–1132.
[2] AHLGREN, G., Growth of *Oscillatoria agardhii* in Chemostat Culture. Mitt. internat. Verein. Limnol. **21** (1978), 88–102.
[3] AHLGREN, I., Lake Metabolism. Studies and Results at the Institute of Limnology in Uppsala. Arch. Hydrobiol., Beih. Ergebn. Limnol. **13** (1979), 10–30.
[4] AHLGREN, I., A Dilution Model Applied to a System of Shallow Eutrophic Lakes after Diversion of Sewage Effluents. Arch. Hydrobiol. **89** (1980), 17–32.
[5] ANDERSEN, J. M., Rates of Denitrification of Undisturbed Sediment from 6 Lakes as a Function of Nitrate Concentration, Oxygen and Temperature. Arch. Hydrobiol. **80** (1977), 147–159.
[6] BACHOFEN, R., Stoffhaushalt und Sedimentation im Baldegger- und Hallwilersee. Diss. Univ. Zürich 1960.
[7] BAILEY-WATTS, A. E., A Nine Year Study of the Phytoplankton of the Eutrophic and Non Stratifying Loch Leven (Kinross, Scotland). J. Ecol. **66** (1978), 741–771.
[8] BAST, H.-D., Bestimmung von Energieäquivalenten produktionsbiologisch wichtiger Arten und Versuch einer Beschreibung des Energieflusses im Barther Bodden. Dipl.-Arb. Univ. Rostock 1975.
[9] BAUER, K., u. P. WARNKE, Zur Bedeutung des Phytoplanktons und des im Minimum befindlichen Algennährstoffes für die Gewässernutzung. Mitt. Inst. Wasserwirtsch. 1977, 2. Sonderheft, 138–153.
[10] BAUMERT, H., u. E. GLOS, Analyse und mathematische Modellierung von Durchfluß-, Stofftransport- und Steuerungsproblemen im Gewässersystem der Unteren Spree. Wasserwirtsch.–Wassertechnik **11** (1980), 377–379.
[11] BEHRENDT, H., Zur mathematischen Modellierung der Temperaturabhängigkeit der Entwicklung von Phytoplanktonarten. Nachr. Mensch u. Umwelt 1979, H. 1–2, 125–135.
[12] BEHRENDT, H., Mathematische Modellierung der Entwicklung von Phytoplanktonarten unter besonderer Berücksichtigung der Wechselbeziehungen von Strahlung und Temperatur. Diss. AdW der DDR, Berlin 1981.
[13] BENNDORF, J., Prognose des Stoffhaushaltes von Staugewässern mit Hilfe kontinuierlicher und biologischer Modelle. II. Prüfung der Prognosegenauigkeit. Internat. Rev. ges. Hydrobiol. **58** (1973), 1–18.
[14] BENNDORF, J., u. H. BAUMERT, Modellvorstellungen zum Einfluß der Durchmischung des Wasserkörpers auf die photosynthetische Primärproduktion. Abh. AdW d. DDR, Sonderband Biophysikalische Ökologie und Ökosystemforschung, Berlin 1981.
[15] BIKBULATOV, E. S., u. E. M. BIKBULATOVA, Abbaugeschwindigkeit der organischen Substanz abgestorbenen Phytoplanktons (russ.). Trudy Inst. Biol. vnutr. Vod **37** (1979), 213–224.

[16] Colman, B., Miller, A. G., u. B. Grodzinski, A Study of the Control of Glycolate Excretion in Chlorella. Plant Physiol. **53** (1974), 395–397.

[17] Conrad, B., Autökologische Charakterisierung von *Oscillatoria redekei* van Goor unter Berücksichtigung von Licht und Temperatur – Ein Beitrag zum Verständnis ihrer Massenentwicklung in eutrophen Seen. Dipl.-Arb. Humboldt-Univ. Berlin 1977.

[18] Coveney, M. F., et al., Phytoplankton, Zooplankton and Bacteria – Standing Crop and Production Relationships in a Eutrophic Lake. Oikos **29** (1977), 5–21.

[19] Cronberg, G., Phytoplankton Changes in Lake Trummen Induced by Restoration. Limnol. Inst. Univ. Lund 1980, 182 S.

[20] Döhler, G., u. K.-H. Przybylla, Einfluß der Temperatur auf die Lichtatmung der Blaualge *Anacystis nidulans*. Planta **110** (1973), 153–158.

[21] Enell, M., The Phosphorus Economy of a Hypertrophic Seepage Lake in Scania, South Sweden. Limn. Inst. Univ. Lund (LUNBDS/NBLI – 1006) 1980.

[22] Environmental Phosphorus Handbook (Eds. E. J. Griffiths et al.), New York 1973 (russ. Übers. Moskau 1977).

[23] Fallon, R. D., Harrits, S., Hanson, S. R., u. T. D. Brock, The Role of Methane in Internal Carbon Cycling in Lake Mendota during Summer Stratification. Limnol. and Oceanogr. **25** (1980), 357–360.

[24] Fenchel, T., Intrinsic Rate of Natural Increase – The Relationship with Body Size. Oecologia **14** (1974), 117–126.

[25] Flett, R. J., et al., Nitrogen Fixation in Canadian Precambrian Shield Lakes. Canad. J. Fish. and aqu. Sci. **37** (1980), 494–505.

[26] Foy, R. H., Gibson, C. E., u. R. V. Smith, The Influence of Day Length, Light Intensity and Temperature on the Growth Rates of Planktonic Blue-green Algae. Brit. phycol. J. **11** (1976), 151–163.

[27] Fritz, J. J., Middleton, A. C., u. D. D. Meredith, Dynamic Process Modelling of Waste Water Stabilization Pond. J. WPCF **51** (1979), 2724 bis 2743.

[28] Gibson, C. E., Cyclomorphis in Natural Populations of *Oscillatoria redekei* van Goor. Freshwater Biol. **5** (1975), 279–286.

[29] Gibson, C. E., Wood, R. P., Dickson, E. L., u. D. H. Jewson, The Succession of Phytoplankton in Lough Neagh 1968–1970. Mitt. internat. Verein. Limnol. **19** (1971), 146–160.

[30] Golterman, H. L., Physiological Limnology, Amsterdam/Oxford/New York 1975, 194 S.

[31] Hallegraeff, G. M., Caloric Content and Elementary Composition of Seston in Three Dutch Lakes. Arch. Hydrobiol. **83** (1978), 80–98.

[32] Harris, G. P., u. B. B. Piccini, Photosynthesis by Natural Phytoplankton Populations. Arch. Hydrobiol. **80** (1977), 405–457.

[33] Helbig, J., Charakterisierung von Sedimenten in Stauhaltungen umweltbelasteter Fließgewässer und Untersuchungen zum Einfluß der Schlammablagerungen auf die Wasserqualität. Diss. Techn. Univ. Dresden 1979.

[34] HERZIG, A., The Zooplankton of the Open Lake. In: Monographiae Biologicae 37 (1979), Neusiedlersee, Kap. 22, 281–335.

[35] HOEG, S., Betrachtungen zur Jahresdynamik des Phytoplanktons im Müggelsee (1976–1979). Acta hydrophys. 28 (1983), 5–36 (in diesem Heft).

[36] HÜTTER, A., Baustoffkunde. In: Ingenieur-Taschenbuch Bauwesen, Bd. 1, Leipzig 1963.

[37] IVLEV, V. S., Experimentelle Ökologie der Ernährung von Fischen, Moskau 1955, Kiev 1977 (engl. Übers. New Haven 1961).

[38] JEWSON, D. H., The Interaction of Components Controlling Net Phytoplankton Photosynthesis in a Well-mixed Lake (Lough Neagh, Northern Ireland). Freshwater Biol. 6 (1976), 551–576.

[39] JOHANNSON, O. E., Energy Dynamics of the Eutrophic Chironomid (*Ch. plumosus* f. *semireductus*) from the Bay of Quinte, L. Ontario. Canad. J. Fish. and aqu. Sci. 37 (1980), 1254–1265.

[40] JØRGENSEN, S. E., Handbook of Environmental Data and Ecological Parameters. Internat. Soc. ecol. Modelling 1979.

[41] JØRGENSEN, S. E., State-of-the-Art of Ecological Modelling of Lakes. In: Mathematical Modelling of Water Quality, Vol. 1: Streams, Lakes and Reservoirs, New York 1983.

[42] JØRGENSEN, S. E., MEJER, H., u. M. FRITS, Examination of a Lake Model. Ecol. Modelling 4 (1978), 253–278.

[43] KAHL, G., Chemische, biochemische und biologische Charakterisierung ausgewählter Sedimenttypen der Darß-Zingster Boddenkette. Teil 2: Untersuchung zur Sedimentaktivität. Dipl.-Arb. Univ. Rostock 1974.

[44] KAMP-NIELSEN, L., u. J. M. ANDERSEN, A Review of Literature on Sediment – Water Exchange of Nitrogen Compounds. Progr. Water Techn. 8 (1977), 393–418.

[45] KOZERSKI, H.-P., Ein einfaches mathematisches Modell für den Phosphoraustausch zwischen Sediment und Freiwasser. Acta hydrochim. et hydrobiol. 5 (1977), 53–65.

[46] KOZERSKI, H.-P., u. H. BEHRENDT, Modellierung des Energie- und Nährstoffhaushaltes des Müggelsees auf der Grundlage gemessener Parameter. F/E-Ber. IGG, Berlin 1980 (unveröff.).

[47] Langfristige biologische Veränderungen im Großen Müggelsee (Berlin), einige Kennzahlen des jetzigen Zustandes und bisherige fischereiliche Auswirkungen. Z. Binnenfischerei DDR 25 (1978). I: D. BARTHELMES, Makrophyten, 171–175; II: D. BARTHELMES, CH. HANTSCH u. K. KLEIBS, Makrozoobenthos, 175–176; III: E. WELLNER, Zooplankton, 177–180; IV: D. BARTHELMES, Litorales Zooplankton, 206–209; V: D. BARTHELMES u. H. WALDOW, Zusammenfassende fischereiliche Wertung der beobachteten biologischen Veränderungen im Großen Müggelsee, 209–214.

[48] LEX, M., SILVESTER, W. B., u. W. D. P. STEWART, Photorespiration and Nitrogenase Activity in the Blue-green Algae *Anabaena cylindrica*. Proc. roy. Soc. London B 180 (1972), 87–102.

[49] MEJER, H., JØRGENSEN, S. E., u. L. K. KAMP-NIELSEN, A Sediment Phosphorus Model. Proc. 2nd Joint MTA/IIASA Task Force Meeting on Lake Balaton Modeling in Veszprém, August 27–30, 1979, Pt. 2, 104–131.
[50] MENŠUTKIN, V. V., u. A. A. UMNOV, Mathematisches Modell des ökologischen Systems des Sees Drivjaty (russ.). Ekologija 1970, №4, 3–10.
[51] MOHAUPT, V., Sanierungsabschätzung für einen eutrophen Flachsee. Acta hydrophys. **26** (1981), 91–98.
[52] MOTHES, G., u. M. KROCKER, Zooplanktonstudien im Müggelsee 1978/79. Acta hydrophys. **26** (1981), 277–302.
[53] NICKLISCH, A., u. J.-G. KOHL, Zum Einfluß von Temperatur, Licht und Nährstoffen auf die spezifische Wachstumsrate von *Microcystis aeruginosa* KÜTZ. (in Vorber.).
[54] NICKLISCH, A., MAUKSCH, R., u. J.-G. KOHL, Influence of Temperature, Light Intensity and Nutrient Concentrations on Specific Growth Rate of *Oscillatoria agardhii* GOM. (in Vorber.).
[55] ODUM, E. P., Fundamentals of Ecology, 3rd ed., Philadelphia 1971, 574 S.
[56] OSTAPENJA, A. P., Detritus und seine Rolle in aquatischen Ökosystemen (russ.). In: Obščie osnovy izučenija vodnych ėkosistem (Red. G. G. VINBERG), Leningrad 1979, 257–271.
[57] PARK, R. A., et al., A Generalized Model for Simulating Lake Ecosystems. Simulation 1974, 33–50.
[58] PARKER, M., Similarities between the Uptake of Nutrients and the Ingestion of Prey. Verh. internat. Ver. Limnol. **19** (1975), 56–59.
[59] PAUL, J. S., u. B. E. VOLCANI, Photorespiration in Diatoms. I. The Oxidation of Glycotic Acid in *Thallassiosia Pseudinana* (*Cyclotella nana*). Arch. Microbiol. **101** (1974), 115–120.
[60] PORCELLA, D. B., SCHMALZ, K. L., u. W. A. LUCE, Sediment – Water Nutrient Interchange in Eutrophic Lakes. Proc. Sem. on Eutrophication and Biostimulation at Clear Lake, California, Oct. 19–21, 1971, 83–109.
[61] REIMERS, T., u. R. KÖLMEL, Beiträge des Sediments zum Stoffumsatz in der Kieler Bucht. I. Salzgehaltsschwankungen im oberflächennahen Porenwasser und der Austausch zwischen Interstitial- und Bodenwasser. Kieler Meeresforsch. 1976, Sonderheft 3, 96–104.
[62] ROMANENKO, V. I., u. S. I. KUZNECOV, Ökologie der Mikroorganismen von Süßwassern (russ.), Leningrad 1974, 194 S.
[63] SCAVIA, D., An Ecological Model of Lake Ontario. Ecol. Modelling **8** (1980), 49–78.
[64] SCHELLENBERGER, G., Hydrologie und Ökologie des Müggelsees. Geogr. Ber. **99** (1981), 115–122.
[65] SCHELLENBERGER, G., BEHRENDT, H., HOEG, S., KOZERSKI, H.-P., u. V. MOHAUPT, Stofftransporte und -bilanzen im Berliner Seensystem nach Messungen 1976–78 mit Schlußfolgerungen für die mathematische Modellierung des Ökosystems Müggelsee. F/E-Ber. IGG, Berlin 1979 (unveröff.).
[66] SCHELLENBERGER, G., HOEG, S., u. H.-P. KOZERSKI, Schaffung von rechenbaren biokybernetischen Modellen der Boddenkette südlich von Darß und

Zingst für die Voraussage der Entwicklungstendenz bei der Erfüllung der wasserwirtschaftlichen Versorgungsaufgaben. F/E-Ber. FUG, Berlin 1975 (unveröff.).

[67] SCHELLENBERGER, G., KOZERSKI, H.-P., BEHRENDT, H., u. S. HOEG, A Mathematical Ecosystem Model Applicable to Shallow Water Bodies. Proc. Baden Symp., Sept. 1979; IAHS-Publ. **125** (1978), 128–136.

[68] SCHELLENBERGER, G., u. V. MOHAUPT, Aufstellung und Erprobung von Modellen, die für die Prognose und Kontrolle des Zustandes von Gewässern eines möglichst breiten Typenspektrums nutzbar sind. F/E-Ber. IGG, Berlin 1980 (unveröff.).

[69] SCHNESE, W., u. G. SCHELLENBERGER, Material Circulation and the Flow of Energy in the Coastal Waters of the Southern Baltic and Problems in Modelling Them. Proc. Internat. Symp. on Eutrophication and Rehabilitation of Surface Waters, Vol. 3, 1976, 306–325.

[70] SJÖBERG, S., WULFF, R., u. P. WAHLSTRÖM, Computer Simulations of Hydrochemical and Biological Processes in the Baltic. Contr. Askö Lab. No. 1, Stockholm 1972.

[71] SMAYDA, T. J., Some Experiments on Sinking Characteristics of Two Freshwater Diatoms. Limnol. and Oceanol. **19** (1974), 628–635.

[72] STRAŠKRABOVÁ-PROKEŠOVÁ, V., Oxidation of Organic Substances in the Water of the Reservoirs Slapy and Kličava. Hydrobiol. Studies **1** (1966), 85–111.

[73] SUŠČENJA, L. M., Quantitative Gesetzmäßigkeiten der Ernährung von Crustaceen (russ.), Minsk 1975.

[74] TÄUSCHER, L., Untersuchungen zur Art- und Biozönosestruktur des Phytoplanktons des Großen Müggelsees (Berlin) unter Berücksichtigung produktions- und saprobiologischer Aspekte. Diss. Humboldt-Univ. Berlin 1980.

[75] TERWINDT, J. H. J., Deposition, Transportation and Erosion of Mud. Proc. Symp. Interactions between Sediments and Freshwater, Amsterdam, Sept. 6–10, 1976.

[76] TESSENOW, U., Lösungs-, Diffusions- und Sorptionsprozesse in der Oberschicht von Seesedimenten. 1. Ein Langzeitexperiment unter aeroben und anaeroben Bedingungen im Fließgleichgewicht. Acta hydrobiol., Suppl. **38** (1972), 353–398.

[77] UHLMANN, D., The Upper Limit of Phytoplankton Production as a Function of Nutrient, Load, Temperature, Retention Time of the Water, and Euphotic Zone Depth. Internat. Rev. ges. Hydrobiol. **63** (1978), 353 bis 363.

[78] ULEN, B., Seston and Sediment in Lake Norrviken. II. Aerobic Decomposition of Algae. Schweiz. Z. Hydrol. **40** (1978), 104–118.

[79] VINBERG, G. G., Wachstumsgeschwindigkeit und Stoffwechselintensität bei Tieren (russ.). Usp. sovrem. Biol. **6** (1966).

[80] VINBERG, G. G., Wechselseitige Abhängigkeit von Stoffwechsel und Wachstumsgeschwindigkeit bei Tieren (russ.). Biologija morja **15** (1968), 5–15.

[81] Vinberg, G. G., Grundlagen der Besonderheiten des ökologischen Systems des Drivjaty-Sees (russ.). In: Biologičeskaja produktivnost' eftrofnogo ozera. Trudy vsesojusn. gidrobiol. Obšč. **15** (1970), 185–196.

[82] Vinberg, G. G., Biologische Produktivität von Seen verschiedener Typen (russ.). In: Bioproduktivnost' ozër Belorussii, Minsk 1971, 5–33.

[83] Vinberg, G. G. (Hrsg.), Allgemeine Grundlagen des Studiums aquatischer Ökosysteme (russ.), Leningrad 1979.

[84] Vinberg, G. G., u. S. I. Anisimov, Mathematisches Modell eines aquatischen Ökosystems (russ.). In: Fotosintezirujuščie sistemy vysokoj produktivnosti, Moskau 1966, 213–223.

[85] Vollenweider, R. A., Advance in Defining Critical Loading Levels for Phosphorus in Lake Eutrophication. Mem. Ist. ital. Idrobiol. **33** (1976), 53–83.

[86] Vorkastner, E., Der Netzplanktonhaushalt des Müggelsees auf Grund mehrjähriger Terminuntersuchungen. Z. Fischerei **36** (1938), 737–814.

[87] Wesley, J. P., Ecophysics, Springfield (Ill.) 1974, 339 S.

[88] Zajka, V. E., Spezifische Produktion aquatischer Invertebraten (russ.), Kiev 1972, 148 S.

[89] Zeuthen, E., Rate of Living as Related to Body Size in Organisms. Pol. Arch. Hydrobiol. **17** (1970), 21–30.

FSC
www.fsc.org
MIX
Papier | Fördert
gute Waldnutzung
FSC® C083411

Kolibri 360 GmbH
Ferdinand-Jühlke-Straße 7
99095 Erfurt, Deutschland
produktsicherheit@kolibri360.de